公路路侧安全
与防护技术

侯德藻　刘　颖　于海霞
龙科军　周志伟　杨曼娟　编著

人民交通出版社

内容提要

本书对我国路侧安全与防护技术存在的问题、发展趋势、基础理论、评价技术、安全处置技术及其实施案例进行了系统的介绍。共分为八章，第一章简要介绍了路侧安全问题的提出及主要研究方法；第二章介绍了路侧安全和防护技术研究的国内外现状；第三章介绍了山区公路路侧安全性量化分析系统；第四章介绍了公路路侧安全设施安全性能评价标准研究；第五章介绍了路侧安全处置技术研究；第六章介绍了山区路侧高性价比安全防护设施的开发；第七章介绍了现有安全防护设施安全性能验证；第八章在文献调研的基础上，介绍了避险车道设置技术研究。

本书可供公路交通管理人员参考使用，也可作为研究、工程设计和施工技术人员的参考用书。

图书在版编目(CIP)数据

公路路侧安全与防护技术/侯德藻等编著. —北京：人民交通出版社，2012.8

ISBN 978-7-114-10023-9

Ⅰ. ①公… Ⅱ. ①侯… Ⅲ. ①路侧地带—安全技术②路侧地带—公路养护 Ⅳ. ①U418.9

中国版本图书馆 CIP 数据核字(2012)第 196691 号

书　　名: 公路路侧安全与防护技术
著 作 者: 侯德藻　刘　颖　于海霞　龙科军　周志伟　杨曼娟
责任编辑: 吴有铭　潘艳霞
出版发行: 人民交通出版社
地　　址: (100011)北京市朝阳区安定门外外馆斜街 3 号
网　　址: http://www.ccpress.com.cn
销售电话: (010)59757973
总 经 销: 人民交通出版社发行部
经　　销: 各地新华书店
印　　刷: 化学工业出版社印刷厂
开　　本: 787×1092　1/16
印　　张: 17.5
字　　数: 421 千
版　　次: 2012 年 8 月　第 1 版
印　　次: 2012 年 12 月　第 2 次印刷
书　　号: ISBN 978-7-114-10023-9
定　　价: 90.00 元
(有印刷、装订质量问题的图书由本社负责调换)

丛书编委会名单

序　言

汽车作为人类工业文明的伟大发明之一，拓展了人类的生活空间，提高了人类的生活质量，解放和发展了生产力，促进了现代经济的发展和繁荣。但在人类发明和使用汽车已有百年历史的今天，以汽车为主要载体的现代道路交通却无法回避这样一个事实：道路交通事故已成为影响人类生命和健康的重要因素。据世界卫生组织预计，如果不立即采取有效行动，到2030年，交通事故将成为威胁人类的第五大“杀手”。采取积极有效措施，减少交通事故导致的死亡和受伤，已成为世界各国政府的共识。

文明因生命而传承，世界因生命而精彩。在以科学发展观为主题的我国社会主义现代化建设总体战略中，“以人为本”是核心，“安全发展”是重要理念。改革开放30多年来，我国经济实现了高速增长，社会面貌发生了翻天覆地的变化，城市化进程不断加快，机动化水平快速提高，这些都决定了我国的人、车、路、环境、管理等影响道路交通安全的因素比任何国家都要复杂。如何在加快建设适度超前的道路运输网络、支撑经济和社会持续稳步发展的同时，实现道路交通的安全发展，为广大人民群众提供安全、高效的交通环境和运输服务，是我们面临的一项严峻挑战。

为有效降低道路交通事故率，科技部、公安部、交通运输部三部门联合组织开展了国家级重大科技支撑项目——《国家道路交通安全科技行动计划》一期研究，重点实施了《重特大道路交通事故综合预防与处置集成技术开发与示范应用》项目研发工作。这一项目以前所未有的科研资源投入和大规模的示范应用，开创了我国道路交通安全科技研发与应用的新局面。该丛书是在归纳总结科技行动计划一期项目，由交通运输部负责的课题二《山区公路网安全保障技术体系研究与示范工程》研究工作基础上编写的，是项目的重要成果之一。丛书由课题承担单位交通运输部公路科学研究院组织编写，凝聚了交通运输行业50家项目参与单位、300多名科研人员的智慧与心血。

理论研究的生命力在于指导工作实践。丛书从人的因素出发，围绕山区公路重特大交通事故的预防和人员生命保障，对公路设计、交通安全设施设置、公路安全运营管理、恶劣气象条件下的公路通行保障、施工区安全管理、公路网交通安全风险评估等技术进行了研究，全面介绍了我国山区公路交通安全技术的最新发展和安全保障综合解决方案，既是一套理论研究专著，又是一套先进实用的工具书，具有重要的指导意义和实用价值。希望这套丛书的出版发行，能够为公路交通行业广大建设者和管理人员提供有益的借鉴，促进我国山区公路交通安全保障技术水平迈上一个新台阶。

冯正霖

二〇一二年三月

从书前言

自人类进入汽车社会以来，道路交通事故就如影随形，道路交通安全问题已经成为当今世界一个严重的社会问题。为了遏制道路交通事故的发生，降低道路交通事故的危害，人类做出了不懈的努力。进入21世纪，国际社会对道路交通安全问题愈发重视，在全球范围内掀起了提高道路交通安全性的新高潮。但是遏制道路交通事故发生、缓解道路交通安全压力仍是一项长期、漫长和艰巨的任务。

与世界各国相比，我国的道路交通安全问题显得尤为严重。统计数据显示，2001年至2003年我国连续3年交通事故死亡人数超过10万人，占全世界交通事故死亡人数的10%以上，高居世界第一，而同期的汽车保有量只占世界的2%。自2003年开始，我国政府首次全面部署道路交通安全工作，逐步形成了政府统一领导、有关部门各司其职、齐抓共管、综合治理、标本兼治的工作格局，采取了一系列系统性和针对性措施，在短时间内遏制了我国道路交通事故高发的态势，使我国道路交通安全形势得到迅速改善。截至2011年，道路交通事故六大指标已连续7年大幅下降，2011年我国道路交通事故死亡人数已降至6.2万余人，比最高峰2002年降低了43%。虽然道路交通安全形势逐步好转，但由于影响我国道路交通安全的诸因素还没有发生根本性的改变，交通事故仍然存在伤亡惨重，万车死亡率居高不下，重特大交通事故特别是群死群伤的特大恶性事故时有发生的特点，这与改善民生的要求，与发达国家的情况相比还存在较大差距。

国际经验表明，科技进步和新技术应用是解决道路交通安全问题的重要手段。为构建安全和谐的道路交通环境，充分发挥科技创新对交通安全保障的重要支撑作用，2008年2月18日，科技部、公安部和交通部正式在人民大会堂共同签署《国家道路交通安全科技行动计划》合作协议，旨在动员和集成相关科技、产业和政府资源，通过科技创新建立和完善我国道路交通安全保障技术、措施和标准体系，提升道路交通可持续发展能力，以全面提高我国道路交通安全保障水平。它标志着我国最大规模的一次道路交通安全科技合作行动正式全面启动。

《山区公路网安全保障技术体系研究与示范工程》课题是《国家道路交通安全科技行动计划》第一期项目《重特大道路交通事故综合预防与处置集成技术开发与示范应用》的重要组成部分。课题从我国交通安全问题最严重的山区公路网出发，但不局限于山区公路，围绕重特大交通事故的预防和人员生命保障，对公路设计、交通安全设施设置、公路安全运营管理、恶劣气象条件下的公路通行保障、施工区安全管理、公路网交通事故风险评估等技术进行了研究，目的是在充分分析我国山区公路网交通安全的现状和特点的基础上，通过自主创新和山区国省干线安全保障技术的集成应用，形成可用、实用的山区公路网交通安全保障成套技术及装备，组织大规模的示范工程，提高山区公路网对交通事故的主动和被动防护能力，并在此基础上形成一系列标准、规范和技术指南，以促进整个交通行业安全水平的提升。

《山区公路网安全保障技术体系研究与示范工程》课题在科技部、交通运输部和公安部三部委的高度重视下，调动了在各相关方向有专长的科研单位、高校、企业及交通运输行业主管单位等50家单位、300余位研究人员参加研究、示范工程建设及标准规范制修订工作，取得了丰富的研究成果，并通过"产、学、研、用"相结合的方式，保证研究成果达到了"实际、实用、实效"的要求。本丛书是对《山区公路网安全保障技术体系研究与示范工程》课题成果的总结，是《国家道路交通安全科技行动计划》项目的重要成果之一。本丛书从驾驶行为、道路安全设计、路侧安全及防护、速度管理、公路网交通事故风险评估与安全管理、恶劣气象条件下公路运行安全保障、施工作业区安全管理等方面，介绍了我国山区公路交通安全技术的最新发展和安全保障综合解决方案，为公路行业的运营管理及交通安全改善工作提供指导，有助于进一步提升山区公路交通安全保障能力，具有重要的指导意义和实用价值。

丛书有幸得到交通运输部冯正霖副部长的题序，感谢冯正霖副部长对丛书的指导和认可。正如他在序言中所说，"在以科学发展观为主题的我国社会主义现代化建设总体战略中，'以人为本'是核心，'安全发展'是重要理念。""如何在加快建设适度超前的道路运输网络，支撑经济和社会持续稳步发展的同时，实现道路交通的安全发展，为广大人民群众提供安全、高效的交通环境和运输服务，是我们面临的一项严峻挑战。""希望这套丛书的出版发行，能够为公路交通行业广大建设者和管理人员提供有益的借鉴，促进我国山区公路交通安全保障技术水平迈上一个新台阶。"

丛书在编写过程中，得到了交通运输部公路局李华、成平、李春风、李健，交通运输部科技司赵冲久，交通运输部公路科学研究院周伟、王笑京、高海龙、蔚晓丹等领导的鼎力支持，得到了交通运输部杨盛福、中交第一公路勘察设计研究院有限公司陈永耀、交通运输部公路科学研究院陈国靖等专家的热情指导，交通运输部公路科学研究院等50家课题参加单位领导、同仁给予了大力配合，在此表示衷心的感谢！丛书中参阅了大量的国内外文献，引述文献已尽量予以标注，但难免存在疏漏，在此对各文献作者一并致谢！

在今后一段时期内，我国仍将处于机动化水平快速提高的进程中，机动车数量和居民人均出行量将进一步快速增长，道路交通安全形势仍然不容乐观，改善道路交通安全的压力和难度将逐步增大，保障道路交通安全的任务仍十分艰巨。希望通过我们大家的共同努力，为我国交通安全事业的发展贡献微薄之力。

前　言

路侧事故是指单车冲出路外后发生的事故。据不完全的调查与统计：路侧交通事故约占公路交通事故的30%，在一次死亡3人以上的重特大恶性事故中，由于车辆冲出路外坠落陡崖或高桥的路侧事故约占重大恶性交通事故的一半以上。由此可见，减少与路侧相关的交通事故，降低路侧交通事故的伤亡率，对于提升道路交通安全水平，改善我国当前面临的严峻交通安全形势，具有重要意义。

本书是在"十一五"国家科技支撑计划课题"山区公路网安全保障技术体系研究与示范工程"（课题编号：2009BAG13A02）和"国家高速公路安全和服务技术开发与工程应用示范"（课题编号：2009BAG13A03），以及以往科研课题成果的基础上，综合国内外相关文献资料，立足我国国情而编写的。本书的编写有助于丰富我国路侧安全保障技术体系，服务于研究、工程设计和施工技术人员，既可作为路侧安全设计、改善和工程实施等的参考，同时也可以为有关标准规范的修订提供依据。

本书共分为八章，第一章简要介绍了路侧安全问题的提出及主要研究方法。第二章介绍了路侧安全和防护技术研究的国内外现状，重点分析了路侧安全分级、防护设施体系、防护性能评价标准和路侧安全处置方法方面的国内外研究进展。第三章主要介绍了山区公路路侧安全性量化分析系统，该章以碰撞仿真试验数据为基础，选择五类典型路侧危险物，以加速度为指标，得到了路侧危险物碰撞严重度指标值，针对路侧安全度影响因素多样性、综合的特征，选择灰色聚类方法，建立了一套路侧安全度的综合评估方法。第四章介绍了公路路侧安全设施安全性能评价标准研究，以最近几年的统计数据为基础，确定了公路护栏、护栏端头和防撞垫的防撞等级和检验条件。第五章介绍了路侧处置技术研究，在我国山区公路路侧主要危险物调研的基础上，确定了路侧防护条件、路侧安全处置原则和方法、典型危险物的处置措施和综合案例。第六章介绍了山区路侧高性价比安全防护设施的开发，针对当前我国山区公路实际需要，开发完成采用重力式结构的护栏（采用无基础或浅基础设计，抗倾覆能力强）两种，应用于桥梁段、采用轻型结构的护栏一种，每米造价低于 200 元的路侧防护设施两种，桥梁护栏端部吸能装置一种。第七章介绍了现有安全防护设施安全性能验证，对 14 种在用安全设施的安全性能进行了实车碰撞试验验证，涵盖了目前公路上在用的大部分设施类型。对同一个试验结果，分别应用研究制订的新评价标准、美国标准和欧盟标准进行评价，对不通过的设施，提出改进措施。第八章在文献调研的基础上，介绍了避险车道设置技术研究。

全书由侯德藻主编并执笔。李勇、王成虎、周志伟、张宏松参与编写第一章和第七章；龙科军参与编写第三章；于海霞参与编写第四章、第六章；刘颖参与编写第五章；杨曼娟参与编写第二章；武珂缦参与编写第八章。

相关的课题研究和本书的撰写过程得到了李华、杨盛福、陈永耀、陈国靖、李爱民、唐琤琤、周荣贵等的悉心指导和大力协助，作者对此表示衷心的感谢。在编写过程中也参考了大量的文献，在此向文献的作者致谢。

由于编者水平有限，书中难免会有欠缺和错误，恳请读者和专家予以指正。

编著者

2012 年 6 月

目　　录

第一章　概　论

第一节　路侧安全问题的提出

随着我国公路交通事业的迅速发展，以及机动化步伐的加快，道路交通安全问题日益凸显，已经成为了社会各界广泛关注的话题。根据公安部的统计数据，新中国成立以来，道路交通事故总量呈现先升后降的总体趋势。新中国成立初期，道路交通事故总量较小；改革开放后道路交通事故总量迅猛增长，2002 年，道路交通事故总量达到历史高峰，当年全国道路交通事故死亡人数达 109 381 人，受伤人数达 562 074 人。2004 年之后，道路交通事故总量逐年迅速下降。道路交通事故死亡人数与交通事故总量的变化趋势一致。1951～2010 年年底，我国累计有 1 046.84 万人次受到道路交通事故伤害，其中 223.88 万人死亡、822.96 万人受伤(1968、1969 年无道路交通事故统计数据)，这相当于一个特大城市的人口消失在车轮之下。

在众多的交通事故中，有一类事故是不容忽视的，也应该引起管理者和工程师们的高度重视，即路侧事故。何为路侧事故，简单地讲，是指单车冲出路外后发生的事故。据不完全的调查与统计：路侧交通事故在公路交通事故中约占 30%，在一次死亡 3 人以上的重特大恶性事故中，由于车辆冲出路外坠落陡崖或高桥的路侧事故约占重大恶性交通事故的一半以上。由此可见，减少与路侧相关的交通事故，降低路侧交通事故的伤亡率，对于提升道路交通安全水平，改善我国当前面临的严峻交通安全形势，具有重要意义。

车辆冲出路外的原因很多，驾驶员的不恰当操作占较大比例，如驾驶员疲劳或大意、车速过高、酒后或药后开车、避让不当等都可能是车辆冲出路外的直接或间接原因，但驾驶员的微小失误不应该以牺牲生命为代价。交通事故是人、车、路及环境因素综合作用的结果，从道路基础条件角度出发，需要通过采取经济有效的措施，降低车辆冲出路外的概率以及路侧事故的严重性，建设更为宽容的公路。

2004 年，原交通部❶全面启动了旨在改善我国公路安全水平的“全国公路安全保障工程”，并开展了路侧安全的有关研究。通过全国交通系统几年来的努力，我国国省干线路侧安全状况有了一定的进步，但由于缺乏系统化的路侧净区安全理论和方法体系及形式多样、适应性强的安全防护设施，路侧安全改善工作尚需进一步推进。

建立一套系统化的路侧安全理论和方法体系，并开发与之相配套的高性价比的安全防护技术，进而通过科学的路侧设计，采取行之有效的措施，减少路侧交通事故的发生，对于缓解当前严峻的交通安全形势，特别是减少和避免造成群死群伤的重、特大交通事故，提高我国公路交通安全总体水平具有重要意义，因此，在 2008 年科学技术部、公安部、交通部联合启动的“道

❶ 2008 年更名为交通运输部。

路交通安全科技行动计划”中，将公路路侧安全与高性价比安全防护技术研究与应用列为一个专题进行研究。

本书以专题研究成果和以往科研成果为基础，对山区公路路侧安全性指标进行研究评价，对这些指标进行分级量化，实现对山区公路路侧安全性的定量化评估，并根据期望达到的安全水平进行是否需要防护、如何防护等方面的决策；开展山区公路交通事故案例的分析和山区公路交通特性的分析，研究确定公路路侧安全设施碰撞试验标准，作为山区公路路侧安全设施评价和新设施开发的基础，同时对我国现有的安全设施评价标准进行补充和扩展；对路侧净区内危险物的处置措施进行研究，提出改善路侧安全的系统性处理策略和方法，开发新型山区公路路侧高性价比的防护设施。

第二节　主要研究方法

一、统计分析

在路侧安全研究中，应用统计分析方法研究道路和交通参数对道路安全的影响占主导地位。统计分析方法能揭示路侧特征对路侧事故发生频数及其严重性的影响，被国内外相关研究人员广泛采用和证实。

1. 回归和相关分析

回归和相关分析法就是从被预测变量和与它相关的解释变量之间的因果关系出发，通过建立回归分析模型，预测对象未来发展的一种分析方法。路侧安全系统中的各种变量，可以是两种关系：一种是函数关系，一种是相关关系。当变量之间具有确定的关系时，则变量之间表现为某种函数关系；而有些变量，虽然它们之间有着密切的联系，但不能准确地用某一函数关系式确定它们的关系，称这类变量间具有相关关系。具有相关关系的变量，虽然不能用准确的函数式表达其联系，但可以通过大量试验数据（或调查数据）的统计分析，找出各相关因素的内在规律，从而近似地确定出变量间的函数关系，这是回归分析的基本思想和方法。

2. 累积分布分析

累积分布分析可以给出调查数据中小于或大于等于某一给定数值的数据个数，可分为“小于式”累积分布和“大于等于式”累积分布两种。“小于式”累积分布给出了数据集中小于给定数值的数据个数；“大于等于式”累积分布给出了数据集中等于或大于给定数值的数据个数。

累积曲线是用来表示累积频数、相对频数或百分数分布的图形。“小于式”累积分布曲线的 x 轴是给定的上界数值，y 轴表示累积频数，是从左到右逐渐上升的图形。“大于等于式”累积分布曲线的 x 轴是给定的下界数值，y 轴同样表示累积频数，是从左到右逐渐下降的图形。

二、计算机仿真试验

随着计算机技术的发展，应用计算机进行系统仿真日益受到人们的重视。计算机仿真技术结合了试验和分析这两种方法，将分析的方法用于模拟试验：充分运用已有的基本物理原理，可建立待研究系统的数学模型；采用与实际物理系统试验相同的基本研究方法，可在计算机上运行仿真试验。

路侧安全研究中的计算机仿真，主要进行碰撞模拟，考虑大变形的结构分析方法目前一般采用动态有限元的方法，应用这种方法可进行汽车正面、顶部、侧面碰撞的仿真分析，避免实车碰撞试验耗费大量成本。同时还可预测整车防撞性能，或进行事故重建。能处理动态有限元问题的软件有 Dyna3D、Pamcrash 等，可用于汽车碰撞仿真研究。

路侧安全计算机模拟分析主要包括前处理、计算分析和后处理三个过程。前处理主要是建立问题的几何模型、进行网格划分、建立用于计算分析的数值模型、确定模型的边界条件和初始条件等；计算分析是对所建立的数值模型进行求解，经常需要求解大型的线性方程组，这个过程是计算机模拟分析中计算量最大、对硬件性能要求最高的部分；后处理则是以图形化的方式对所得的计算结果进行检查和处理。

三、实车碰撞试验

实车足尺碰撞试验是在试验场上，按一定的技术条件安装好要试验的路侧设施及各种测试仪器，试验车通过加速，以一定的角度和速度在自由状态下与被测设施碰撞，各种现场测试仪器(如高速摄影、摄像、电测量仪器、加速度仪器)将记录碰撞过程中路侧安全设施、车辆的动态变化过程，通过分析、判断比较，给出路侧设施系统安全性能的客观评价。实车碰撞试验是个很复杂的试验，许多关键的试验条件(如冲击速度、冲出角度等)难以精确控制，加上动力碰撞和材料破坏的随机性和不稳定性，试验难以重复进行，解决这一问题的方法就是试验程序标准化，即所有的研究机构应按统一的标准试验程序及试验条件进行试验，按统一的评判标准评价路侧设施的优劣。

实车碰撞试验场地坡度要求小于 2.5%，铺设硬质路面，试验中保持路面清洁。为评估车辆碰撞的行驶轨迹，要求道路铺设范围保证在碰撞点前 15m 预计碰撞分离点后 40m 的范围内。在撞击点附近要求尽量减少尘土，保证图像记录清晰。

在试验进行时，碰撞车辆的轮胎胎压要求达到制造厂家的推荐值，车辆悬架、轮胎、转向系统等均正常。车身外侧需贴标志点，以帮助数据分析。车辆的转向系统不应约束，保持车辆滑行中的方向自由。车辆配重应固定牢固，并且不应超过汽车厂商推荐的在水平和垂直平面上的重量分配平衡。

路侧安全设施的安装应按照有关安装技术要求执行。试验中的碰撞点应该选择在路侧设施结构最薄弱处，包括设计的敏感区域。

速度和角度的试验测量，均要在距离碰撞点小于 6m 的距离内测定。速度精度控制在 ±1%之内，角度精度控制在±0.5%之内。试验中，为了避免碰撞能量产生更大的差异，速度与角度的最大误差不能同时发生，所以在速度误差的上限，角度只能允许在负差范围内变动。

试验车辆上应安装加速度传感器、车载数据采集设备、试验假人等，分别采集车辆纵向、横向和垂向的加速度值。试验中，加速度传感器放置在最接近车辆重心的位置。传感器与数据记录仪应符合 ISO 6487 的要求。

第二章　国内外研究现状

第一节　国内研究进展

一、路侧安全研究

路侧是指从车道外边缘到道路红线边界的这一范围，路侧安全设计也就是对这一区域进行安全设计，又称为路外设计。路侧设计的对象或要素主要包括：路肩（路肩振动带）、排水设施（边沟、涵洞等）、边坡、护栏（路侧护栏、中央分隔带护栏、桥梁护栏等）、行道树、各种杆柱（标志杆、电线杆、通信设施杆等）以及解体消能设施等。路侧净区设计是指从车行道外侧边缘到道路红线限界范围内不应存在能导致碰撞伤害的坚硬危险物，驶出路外的车辆在该区域不会发生倾覆，行驶在净区内的车辆能够得到有效控制，并且通常能够再次安全地返回行车道。设计人员通常通过硬化路肩、放缓路基边坡、设置可逾越的排水设施、消除紧邻路侧范围内的危险物等技术手段来尽可能提供充足的路侧净区。宽容和人性化的路侧净区可降低交通事故概率、减小事故损失。设置路侧净区是防止路侧事故最为理想的对策。

路侧安全概念最早出现于20世纪60年代，21世纪初被引入我国，与此同时，国内研究单位陆续针对路侧安全的定义、典型处置方法等开展了研究。2004年，交通部西部项目设立了“路侧安全研究”项目，由交通部公路科学研究院承担，是国内第一个系统化的路侧安全研究项目，该项目获得如下主要成果。

(1)建立了我国路侧安全等级评估方法。在大量文献研究和实地调研的基础上，结合部分交通安全领域专家的咨询意见，提出了基于灰色理论的路侧安全等级评估方法。项目研究提出的灰色聚类路侧安全等级评估模型将路侧安全等级划分为Ⅰ、Ⅱ、Ⅲ、Ⅳ四个等级，等级越高表示路侧危险程度越高或安全隐患越大。在数据输入完备的情况下，模型包含公路几何线形、路侧事故、交通量和公路路侧特征四大类指标，共计12个变量，该模型主要适用于双车道公路。在缺失某类或某两类输入数据的情况下，虽然输出结果的可靠性受到一定影响，但模型输出仍能为用户提供颇具价值的参考。为方便评估模型在实际中的应用，该研究还开发了辅助计算的路侧安全等级评价软件。

(2)初步建立了我国路侧安全防护方法。在结合我国实际情况，综合国内外最新研究成果的基础上，项目研究提出了系统化的路侧安全改善与设计策略，对策体系可分成三个层次或阶段：第一层次应尽可能地使车辆保持在车道内行驶，不偏离正常行驶车道冲出路外，该层次属于主动预防性质；当车辆因某种原因一旦冲出路外，第二层次应尽可能降低车辆碰撞路侧坚硬危险物或发生翻车的概率，该层次主要对策是路侧净区处置；第三层次应尽可能降低事故的严重后果，确保驾驶员的过错不应以牺牲生命为代价，该层次属于被动防护性质。在此基础上，完成了我国第一版《公路路侧设计指南》的编制。与美国路侧设计指南侧重净区和路侧安全设施(尤其是护栏)的特点不同,国内路侧设计指南更多地关注路侧安全状况的分析与评价方法,以及具体的对策措施(案例式)。

(3)路侧事故规律研究。项目研究总结和分析我国典型路侧安全问题,对路侧事故特点进行了全面系统的定量统计分析,形成了对我国路侧事故规律的总体认识。

(4)相关辅助软件开发。为方便研究工作的开展和成果的运用,项目开发了两个辅助软件,一是路况视频里程定位及辅助信息采集软件,二是路侧安全等级评估软件。

国内现有的研究为本项目的实施奠定了良好的基础,但分析国内现有研究可以发现,由于起步较晚,我国关于路侧安全性的研究尚处于起步阶段,仅仅建立了路侧安全的概念和原则性的指导方法,在定量化的路侧危险物安全性评价方法、具有实际指导意义的路侧典型危险物处置措施等方面还需更加深入的研究。

二、在用防护设施

我国真正意义上的道路防护设施是随着高速公路的修建才开始出现的。在此之前,公路上并没有真正现代意义的防护设施,主要是应用一些简易的警示柱、栏杆等作为防护设施,防护的对象并不是机动车,而是行人及非机动车在用的防护设施如图 2-1 所示。

图 2-1　在用防护设施

1990 年，中国内地几条高速公路相继建成通车，波形梁护栏、水泥混凝土护栏等现在常见的护栏形式开始应用。1994 年，我国形成了较为系统的高速公路安全设施应用标准《高速公路交通安全设施设计及施工技术规范》(JTJ 074—94)，该标准的发布对规范全国的高速公路安全设施应用起到了极大的推动作用。

1994～2006 年是中国道路安全设施的发展阶段，随着高速公路在全国的大量建设，高速公路安全设施获得了广泛的应用。在 2003 年之前，道路安全设施还主要应用于高速公路和城市道路。从 2003 年开始，随着安保工程的实施，安全设施开始在高速公路以外的一般公路上获得广泛应用。

随着道路条件的不断完善，我国公路的交通流特点发生了较大的变化，依据 1994 年有关数据确定的护栏设置标准已不能适应新的需要，2006 年，交通部修订了《高速公路交通安全设施设计及施工技术规范》(JTJ 074—94)，并颁布了《公路交通安全设施设计规范》(JTG/T D81—2006)，推动我国公路安全设施的应用进入飞速发展和完善期。

目前，我国各等级公路上在用的安全设施有 30 多种，大部分设施的结构参数、设置方法等遵循现行标准规范。

我国安全防护设施的标准规范主要参照日本、美国的有关标准制定，现行标准规范中尚需进一步验证的安全设施如表 2-1所示。

尚需进一步验证的安全设施 表 2-1

类 别	标准防护等级		结构形式要点
路基段护栏	B级波形梁护栏(托架)		4m/2m 立柱间距，114mm 立柱，3mm 板厚，托架
	A 级波形梁护栏(防阻块)		4m/2m 立柱间距，140mm 立柱，4mm 板厚，防阻块
	SB 级三波形梁(防阻块)		2m/1m 立柱间距，130mm 立柱，4mm 板厚，防阻块
	SA 级三波形梁(防阻块)		3m/1.5m 立柱间距，130mm 立柱，4mm 板厚，防阻块
	SS 级三波形梁(防阻块)		2m/1m 立柱间距，130mm 立柱，4mm 板厚，防阻块
	Am 级波形梁护栏(横隔梁)		2m/1m 立柱间距，140mm 立柱，4mm 板厚，横隔梁
	中央分隔带分设型护栏端头		2m 立柱间距，140mm 立柱，4mm 板厚
	三角地带护栏及防撞桶		
桥梁护栏	金属护栏	B 级	$H \geqslant 90$cm，$G \geqslant 10$cm，立柱间距$\leqslant 2$m
		A/SB 级	$H \geqslant 100$cm，$G \geqslant 5$cm，立柱间距$\leqslant 2$m
		SB/SA 级	$H \geqslant 125$cm，$G \geqslant 5$cm，立柱间距$\leqslant 1.5$m
		SA/SS 级	$H \geqslant 150$cm，$G \geqslant 10$cm，立柱间距$\leqslant 1.5$m
	混凝土护栏	F 型	$H=81/90/100$
		单坡型	$H=81/90/100$
护栏过渡段	BT-1		桥梁钢筋混凝土护栏与路基波形梁护栏过渡段
	BT-2		桥梁钢筋混凝土护栏与路基波形梁护栏过渡段

续上表

类　别	标准防护等级	结构形式要点
其他	标志杆	单柱
		双柱
		单悬
		龙门架
	限高装置	
	防撞桶	装水
		装沙
	收费岛头	水泥混凝土

安全设施的结构、应用特点与交通流车辆组成、车辆运行速度等参数直接相关，世界各国都会依据本国的交通特点设计相应结构的安全设施，制订安全设施设置方法。如上所述，我国公路上应用的部分安全设施在我国交通条件下的安全性能尚需进一步验证，依据当前交通条件，有必要对我国在用的安全设施的安全性能进行详细、科学的验证和分析，明确我国交通环境中这些安全设施的安全性能，为这些设施的合理应用、科学有效的安全处置措施的制订及我国交通安全形势的根本改善奠定坚实的基础。

三、防护设施评价标准

1992年前后，中国公路工程咨询监理总公司组织有关人员对全国已通车的高速公路护栏的使用情况作了调查。据此拟定了“波形梁护栏实车碰撞试验方案”。经交通部公路管理司批准，公司联系了近十个单位组织了近百人的试验研究课题组，进行了一年多的工作，完成了我国第一次实车足尺碰撞试验的研究任务，建立了一套试验方法和设施。

2004年，根据交公路发[2000]722号关于制定《高速公路护栏安全性能评价标准》(JTG/T F83-01—2004)的通知，交通部公路科学研究院经过大量的调研工作，并将其他相关内容调研资料汇总，调研的高速公路路段覆盖东北、华北、华东、华中、西北、西南等全国大部分地区，基本上代表了目前中国高速公路实际运行情况，确定了最终的碰撞条件，同时运用大量的足尺实车碰撞试验，对乘员的各项指标、车辆的各项指标、车辆运行状态等进行全面统计、分析，最终首次制定了《高速公路护栏安全性能评价标准》(JTG/T F83-01—2004)，该标准量化了护栏安全性能评价的指标，弥补了我国在防护设施安全性能评价标准领域中的空白。该标准的制定首次界定了与护栏安全性能评价相关的名词术语，规定了高速公路护栏实车碰撞试验条件、试验指标控制精度、实车碰撞试验方法及评价标准，为随后的护栏研究、开发和检验工作提供了重要的依据，为护栏安全性能评价工作的顺利开展奠定了基础。

如前所述，现行护栏安全性能评价标准颁布实施以来，对我国护栏的设计、应用起到了良好的规范、推动作用。但在多年的应用中，现行标准也体现出了较多的实际问题，主要体现为以下几点。

(1)标准仅适用于高速公路，未包括一般公路、山区公路的内容。标准的服务范围与制定标准时针对的对象、资料来源等直接相关，现行标准的名称为《高速公路护栏安全性能评价标准》(JTG/T F83-01—2004),制定标准时依据的调研数据仅来自当时国内的几条高速公路,服务范围局限于高速公路用护栏。近几年,特别是交通部实施安保工程以来,普通公路护栏的应用数量大幅度增加,按照普通公路交通特性对护栏安全性能进行评价是当前和今后一段时间内我国护栏应用工作的迫切需求。截至目前,对普通公路护栏安全性能的评价只能参照《高速公路护栏安全性能评价标准》(JTG/T F83-01—2004)来执行,标准的服务范围与我国交通实际需求之间出现了脱节,需要及时修订现行的护栏安全性能评价标准,扩大标准的服务范围,更好地服务于我国的公路交通事业。

(2)需要调整安全性能评价参数以适应山区公路实际情况。护栏安全性能评价试验参数是整个标准的核心,而这些参数的确定必须反映道路交通的实际情况。现行《高速公路护栏安全性能评价标准》(JTG/T F83-01—2004)确定试验参数时依据的是 2000 年我国高速公路交通的有关数据,山区公路交通组成、运行状况、车辆构成等发生了显著的变化,需要调整安全性能评价参数,以更好地适应新的交通形势和交通发展需求,可能的调整包括:车辆运行速度的变化、典型防护车辆类型的变化、交通事故情况变化导致的碰撞标准的变化等。

(3)需要补充公路护栏特殊点段、其他安全设施的安全性能评价方法。公路护栏系统由护栏一般段、端头、过渡段等特殊点段、特殊用途护栏等组成,现行标准规定的安全评价方法仅针对一般段固定式护栏,无法保证护栏系统的安全性。事故案例显示,护栏端头、过渡段等特殊点段处理不当,往往成为重大的事故隐患。美国、日本等应用护栏时间较长的国家,非常注重护栏特殊点段的安全性问题,甚至超过对护栏一般段的重视程度,在其护栏安全性能评价标准中,对护栏特殊点段安全性能评价方法进行了详细的规定。我国应用公路护栏的时间较短,对特殊护栏点段安全问题严重性的认识需要一个过程,所以在现行标准中未包含护栏端头、过渡段等特殊点段安全性能的评价方法,护栏实际应用中对这些特殊点段安全问题考虑不够。需要及时补充现行规范的这些缺陷,以提高我国公路护栏系统的安全性。

(4)细化和完善部分条款,提高标准的可操作性和科学性。自 2004 年现行《高速公路护栏安全性能评价标准》(JTG/T F83-01—2004)颁布实施以来,我国开展了大量的实车碰撞试验,检验各种护栏的安全性能,需要及时将这些实践经验加以总结,对标准中的部分条款进行细化和完善,以进一步提高标准的可操作性和科学性,这些需要细化和完善的条款包括:对于碰撞车辆的技术参数的规定,关于碰撞试验碰撞点的规定,细化试验护栏施工要求的规定,细化对于碰撞试验实施条件的规定,明确车辆替代物碰撞试验、模拟碰撞试验、计算机仿真试验的地位和作用,促进护栏安全性能评价新技术的推广和应用等。

(5)调整护栏安全性能评价指标体系,增加针对性。调整现有安全性能评价指标体系中的单一试验评价,及将现有仅限于采用足尺实车碰撞试验的安全性能评价,调整为国际上普遍采用的台车试验、摆锤试验、计算机模拟试验与足尺实车试验相结合的多方位、多角度、更全面的综合评价体系,便于国际间的对比和技术交流。

(6)完善与其他标准规范间的衔接,促进我国护栏标准规范体系的发展。关于护栏的其他配套标准相继修订完成,急需护栏安全性能评价标准进行配合修订。近几年,交通部相继颁布了《高速公路交通工程及沿线设施设计通用规范》(JTG D80—2006)、《公路交通安全设施设计规范》(JTG/T D81—2006)等标准规范,对护栏的安全性能分级、设计、施工等内容进行了增补和修订,而这些新增加的护栏等级、形式等在现行的高速公路护栏安全性能评价标准中都

没有体现，急需修订现行标准，完善我国护栏的标准规范体系。

四、路侧处置方法及新型安全防护设施开发

在国内众多科研人员的不懈努力下，我国路侧处置方法研究、公路防撞理论研究及新型安全防护设施开发也取得了一些成果。

我国从“七五”开始进行高速公路护栏设计、生产与施工等方面的研究工作。交通部公路科学研究所从 1984 年开始对波形梁护栏进行了系统的研究，根据我国的护栏设计条件，提出了适合我国国情的护栏结构形式。该结构采用厚度 3mm 的深波纹横梁，Z 字形开口型钢立柱的形式，从 1989 年起在全国推广应用。但随后几年，在高速公路、一级公路的工程实践中发现，Z 形柱强度太弱，不利于行车安全，故交通部公路管理司于 1994 年 5 月下令停止使用波形梁护栏 Z 形柱。1992 年年底，交通部公路科学研究所在总结全国护栏实际应用经验的基础上，推出了新型的变截面波形梁护栏结构形式，该结构横梁采用变截面形式，搭接处结合紧密，使高强螺栓的性能得以充分发挥，保证了横梁的连续梁作用，并使线形更加顺适美观，造价降低。该结构形式已应用于首都机场和成渝高速公路，并作为我国公路护栏的基本结构形式，列入交通行业标准，在全国推广应用。1997 年，交通部公路科学研究所开发了可用于高速公路设施碰撞研究的试验手段，为防撞护栏的试验研究创造了良好的条件。2000 年以来，北京深华达交通工程技术开发有限公司在昌平修建了大型车辆碰撞试验场，针对高速公路建设上的实际需要，系统地开展了新型安全护栏的试验研究，先后开发了高防撞能力的桥梁混凝土护栏、陡崖峭壁危险路段座椅式护栏、弯道混凝土护栏、中央分隔带槽形混凝土护栏、协作式混凝土基础三波梁护栏以及防撞型活动护栏等，并已在生产上推广应用。2001 年，交通部西部交通建设科技项目“公路陡崖峭壁护栏的开发研究”项目开发出了我国第一个专门针对山区一般公路危险路段的护栏形式——座椅式护栏；2003 年，四川省交通厅科技项目“二郎山—康定改建工程护栏研究”项目开发出了适用于山区公路改建工程中混凝土路面路段的 L 形混凝土护栏。这两种形式的混凝土护栏可以用于国省道公路的安全治理，但是由于我国幅员辽阔，实际的道路状况、交通状况千差万别，还远远不能满足实际的需要。2004 年，交通部西部交通建设科技项目立项“公路安全防护设施试验验证及开发”课题，对四种常用安全防护设施的性能进行了验证，开发了锚杆式混凝土护栏、梁柱式混凝土护栏、石砌体护栏三种适用于山区一般等级公路路侧的新型护栏，提出了两种警示墩加固方案，验证了目前国内常用道路安全防护设施的安全性，相关研究成果已纳入《公路安全保障工程实施技术指南》中。

在安全防护设施理论研究方面，1995 年，中国公路工程咨询监理总公司的刘少源提出高速公路汽车与护栏碰撞的简化计算方法——柔性梁法，该方法通过质点（车）在梁—柱结构（横梁为柔性，立柱为刚塑性或弹塑性）上滚动，来模拟汽车与护栏的动力碰撞过程，可得到车辆碰撞过程的运动轨迹及护栏位移。其认为波形梁没有出现明显的塑性流动，忽略车体本身的变形，且车与地面及车与护栏之间的摩擦也不考虑。1996 年，中国农业大学的周志斌、冯联杰等人运用计算机仿真技术，对汽车与护栏等路边设施的碰撞过程进行了仿真分析，确定了汽车—护栏的弹性碰撞模型，并描述了逻辑判断，提出了汽车与护栏碰撞后汽车的接触面积、碰撞力和碰撞力矩的算法，但他们将汽车与护栏都看成弹性体，这与碰撞时真实的弹塑性大变形情况存在较大的偏差。1997 年，中国矿业大学李华介绍一种在碰撞中能保持高度的高速公路组合

型护栏，并根据其结构及其受力分析，提出护栏的简化计算模型。在此基础上，提出一种数值模拟护栏受冲击变形的方法。此方法具有简单、能较准确地模拟护栏变形等特点。而继张誉教授对刚性护栏的先行研究之后，同济大学的石红星，沈阳建筑工程学院的阎小平、姚启明和华南理工大学的钟云华等人也先后采用机械振动学方法进行了混凝土护栏的碰撞安全性研究，但一直没能摆脱该方法所固有的抗力元件的非线性特性难于预先准确测定的顽疾。2000年，长沙交通学院雷正保教授建立了一个用于摆锤撞击半刚性护栏过程分析的有限元模型，利用显式有限元方法准确地模拟护栏受摆锤撞击后的大变形过程，并在国内不具备开展摆锤撞击护栏试验的条件下利用间接方法验证了模型的准确性，同时也间接显示了动态显式有限元方法在护栏碰撞研究领域中的威力。2001 年，长沙交通学院雷正保教授运用系统工程思想，提出将汽车与半刚性护栏这个碰撞系统作为一个完整耦合的大系统来研究半刚性护栏防撞新机理的先进理念，并系统阐述了半刚性护栏防撞新机理的基本思想，在宏观上跨越性地指出了半刚性防撞护栏研究思路的新方向。2006 年，雷正保、杨兆基于 VPG(虚拟试验场)软件，通过建立完整的"汽车—道路—护栏—乘员—座椅—安全带"模型，从护栏碰撞结果的完整性、乘员风险指标和车辆运动轨迹等方面研究了轻型货车撞击三波护栏的安全性及重型货车撞击混凝土护栏的安全性。2007 年，雷正保、杨兆基于动态显式有限元方法及 VPG 软件，建立了完整的"汽车—护栏—乘客—座椅—安全带"一体化模型，对山区公路典型的四种混凝土护栏进行了碰撞仿真试验，发现汽车撞击间断式混凝土护栏时，出现混凝土墩绊阻车轮的现象，而汽车撞击连续式混凝土护栏时，车辆的左后轮出现了明显的抬高现象，表明车辆存在倾翻的趋势。结果表明，间断式混凝土护栏存在的主要问题是对失控车辆的诱导能力不足，连续式混凝土护栏的主要问题是护栏底部高度和断面尺寸对碰撞过程影响较大。龙科军、周志刚等以湖南省凤大公路为依托，开展了路侧护栏的设计工作，基于经济性、排污、排气等考虑，设计了间断式混凝土护栏的尺寸、结构；雷正保等采用正交试验设计方法，以间断式直道混凝土护栏的5 个截面参数为设计变量，基于汽车护栏碰撞动力学模型及 LS-DYNA 软件，对间断式混凝土护栏的 25 组不同截面参数组合进行汽车碰撞仿真试验，研究了截面参数组合对汽车碰撞过程的影响。唐波、雷正保、林骥利用有限元软件 LS-DYNA 对汽车与半刚性波形梁护栏端头进行仿真模拟试验，根据其试验数据和研究结果，进一步提出半刚性波形护栏端头设计的方法，从而降低交通事故对乘员的损伤程度。

在路侧处置方法方面，2003 年，由四川省交通厅立项，北京中路安交通科技有限公司开展了山区路侧危险度划分方法的研究，探讨了如何合理区分山区一般公路路侧危险状况，针对不同路侧危险状况如何合理设置安全防护设施等问题展开研究。通过对路侧状况各类因素的综合分析研究，最终提出了路侧危险度的概念和计算方法，进而提出了不同危险度情况下应设置的防护设施类型，为山区一般公路安全防护设施的合理设置提供了依据。通过对路侧地形与乘员伤亡关系的分析研究，对路侧的危险度级别进行划分；通过路侧危险度的划分，确定路侧护栏的防护等级。2005 年，交通部公路管理司组织交通部规划研究院等单位，编写了《新理念公路设计指南》，系统地阐述了国外路侧安全研究的成果及安全防护设施的设置原则，具有较强的实用指导意义。2009 年，龙科军、刘勇等运用贝叶斯理论对公路交通事故数据进行处理，得到了道路几何线形、驾驶员行为、环境等因素影响事故的生成机理，基于贝叶斯反推技术，提出了公路事故黑点处置方法；2009 年，周志刚、龙科军、王奕屏运用模糊评价方法，以运行车速为指标，针对相邻路段的单车85%位运行车速差，提出了山区公路安全性等级评价方法。

综上所述，我国现有的关于路侧处置方法及新型安全防护设施开发的研究以护栏安全性能研究为主，缺乏对路侧处置方法的系统化的研究成果，也缺乏实用化、系统化的路侧安全处置的策略及具体措施指导手册；新型安全防护设施的开发多针对比较特殊的应用环境，针对山区公路特点的、可广泛推广应用的新型防护设施开发工作较少。

第二节　国外研究进展

一、路侧安全研究

一般认为，路侧安全的研究开始于1960年，Stonex发表了一篇名为"路侧安全设计"的论文。在此之前，很少有人注意路侧的安全问题，作者在文章中对一般路侧危险源进行辨识，主要包括：无防护的桥墩、未处理护栏端头、路灯和标志的刚性支承、树和公用线杆、路侧陡坡和不安全的沟渠等。对这些问题，他提出了一些解决方法：设置解体消能立柱、将护栏端头掩埋、清除路侧障碍物、整平边坡和沟渠等。

1967年，美国公路研究委员会(Highway Research Board)发表了一篇关于护栏、路障、标志立柱的研究报告，收录了许多波形梁护栏、新型公路护栏和护栏支撑开发测试的论文。其中设定的波形梁护栏的基准高度和立柱间距，现在仍在沿用；Glennon设计的保护路堤的护栏应用现在仍然使用；Graham在护栏理论和试验领域进行了广泛的研究，制定了一些新型护栏的设计准则，包括：强梁弱柱护栏、中央分隔带护栏、桥梁护栏系统、缆索护栏等。1971年，国家公路研究合作计划NCHRP发表了一篇报告《公路交通护栏的设置、选择和维护》，对当时所有交通护栏系统进行系统综合，包括：使用条件、维护条件、性能标准等，其中，还包括纵向护栏和防撞垫。

1977年，美国公路与运输协会AASHTO出版了《交通护栏指南》(Guide for Selecting, Locating, and Designing Traffic Barriers, AASHTO, 1977)(以下简称《指南》)。《指南》详细阐述了交通护栏问题，其目的在于总结当时关于护栏的基本理论并提出护栏设立的明确指导。主要内容包括：护栏的设置条件、护栏的类型、护栏强度、安全性和可维护性、护栏选择步骤、护栏安装方法、护栏尺寸和几何形状等。《指南》还提出成本效益分析程序和护栏设计方法论。此外，美国研究人员开始注意路边邮筒和路侧排水系统对路侧安全的影响，其研究成果至今仍在美国使用。

1980年以后，美国有关路侧安全的研究逐步走向系统化。1989年，AASHTO出版了第一版《路侧设计指南》，本指南的编订主要基于1974年版《考虑安全的道路设计与运营》(黄皮书)、1977年版的《护栏选择、设置与设计指南》以及各方面与路侧安全相关的研究成果，内容主要包括：路侧安全与经济、路侧地形与排水设施结构、护栏、标志和照明支撑以及维修工作区的安全附属设施等。继1989年版的《路侧设计指南》之后，AASHTO又于1996年、2002年推出了第二版、第三版《路侧设计指南》。

AASHTO发起了针对路侧安全的研究"提高路侧安全的战略计划"(NCHRP Project 17-13)。1997年，为了阐明路侧安全问题，美国公路合作研究计划(NCHRP)成立了15人的路侧安全专家组，其使命就是研究提高公路路侧安全的方法。专家认为路侧安全研究的目标是：一旦车辆驶离公路，车辆和路侧应该能保护乘客和行人不受严重伤害。为了达到这个目标，他们列举出运输部门5大基本任务：提高路侧安全的认知度；建立、维护信息资源和分析方法；防止车辆驶离道路措施；防止车辆驶离道路后发生侧翻或碰撞路侧物体措施；当侧翻和撞击固定物体事故发生后，尽量减少伤亡程度的办法。在美国2003年推出的最新IHSDM模块的双车道安全性能评价中，将路侧危险等级分为7级。美国在《公路路侧设计手册》中对不同设计车速的公路上，设置在不同位置的护栏需要满足的指标做较为详细的规定。

2003年，欧洲英、法、德等9国联合启动了"更安全的欧洲道路路侧基础设施"计划(也称为"RISER"计划)，旨在通过收集、分析路侧安全有关数据，提出和获取路侧设计和养护的成熟经验和有益做法，来提高路侧的安全性。

就路侧安全评估方法而言，目前尚没有成熟的能够进行定量测度路侧危险程度的方法，比较具有代表性的是美国路侧危险程度分级。Zegeer根据净区宽度、边坡坡度、是否设置护栏、是否存在坚硬危险物等路侧特征将路侧危险程度分为7级(级别越高越危险)，该分级指数已作为一个变量，被纳入到IHSDM乡村双车道事故预测模型当中，从事故预测角度得到了一定的应用。

美国2002年版的《路侧设计指南》给出了一种基于效益—成本分析的路侧安全改善项目投资决策方法，并编制了名为RSAP的软件辅助实施。不同方案间的增量效益—成本比按式(2-1)计算。

$$B/C \quad \text{Ratio}_{2\text{-}1}=\frac{CC_1-CC_2}{DC_2-DC_1} \tag{2-1}$$

式中：$B/C \quad \text{Ratio}_{2\text{-}1}$——方案2与方案1相比较的增量效益—成本比；

CC_1、CC_2——方案1与方案2的年事故成本；

DC_1、DC_2——方案1与方案2的年直接成本。

显然，公众资金应该投向于预期效益大于直接成本的项目之中，也就是要求B/C大于1。效益的测量主要基于事故数减少或事故严重性降低所带来的收益；而直接成本主要由公路局实施安全改善项目的资金投入构成，包括设施的初始安装费、养护费用及维修费用。

RSAP软件中的效益—成本过程基于车辆侵入路侧概率模型构建，该概率模型属多个因素的条件概率模型，模型表达式如式(2-2)所示。

$$E(c)=V\times P(e)\times P(c/e)\times P(i/c)\times C(i) \tag{2-2}$$

式中：$E(c)$——估计事故损失；

V——交通量；

$P(e)$——车辆侵入路侧比率；

$P(c/e)$——侵入事件发生时，发生事故的概率；

$P(i/c)$——事故发生时，发生i等级伤害的概率；

$C(i)$——i等级伤害社会成本。

美国的成本—效益分析方法及其实现软件，从科学性、量化角度来看取得了巨大的成功，软件的编制也促进了方法的实际运用。但模型中的多数参数都是建立在相关研究的基础上，且美国的道路、车辆条件、事故损失等方面与国内差别较大，因此，将该方法直接引入国内还需要做大量工作。此外，模型自身还存在诸多方面的局限性，需要进一步研究加以修正或改进，如：侵入数据过于陈旧；车辆轨迹未考虑驾驶员行为；侧向侵入距离的分布及与线形、路侧特征的关系需要新的数据进行修正等。

2003 年，联邦公路局（FHWA）以双车道乡村公路为基础，开发了交互式公路安全设计模型，并形成免费的评价软件 IHSDM，该软件包括 6 个模块：冲突预测模块、设计一致性模块、路侧安全模块、交叉口诊断模块、政策法规模块、交通流分析模块。该软件根据路侧静空区的距离、边坡的坡度、汽车驶出路外能否回到行车道、护栏形式、地形地貌等，将路侧危险等级分为 7 级。

近年来，IHSDM 在 2003 年版的基础上进行了新的完善，2009 年版本在原来双车道公路的基础上，扩充部分模块为多车道公路，而道路类型也由原来的乡村公路扩充为城市道路。

由以上综述可见，国外关于路侧安全的研究以美国最为完善，由 1960 年发展至今，美国已经形成了较为完善的路侧安全理论及处置方法体系，在路侧安全的定量化评估方法、典型路侧危险物的处置措施等方面都有较好的研究成果可供参考，但由于交通情况的差异，这些成果在我国交通环境中的适应性有待进一步研究。

二、防护设施相关标准

国外最有代表性的护栏安全性能评价标准包括：美国的 NCHRP 350 报告和 MASH 2009、欧盟的 BS EN 1317 标准及日本的车辆用防撞护栏性能确认方法。

1. 美国的护栏安全性能评价标准（NCHRP 350 报告和 MASH 2009）

早在 1962 年，美国交通管理部门发布了一个“公路研究相关服务工作函”（以下简称 482 函），定义了护栏安全性能评价实车碰撞试验的车重、车速和接近角度等参数。美国主要的研究评价机构都按照 482 函的要求开展了护栏安全性能评价工作，并通过实车碰撞试验，发现了 482 函存在的一些问题。

为改进 482 函的不足，促进护栏安全性能评价工作的标准化，美国国家公路合作研究项目（NCHRP）资助美国西南研究所开展新的研究（NCHRP 22-2 项目）。最终研究报告《公路附属设施实车碰撞试验推荐流程》（NCHRP 153 报告）于 1974 年正式出版，该报告规定了相对完整的护栏安全性能评价实车碰撞试验流程，该流程获得了广泛的认可和执行。虽然如此，当时美国的管理机构和研究者都已经认识到，护栏安全性能评价实车碰撞试验的有关规定必须定期更新，以配合交通形势的发展。

1976 年，美国交通研究委员会（TRB）的 A2A04 分委员会受委托开展护栏安全性能评价实车碰撞试验流程的有效性评价工作。大量的问卷调查得到以下两个结论：一是如果要对 NCHRP 153 报告进行较小的改动，则仅需针对一些特殊区域，对报告规定的流程进行小的变动即可；二是如果进行大的变动，则需要扩大试验涵盖的范围、对碰撞剧烈程度评价标准进行进一步的评估、规定特殊安全设施的评价试验流程等。1978 年，该委员会发布《运输研究函 191》，对 NCHRP 153 报告进行了较小的改动。

1979 年，美国国家公路合作研究项目（NCHRP）再次资助美国西南研究所开展新的研究［NCHRP 22-2(4)项目］，该研究着眼于对 NCHRP 153 报告进行大的改动，主要目标是以最新技术进展为基础，评估、改进、扩展函 191 的评价范围和评价方法，该研究的最终报告《公路安全设施安全性能评价推荐流程》(NCHRP 230 报告)于 1980 年正式出版。该报告以最新的技术进展为基础,提出了新的检测流程、更新了评价标准,成为相当长时期内美国乃至许多其他国家公路安全设施性能评价的主要依据。

1987 年,随着路侧安全理念的变革、实践经验的不断积累和技术的进步,美国各州公路运输管理委员会(AASHTO)认识到需要再次对 NCHRP 230 报告进行修订。1989 年,美国国家公路合作研究项目(NCHRP)资助开展新形势下公路安全设施性能评价标准的研究(NCHRP 22-7 项目)。本次研究的主要背景是:美国道路车辆构成状况发生了较大的变化、新型护栏设施不断得到应用、安全设施防护等级与道路功能相匹配的思想逐渐推广、新法规对车辆安全带的应用进行了强制性规定、计算机仿真及其他现代技术取得新的进展等。研究的目的是使新的评价标准能够适应这些新的变化和形势。研究成果于 1993 年正式出版,也就是现在美国在用的《公路设施安全性能评价标准》(NCHRP 350 报告)。

美国现行《公路设施安全性能评价标准》(NCHRP 350 报告)由七章正文和十篇附录构成,其结构如下:

第一章　简介

第二章　测试参数

第三章　测试条件

第四章　数据处理

第五章　评价标准

第六章　测试报告

第七章　实施和在役的评价

附录 A　名词解释

附录 B　土壤说明

附录 C　电子和摄像设备说明

附录 D　分析与试验工具

附录 E　乘员仓变形指标

附录 F　THIV、PHD、ASI 值的确定

附录 G　路侧结构物的侧面碰撞测试程序

附录 H　参考文献

附录 I　术语表

附录 J　单位转换

相比于以前版本的评价标准,NCHRP 350 报告有以下几个特点。

(1)所有的单位量纲统一采用国际单位制。

(2)提供了较宽范围的安全防护设施评价,包括护栏、终端、防撞垫、解体消能杆柱、车载式防撞垫(TMA)和施工作业区交通控制设施。

(3)根据最新的调查研究结果,调整采用了新型皮卡车作为标准车型,并重新核定车辆参数,如保险杠高度、车身刚度、结构和前悬等。

(4)补充和追加测试所采用的车辆类型。

(5)考虑不同道路条件的使用,提供了更加广泛的测试范围。

(6)对于导向型防护安全设施,提供了碰撞点选择的原则。

(7)提供了乘员风险测试设备的安装和调试信息。

(8)保留三个基本评价标准类别,但根据最新的研究发现,对乘员危险度评价中的横向速度限制做了调整。

(9)回顾了防护安全设施性能评价的方法和技术,如计算机模拟和替代试验车辆等。

(10)提供了可选的评价标准,丰富了测试方法。

美国现行碰撞标准涵盖的安全设施分为四种类别:纵向护栏一般段、终端与防撞垫、支撑结构物(含施工作业区安全设施和可解体杆柱)和车载式防撞垫(TMA)。

NCHRP 350 报告依据各种安全设施的具体作用和测试原理的不同,将评价内容分为了结构安全、乘员风险和车辆轨迹三大评价因素和十四个评价指标,并给出了每项评价指标所适用的测试条件,如表 2-2 所示。

美国 NCHRP 350 报告确定的安全性能评价标准 表 2-2

评价因素	评价标准		
结构安全	1. 实验对象应当拦截并重新导向碰撞车辆,或者能够使车辆以可控的方式停止;碰撞之后车辆不应穿透、下钻或上跨试验对象,试验对象横向变形在可控制的范围之内		
	2. 试验对象应随时可以以可预见的方式解体、破碎或屈服		
	3. 试验对象应能够重新导向碰撞车辆,产生可控制的刺穿现象或者能够使车辆以可控的方式停止		
乘员风险	1. 脱离元件或试验对象碰撞碎片不应穿透或显示有可能穿透乘员舱,或危害其他车辆、行人。试验对象的变形或侵入乘员舱可能会导致乘员严重受伤,这是不允许的		
	2. 脱离元件或试验对象碰撞碎片或车辆的损伤不应阻挡驾驶员视线或导致车辆失控的其他可能情况		
	3. 车辆在碰撞时和碰撞后保持竖直,允许适当的俯仰、偏航和滚转		
	4. 最好使车辆在碰撞时和碰撞后保持竖直,但不是必需的		
	5. 乘员冲击速度在如下情况下是安全的		
	乘员冲击速度极限(m/s)		
	组成	首选	最大
	纵向和侧向	9	12
	纵向	3	5
	6. 乘员加速度在如下情况下是安全的		
	乘员加速度极限(g)		
	组成	首选	最大
	纵向和侧面	15	20
	7. (可选)混合 III 型假人。响应应符合联邦法令的规定		
车辆轨迹	1. 碰撞后车辆最好不要闯入相邻行车线		
	2. 乘员冲击速度在纵的方向不应超过 12m/s,乘员下跌加速度在纵向方向不应超过 $20g$		
	3. 试验品的角度最好应小于冲击试验角度的 60%,在车辆与测试装置失去联系时测量		
	4. 车辆轨迹允许在试验品后方		

2009 年，美国的 AASHTO(American Association of State Highway and Transportation Officals)发布了 MASH 2009(Manual for Assessing Safety Hardware)取代了 NCHRP 350 报告，相比于 NCHRP 350 报告的主要变化如下。

(1)将小型车辆的碰撞角度由 20°改为 25°。

(2)单体卡车的碰撞速度由 80km/h 提高到 90km/h。

(3)与护栏结构的碰撞条件变化相协调，护栏端头和防撞垫的小车碰撞角度由 20°改为 25°。

(4)绊阻式护栏端头和防撞垫斜碰的碰撞角度由 15°调整为 5°。

(5)在全长度护栏碰撞试验中，皮卡车碰撞结果要满足乘员防护要求。

(6)分段减弱的防护系统，增加一个中型车辆的正面碰撞试验。

(7)试验护栏的安装高度，在进行小车试验时要采用推荐的最大值，在皮卡车试验时，要采用推荐值的最小值。

(8)护栏端头小型车辆的碰撞点，需选择端头防护性能由可导向向绊阻转变的碰撞点。

(9)NCHRP 350 报告中两个关于 TMA(车载式防撞垫)的推荐试验改为强制试验。

(10)碰撞过程中需要采集车辆的触发数据和安全气囊释放情况的数据。

(11)对试验护栏安装基础提出了吸能要求，取代 NCHRP 350 报告中仅要求基础材料的规定。

(12)试验过程中缆索部件的预应力统一设定为华氏 100 度(37.7℃)情况下的推荐值。

(13)明确了试验护栏最小长度要求。

(14)用 1 100kg 的车辆替代了原来的 820kg 车辆。

(15)用 2 270kg 的车辆替代了原来的 2 000kg 车辆。

(16)单体卡车车重由 8 000kg 提升为 10 000kg。

(17)轻型卡车测试车辆最小重心高度为 28 英寸(71.12cm)。

(18)去掉了特殊情况下可选择 6 年以上车龄的试验车的条件，所有试验车辆必须为 6 年以内的车辆。

(19)碰撞结果要记录车辆内部损坏情况，车辆前风挡玻璃的损坏情况可进行定量化的评价，在永久性的安全防护设施和施工区防护设施评价中，这一指标作为关键性指标。

(20)乘员仓的损坏情况进行定量化评价。

(21)所有评价指标只有通过或者不通过两个结果，取消勉强通过判定。

(22)所有纵向防护设施，统一采用“乘员在车内飞翔空间模型”进行乘员防护性能的评价。

(23)车辆最大俯仰和翻滚角度确定为 75°。

(24)碰撞车辆驶出角度的要求被取消，代之以车辆驶出框来判别防护设施的导向功能。

(25)在防撞垫试验中，要记录车辆的反弹情况。

(26)所有试验设施、安装图都应是 CAD 绘图。

(27)增加了在用设施性能评价的内容。

2. 欧盟的护栏安全性能评价标准(BS EN 1317)

欧盟现行的护栏安全性能评价标准全称为《道路防护系统》(BS EN 1317)，是欧洲标准化委员会(CEN)的 TC 226 技术委员会于 1998 年 3 月 5 日颁布实施的，在欧洲标准化委员会成员国内强制实施。

BS EN 1317 标准共包括六部分：

第一部分　术语和测试方法总体标准

第二部分　安全护栏的性能分级、碰撞试验判定标准和测试方法

第三部分　防撞垫的性能分级、碰撞试验判定标准和测试方法

第四部分　护栏端头和过渡段的碰撞试验判定标准和测试方法

第五部分　产品耐久性检验标准和一致性评价

第六部分　道路行人防护系统

在 BS EN 1317 中，将护栏防撞等级分为了低等级、正常等级、高等级和非常高等级 4 大类别，共 10 个等级、11 个测试类型。BS EN 1317 对护栏安全性能的评价标准包括定性评价和定量评价两个方面，定性评价主要从碰撞之后的散落物分布状况、车辆形式轨迹、车辆乘员仓变形指标等方面进行评价，定量评价主要从计算得到的 ASI、THIV、PHD 值，以及护栏在冲击情况下的动静态变形和工作宽度进行评价。

3. 日本的车辆用防撞护栏性能确认方法

日本的车辆用防撞护栏最早在 1955～1965 年期间开始使用，随后进入了防撞护栏研究和使用的全盛时期，20 世纪 70 年代初至今为止，随着日本建设部土木研究中心碰撞试验场地的建成和完善，对各种构造形式的护栏试验开始进行了统一整理，如刚性护栏、桥梁护栏等在外形构造、设置方法上进行了较大调整和整理，历经多次修订，最终形成了现行的防护栏设置设计标准。较以前的设置标准有两大特点。

(1)提供了多种多样的护栏结构、材料，对以前护栏的性能规定进行了重新调整，现行的护栏性能必须满足实车碰撞试验的验证。

(2)将护栏的使用范围进行分类，针对道路外侧的危险程度不同，使用不同种类的护栏，并适当结合当地的实际情况。

日本的车用防护栏碰撞试验按照碰撞能量强度分类，主要分为七类，如表 2-3 所示。

日本的护栏分级　　表 2-3

防撞强度	种　类		
	路侧用	分离带用	步车道境界用
45kJ 以上	C	Cm	Cp
60kJ 以上	B	Bm	Bp
130kJ 以上	A	Am	Ap
160kJ 以上	SC	SCm	SCp
280kJ 以上	SB	SBm	SBp
420kJ 以上	SA	SAm	—
650kJ 以上	SS	SSm	—

按碰撞条件分为两种，如表 2-4 所示。

日本护栏碰撞条件　　表 2-4

	碰撞条件	
碰撞条件 A	大型货车车辆重心距离地面高为 1.4m，碰撞角度为 15°	
碰撞条件 B	小型车碰撞角度为 20°	
	种类	碰撞速度
	C、Cm、Cp、B、Bm、Bp	60km/h
	A、Am、Ap、SC、SCm、SCp、SB、SBm、SBp、SA、Sam、SS、SSm	100km/h

日本车用防撞护栏的评价标准主要从对车辆的防护性能、乘员的安全性能、车辆的诱导性能和护栏材料的散落情况进行评估，其中，对护栏的变形、车辆重心加速度值进行了定量评定，其他的指标主要从定性上分析评定。

标准规范是大量研究成果的总结和提炼，在上述标准之外，国外的研究机构一直对护栏安全性能的评价开展研究，并不断取得新的进展，这些科研进展推动了标准规范的不断完善和发展。

美国从 1920 年起就开始了护栏的研究与使用，在理论分析和模拟试验的基础上，通过实车足尺护拦碰撞验证试验和公路上的应用实践，积累了大量的资料和丰富的经验。美国国家研究会交通研究所在 1981 年制定了高速公路安全设施的评价标准，在 1970 年和 1986 年前后组织了高速公路护栏结构及各种安全设施的一系列研究工作以及编写各种设计规范。法国、英国、德国等国家也在很早就开始护栏结构的研究工作，建立健全了一整套的试验设施和相应的试验规程，从理论和试验上研究了多种类型的护栏结构，并总结出了一整套安全设施安全性能评价体系。

日本于 20 世纪 50 年代开始这方面的研究工作，并在名神高速公路开始正规使用护栏。在短短十几年中，日本的众多研究机构对各种护栏结构进行了广泛深入的开发研究，于 1965 年制订了护栏设置纲要，对护栏的适用范围、结构设计、功能要求、施工安装等方面做出了明确的规定。

至此形成了美、日两种典型的护栏体系。其他许多国家，大致在 20 世纪 50、60 年代，也相继开展了各自国家的护栏结构的设计和评价标准的研究。

护栏的安全性能评价与车辆是密不可分的，各种车辆的参数不尽相同，车辆的选择至关重要，为此，美国的国家碰撞测试中心 NCAC（FHWA/NHTSA National Crash Analysis Center）已经成功利用计算机仿真技术为美国联邦公路管理局提供标准的车辆模型，用于新型护栏的研究和开发。针对 NCHRP 350 报告中所用的车辆形成了较为完整的车辆模型库，并一直在不断的更新。这些模型库已经成功地运用到了德克萨斯州、内布拉斯加州和宾夕法尼亚州等地区的新护栏的开发中，并取得了良好的效果。

集群计算机技术、有限元分析技术在护栏安全性能方面的应用，大大地降低了研发的成本，加快了开发的速度，最主要的是能通过有限元技术，更详细地得到在足尺实车试验中无法获取的数据，这为护栏安全性能评价和改进提供了重要的基础数据。世界各国都在努力的完善这一领域内的技术。美国在该领域已经进行了 15 年之久，技术和经验都相当丰富。

直至今日，国外发达国家依然在不断的进行着安全设施性能的评价研究工作，并以此为指导，对各自国家的护栏结构设计标准进行着完善。随着计算机技术的飞速发展，安全设施性能评价与集群运算已经紧密地结合起来，尤其是在新结构、新材料的应用方面起到了越来越突出的作用。

纵观美国、欧盟、日本的安全设施评价标准和发展，发达国家的安全设施评价方法和手段都随着时代的变化而不断的改进，经历了漫长的过程。每个时期的评价标准都与同时代的交通安全形势、车型变化、新结构、新材料密不可分，即使到了现阶段，国外的同行们依然在做着不断的努力，尝试着将现代发达的计算机技术与交通安全设施评价相结合，寻求更经济、更有效、更便捷的方法。

美国和欧盟都将评价体系进行了对象化，将防护安全设施细化，并针对某一类别的安全设施进行单独的安全评价，制定相应的评价标准。美国的护栏安全性能评价标准还首次将安全设施性能评价的新方法和新技术，如计算机模拟和替代试验车辆写入了该标准中。

三、防护设施试验研究及新设施开发

发达国家对公路安全设施与技术的开发研究十分重视，投入大量人力、物力、财力开展试验研究工作。

美国是开展这方面研究工作最早、最深入的国家，从1920年起就开始进行护栏的研究，几乎每个州都建有大型实车碰撞试验场，配备有先进的测试仪器设备。从1962年开始，在美国联邦公路管理局支持下，美国公路联合会组织全美相关的科研机构、高等院校、国家及各州的有关政府职能部门，开展了规模庞大的《全国高速公路合作研究计划》(National Cooperative Highway Research Program，NCHRP)，在理论分析、模拟试验和数值计算的基础上，通过大量的实车足尺试验，对多种护栏形式、护栏过渡结构、护栏端头、桥梁护栏、缓冲装置、道路安全标志等安全系统进行了系统、深入的研究，制订出一系列护栏形式选择、结构设计、试验验证的标准化程序以及生产制造、运输安装和维护的规范和标准。

新型公路安全设施的开发、安全设施效果评价及安全设施经济性指标评价仍然是当今美国交通界的研究热点。例如，A. Tabiei 和 L. C. Bank 等人开展了新型复合材料护栏的研究，对纤维加强型聚合物复合材料护栏进行了理论建模和试验研究，验证了新型护栏的安全性；Rune Elvik 等人以实际统计数据为基础，对半刚性护栏、刚性护栏及防撞垫等安全防护设施在提高道路安全性方面的效果进行了研究，给出了各种安全设施的优缺点和选择建议；John D. Reid 等人利用非线性有限元方法进行了道路护栏末端形式的优化设计，进行了建模仿真，通过仿真结果与实车碰撞结果的对比，验证了计算机辅助设计方法的有效性，为后续新型护栏的设计及开发奠定了基础；Lawrence C. Bank 等人利用有限元分析软件和实车足尺试验，对W波形梁护栏的安全性进行了研究和评价；James H. Lambert 及 Rune Elvik. 等人分别对护栏设置的经济性评价方法及安全政策制订的费—效分析方法进行了研究，从经济性角度出发，为道路安全设施的研究及改进提供决策的依据。这些研究工作表明，公路安全防护设施研究仍然有许多尚未解决的问题，还需要开展更加深入细致的研究工作。

日本于1965年开始进行公路护栏的研究，1973年，在试验研究的基础上制订了第一部护栏设置纲要。1998年4月，日本道路协会颁布实施了护栏设置的新标准。新标准适应国际车辆大型化的发展趋势，强调防止重大伤害事故的重要性，提高了护栏的防护标准，将高危险路段护栏的碰撞能量由230kJ提高到420kJ和650kJ，并增加了危险路段的等级。2000年3月，最新颁布的《车辆用防护栏标准・同解说》中规定：为了保证护栏性能的确定性，原则上要进行实车碰撞试验才行。日本到目前为止所开发的护栏都是经过实车碰撞试验方法确认了的，满足上述性能（评价标准）要求的“标准型”护栏。

法国、俄罗斯、意大利、德国等国家在20世纪60、70年代相继开展了有关公路安全护栏方面的研究工作，建立了相应的试验设施，研究和开发了适应各自国情的护栏结构，并在不断更新、改进。

由以上分析可知，国外主要以实车试验和计算机模拟为手段，进行了较多的安全防护设施的试验研究和新设施的开发，特别是在现代计算技术的帮助下，新设施开发工作进展较快，成果也非常明显，交通发达国家安全防护设施类型比较完备，许多安全防护设施形式可以为我国所借鉴。

第三章 山区公路路侧安全性量化分析系统

路侧危险状况的定量评价是困扰工程技术人员的难题，工程师在制订路侧安全改善与增强设计方案时，更多依赖个人知识与经验来识别相对危险的点段。如何做到客观和定量的评估路侧危险度，是需要重点解决的问题。

从国内外研究情况综述可以发现，国外关于路侧安全的研究以美国最为完善，自 1960 年发展至今，美国已经形成了较为完善的路侧安全理论及处置方法体系，在路侧安全的定量化评估方法、典型路侧危险物的处置措施等方面都有较好的研究成果可供参考。但在国外路侧安全研究中，路侧危险度分级依然主要采取定性的方法，分级标准存在主观性强和难以量化的缺点，不同评价者的分级结果存在明显的差异。现存的方法主要是基于一些路侧的要素，结合个人主观经验来判断路侧危险度的等级。另外，我国的公路路侧状况、交通流比国外往往更加复杂，存在着较大的差异。故国外现成的路侧危险度分级标准在我国难以适用。与此同时，尽管基于大量路侧事故数据的统计分析方法具有客观性，然而难以适用于我国交通事故基础数据不完备的现实。

国内已有的研究为本项目的实施奠定了良好的基础，但分析国内现有研究可以发现，由于起步较晚，我国关于路侧安全性的研究尚处于起步阶段，仅仅建立了路侧安全的概念和原则性的指导方法，没有对我国路侧危险物的特性展开试验分析，对于我国路侧危险度的主要影响因素还缺乏必要地相关性分析，对所选评价指标的有效性和完整性尚需做一步地论证。2004 年，交通部公路科学研究院采用灰色聚类方法，从定量和定性角度出发，给出了路侧安全等级评估方法和分级标准，具有一定的代表性，但该方法也存在分级标准以定性为主、分级指标没有量化的缺点，造成该方法和分级标准在实际工作中很难遵循和应用的问题。

因此，为了在全国范围内提供一套可严格执行、具体量化、可操作性强的路侧危险度评估和分级体系，保障公路路侧安全评估和改善工作的真正落实以及统一管理，本章从路侧危险度评估方法和分级标准的具体量化和实用性角度出发，吸收之前的研究成果，基于大量实地调研数据和碰撞试验技术，建立了山区公路路侧安全性量化分析系统。

第一节 山区公路路侧危险物现场数据采集与分析

为了科学、准确确定影响路侧危险度的影响因素，从而为路侧危险度评估以及路侧危险物碰撞试验提供参数，研究组针对四川、重庆、贵州、云南 4 个地区 6 条国省道干线开展大量实地调查，调查内容主要包括以下几方面。

(1)山区公路路侧几何条件、路侧危险物特征及分布情况。

(2)山区公路运行车辆的构成情况。

(3)山区公路上各种车型的速度及其分布。

(4)山区公路路侧护栏的设置及使用情况。

(5)路侧护栏的事故调查,主要通过路政管理部门记录的交通事故资料进行统计分析。

一、路侧危险物特征参数调查

路侧危险物,即对越出路外车辆构成危险的路侧构造物,如护栏、防撞垫、标志柱、树木、涵洞、边沟等。经调研发现,山区公路路侧存在的路侧危险物,包括:边沟、树木、缘石、护栏、桥梁、涵洞、河流、标志柱、灯柱、房屋、隔离栅、防撞垫等构造物。

本研究组对云、贵、川、渝4省市的6条国省道存在的突出路侧危险段进行了实地调查,获取了这些危险段的线形条件、交通条件、路侧危险物类型和尺寸等数据。通过调研结果发现,一个路侧危险段一般同时存在多种路侧危险物,且明显路侧边沟、山石、树木、混凝土护栏端头和标志立柱等几种路侧危险物的分布最为常见。根据统计分析结果,在获得的72个路侧危险段的有效样本中,存在路侧边沟的样本有44个,占61%;存在山石的样本有40个,占56%;存在树木的样本有24个,占33%;存在混凝土护栏端头的样本有7个,占10%;其次是标志立柱,有6个,占8%调查。其他类型的路侧危险物还有房屋、示警墩和电线杆等,但所占比例极少。

根据调研结果,本研究确定的典型路侧危险物的主要类型为:树木、山石、路侧边沟、混凝土护栏端头和标志立柱五类,如图3-1所示,其调研的主要参数如表3-1所示。常见路侧危险物组合类型如图3-2所示。

典型路侧危险物调研数据内容　　表3-1

类　型	数据内容	数据要求
树木	树种	常见的树种名称
	尺寸	直径、高度等
	位置	到道路边线距离
	多株树木排列方式	树木的间距、排列方式
山石	形状	三维几何形状
	尺寸	沿行车方向长度、高度等
	位置	到道路边线距离
路侧边沟	形状	梯形、矩形等
	尺寸	宽度、深度
	位置	到道路边线距离
混凝土护栏端头	护栏类型	—
	端头形状	—
	端头尺寸	—
	位置	到道路边线距离
标志立柱	形状	几何形状
	尺寸	直径、高度等
	结构设计	设计图
	位置	到道路边线距离

a)混凝土护栏端头

b)边沟

c)标志立柱

d)树木

e)山石

图 3-1　路侧典型危险物状态

为了进一步对路侧危险物进行碰撞试验分析，本研究对四川、重庆、贵州、云南 4 个地区的 6 条国省道干线的路侧危险物分布、尺寸等情况进行统计分析，初步确定了 5 种典型路侧危险物的参数，具体如下所述。

(1)树木：直径 30cm。

在调研的路段上，道路的两侧大多种植行道树，调研区域内行道树的直径分布不均

a)护栏端头+标志立柱+边沟

b)标志立柱+护栏端头+边沟+山石

c)标志立柱+边沟+行道树

d)边沟+行道树

e)护栏端头+边沟+山石

f)边沟+山石

图 3-2　路侧典型危险物组合状态

(图 3-3)。直径小于 15cm 的树木对碰撞车辆的冲击影响较小;而直径大于 15cm 且连续种植的行道树,间距小于 1m 时,可以视为较好的路侧防护设施。本研究中所指的危险物树木主要是指分布离散、直径较粗,对碰撞车辆有较大影响的行道树。调查过程中发现,车辆与树木碰撞产生较严重事故时,常见的行道树直径一般为 20～40cm。综合以上分析,本研究选取直径为 30cm 的行道树作为典型路侧危险树木,树木距离车道边界线比较近,一般为 50～100cm。

(2)混凝土护栏端头:F 型混凝土护栏。

调研路段的混凝土护栏一般为 F 型混凝土护栏,护栏端头尺寸如图 3-4 和表 3-2 所示,护

图 3-3　山区公路常见的行道树

栏与车道边界线比较近，为 50cm 左右。

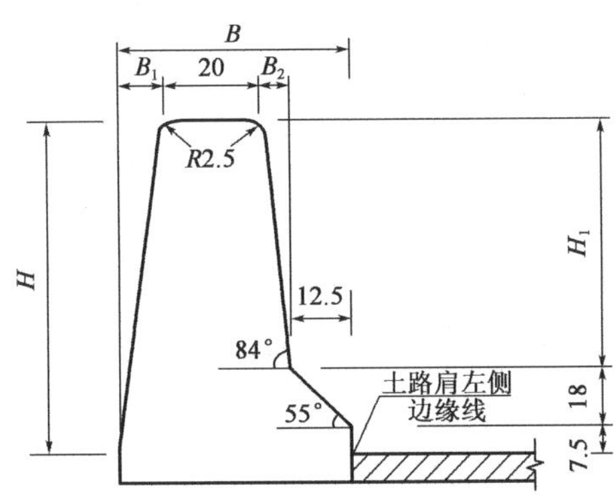

图 3-4　F 型混凝土护栏（尺寸单位：cm）

F 型混凝土护栏构造要求（单位：cm）　　表 3-2

防撞等级	H	H_1	B	B_1	B_2
A	81	55.5	46.4	8.1	5.8
SB	90	64.5	48.3	9	6.8
SA	100	74.5	50.3	10	7.8

(3)边沟(cm)。

调研结果表明，山区公路边沟主要有 3 类：矩形、梯形和碟形。

①矩形边沟。

边沟切面形状如矩形，宽度一般在 60cm 左右，深度一般在 60cm 左右。边沟距离车道边界线比较近，一般在 50cm 左右。如图 3-5 所示。

②梯形边沟。

边沟切面形状如梯形，梯形边沟上部宽度在 60cm 左右，下部宽度在 40cm 左右，深度在 60cm 左右。梯形边沟距离车道边界线也比较近，距离大概在 50cm 左右，如图 3-6 所示。

图 3-5　矩形边沟

图 3-6　梯形边沟

图 3-7　碟形边沟

③碟形边沟。

边沟切面形状如碟形，碟形边沟一般比较宽，宽度在 1.5m 左右，深度在 10～15cm 之间，梯形边沟距离车道边界线也比较近，距离大概在 50cm 左右，如图 3-7 所示。

为了确定典型的边沟类型，本研究选取一段公路对路侧边沟进行统计分析，发现矩形边沟的长度约占总边沟长度的 3/4，故选择矩形边沟作为典型路侧危险边沟的类型。矩形边沟的尺寸结构如图 3-8 所示。

(4)标志立柱。

对调研路段的统计结果表明，山区公路最具代表性的标志立柱为直径 89mm、壁厚4.5mm 的钢管，多采用单柱式结构，混凝土浇筑基础，其尺寸结构如图 3-9 所示。

(5)突出山石。

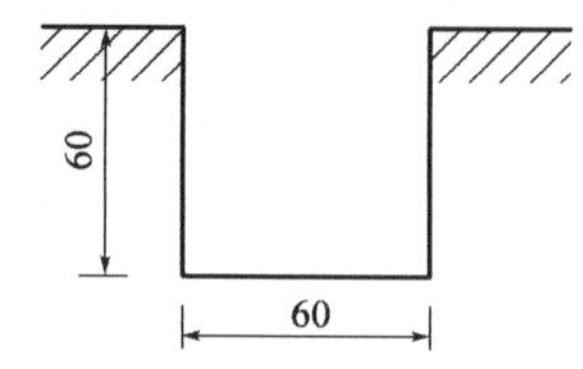

图 3-8　矩形边沟(尺寸单位:cm)

根据调研结果分析，山区公路两侧的山石多为两种类型：中等大小的孤石和道路两侧山体的突出山石，如图 3-10 所示。

山区公路路侧环境内，山体的突出山石比孤石更为常见，更为坚硬，且难以移除，对车辆的危害严重得多，因此，本研究选择突出山石作为典型路侧危险物之一。突出山石的外形轮廓和尺寸是不规则的，但其与山体紧密相连，具有类似刚性臂的特点。本研究为了碰撞试验需要，将突出山石外形简化为 2m×2m×2m 的立方体，其尺寸结构选择如图 3-11 所示。

二、车辆碰撞参数调查

1. 车型比重

课题组对四川、重庆、贵州、云南 3 省 1 市地区国省道进行了实地调查，获取了大量的数据资料，调查地点为当地路政管理部门提供的事故多发路段。按照交通部公路司、交通部规划研

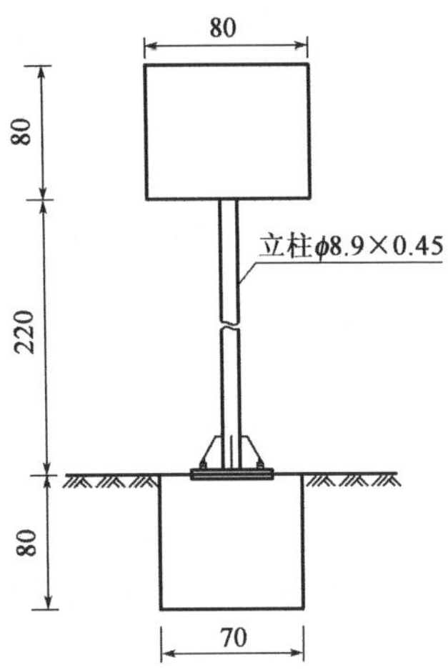

图 3-9 标志立柱尺寸结构图(尺寸单位:cm)

图 3-10 山石类型

究院关于公路交通情况调查车型分类及车辆折算系数规定:小货车为载质量为 2t 以下的货运车辆,中货车为载质量为 2~7t,大货车为 7~14t,特大型货车为大于 14t 的货运车辆,小客车为额定座位为 19 座以下的车辆,大客车为额定座位为 19 座以上的车辆。根据调查情况统计,四川、重庆等 6 条国、省道干线各种类型车辆的比重(以小客车为标准车折算成当量后)如表 3-3 所示。

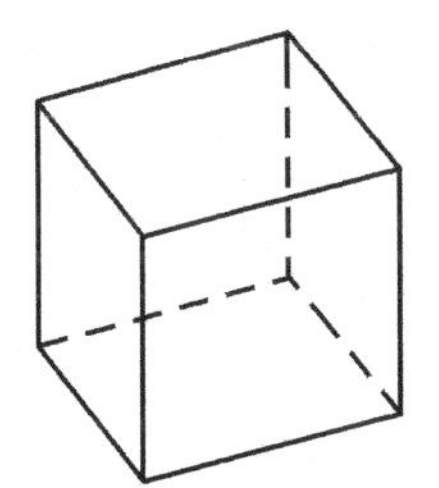

图 3-11 突出山石(尺寸单位:2m×2m×2m)

调研公路的交通组成情况(单位:%) 表 3-3

路 段	小 货 车	中 货 车	大 货 车	小 客 车	大 客 车
G213	7.37	10.27	25.80	44.07	12.49
G319	7.47	10.33	28.72	47.71	5.77
S106	7.67	10.64	30.49	43.14	8.05

从表3-3可以看出，在山区国省干线公路上行驶的车辆50%以上是小型车，大货车比例超过25%，大客车比例占到5%～12.5%，货车比例较高。在碰撞试验中，碰撞车型的选择原则如下。

续上表

路　段	小 货 车	中 货 车	大 货 车	小 客 车	大 客 车
G210	6.98	10.89	46.37	30.73	5.03
G326	7.06	6.74	26.32	51.90	7.98
G323	8.82	10.45	33.17	42.76	4.79

(1)选择的车型在调研公路较为常见，具有典型性。

(2)对易造成重大恶性交通事故的车型应当被选为碰撞车型。

根据这两条原则，本研究结合调研结果，选择道路上较为常见的1.5t的小客车、14t的大货车和18t的大客车作为碰撞车型。1.5t小客车所占比例大、质量小，碰撞中加速度比其他车型更大，乘员伤害风险更大，所以，选择1.5t小客车作为评价最大加速度的碰撞车型，是偏安全的。调研的公路性质为山区公路，大货车(载质量7～14t)比较高，但大货车多以三轴为主，三轴及三轴以上的大货车较少，故选择总质量为14t的大货车作为碰撞车型是具有代表性的。在调研的山区公路中，大客车比例虽然只占到5%～12.5%，但大客车往往易造成重特大恶性交通事故，故选择18t的大客车作为评价重大恶性交通事故的碰撞车型是合适的。

2.车辆碰撞速度

西南山区国省道车速均值如表3-4所示，从表中可以看出：小型车、中型车、大型车三种车型客车速度均大于货车速度，小型车的平均速度高于大型车的平均速度。

山区国省干线平均车速汇总表(单位：km/h)　　表3-4

公路名称	小型车		中型车		大型车	
	小客车	小货车	中客车	中货车	大客车	大货车
G210	54.8	44.7	56.1	43.3	60.0	44.9
G213	60	50.3	61.2	50.1	56.1	48.9
G319	58.8	48.2	57.2	45.7	65.1	50.1
G323	42.7	39.9	51.5	40.0	45.8	37.5
G326	40.7	38.8	51.5	36.8	39.5	34.7
S106	51.9	44.2	55.4	51.1	55.0	51.7

碰撞速度主要取决于运行速度，碰撞时驾驶员采取的制动措施、路面条件等因素也会影响车辆的碰撞速度，日本相关规范《车辆用防护栏标准·同解说》按运行速度的0.8倍取值作为碰撞速度，参照此原则，且考虑到山区公路多为二、三级公路，限速为80km/h，碰撞速度取值如表3-5所示。

典型车型的碰撞速度　　表3-5

车　型	$E(v)$(km/h)	v_{85}(km/h)	v_p(km/h)
小客车	54.6	65.2	52
大客车	53.7	56.2	45

续上表

车 型	$E(v)$(km/h)	v_{85}(km/h)	v_p(km/h)
大货车	45.9	50.8	41

注:$E(v)$为平均车速;v_{85}为85%分位车速;v_p为推荐碰撞车速,当v_{85}小于限制车速时,取v_{85}的0.8倍,当v_{85}大于限制车速时,取限制车速的0.8倍。

3.车辆碰撞角度

根据课题组调研数据,角度为21°的时候包含了85%的事故样本量,综合相关课题组的调研情况,最后确定碰撞角度为20°。

第二节 路侧典型危险物碰撞仿真试验

一、碰撞仿真试验准备

1.仿真软件和模型构建流程

仿真软件选择:LS-DYNA软件功能齐全,是当前主流的CAE前后处理软件,可以提取碰撞结果,譬如速度、加速度、应力应变、能量变化曲线等。VPG软件是ETA公司开发的整车仿真CAE软件,主要进行CAE的前处理,项目中涉及到的所有试验都是在VPG软件中完成前处理后,提交到LS-DYNA进行计算,并得到所需要的数据。

仿真试验模型建立流程:首先按照车辆的尺寸在UG中画出CAD模型,然后导入到VPG中进行网格处理,对part加材料,属性等,定义接触,定义初速度,定义控制参数,导出生成K文件,进入LS-DYNA计算,提取数据即可。

仿真模型参数如下。

碰撞速度:小客车为52km/h,大货车为41km/h,大客车为45km/h;

碰撞角度:均为20°。

2.主要碰撞仿真模型

通过对山区公路的实地调研和分析,本研究选取5类典型路侧危险物进行碰撞仿真试验,试验车分小客车、大客车和大货车3种,建立了15个模型,如表3-6所示。

路侧危险物碰撞仿真试验模型 表3-6

危险物类型	小 客 车	大 货 车	大 客 车
混凝土护栏端部	√	√	√
路侧边沟	√	√	√
标志立柱	√	√	√
突出山石	√	√	√
树木	√	√	√

注:表中"√"表示进行了该试验。

3.试验采集的主要结果

基于LS-DYNA971仿真试验可获得多个指标(如:加速度曲线、速度、位移、受力等),国内外研究表明,加速度能比较完整、准确地反映碰撞的严重程度和驾驶员伤害程度,因此本研究通过碰撞仿真试验，主要得到各种情形下的纵向、横向和竖向三个方向的加速度曲线。为了去除加速度曲线采集过程中的噪声和便于分析，根据国内碰撞相关标准（如 JTG/T F83-01—2004、JTG D81—2006 等）和惯例，对加速度曲线进行了 10ms 间隔的平均。下文的加速度曲线图都是经过 10ms 间隔平均后的曲线图。

二、实车碰撞试验（对比试验）

为了提高仿真试验的准确性，文章进行实车碰撞试验来标定仿真试验的相关参数。针对相同路侧危险物，同时进行实车碰撞和仿真试验，将两者的碰撞轨迹和形态、加速度曲线、车辆变形、关键点受力等试验结果进行对比，从而用实车碰撞的结果来校验和标定仿真模型的车辆质心位置、材料参数、单元属性等参数，使仿真试验结果与实车碰撞情况相符。

本研究针对路侧障碍物开展了二次实车碰撞试验，包括：小汽车—标志立柱实车碰撞、小汽车—矩形边沟实车碰撞。同时，采用 LS-DYNA 软件在相同的条件下进行两者的碰撞仿真试验。然后在对实车碰撞试验和仿真试验的结果进行对比的基础上，重新对仿真试验的各参数进行标定，以提高仿真试验的准确性。

1. 实车碰撞试验实施方案

（1）路侧危险物施工方案。

标志立柱施工：为了与实际的路侧标志柱一致，研究人员与路侧施工方取得联系，并采购到符合技术条件《输送流体用无缝钢管》（GB/T 8163—2008）的热轧流体管的标志柱，主要参数见表 3-7。

标志柱材料参数 表 3-7

高度（mm）	直径（mm）	厚度（mm）	屈服强度 σ_s（MPa）	抗拉强度 σ_b（MPa）	伸长率 δ_5（%）
3 800	89	4.5	365	485	34.0

标志柱基础为 60cm×60cm 的混凝土浇筑而成，地面部分裸露 4 颗螺栓，与标志柱底座通过螺栓连接。

边沟施工：实车碰撞试验选择山区公路较普遍的矩形边沟，边沟尺寸 60cm×60cm。

（2）试验车辆：选择第四代本田雅阁作为本次试验车辆，车重约为 1.50t。

（3）碰撞速度：根据前面的分析结果，试验所取的碰撞速度为 52km/h。

（4）试验数据采集装备：试验前，除了按照 CNCAP 2009 做相应的车辆准备外，为了安装试验室的移动数据采集仪（MDR）（图 3-12）和加速度传感器（图 3-13），研究人员根据实际情况，对车辆部分地方做了修改。

2. 仿真碰撞试验实施方案

仿真建模在 VPG 和 Hypermesh 中进行，其中 Hypermesh 主要使用其强大的 mesh 功能和美化车身曲线的 Hypermorph，而 VPG 有自带车轮以及方便的属性赋值。为了缩小模型规模，根据实际情况处理如下所述。

（1）刚体处理，发动机和座椅采用刚体，由碰撞模型力学分析，碰撞将不会对发动机产生过大影响，处理为刚体，可节约计算时间。

（2）质心确定，测量试验采购车辆的质心，建模时，在质心位置建立配重块，保证质心与试验车辆质心位置相同。

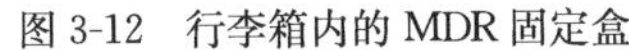

图 3-12　行李箱内的 MDR 固定盒

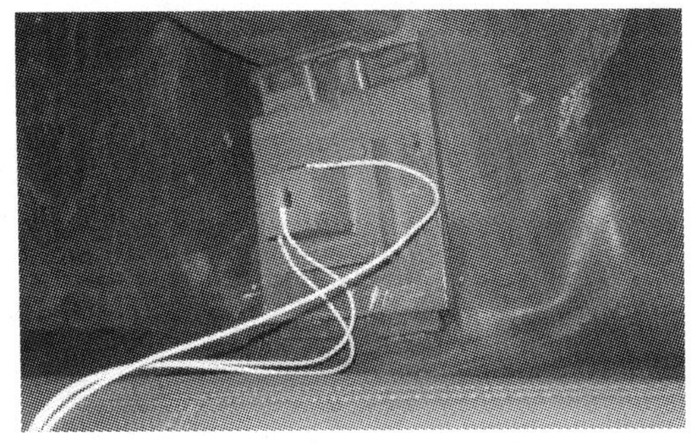

图 3-13　加速度传感器固定装置

(3)单元属性，模型中基本采用壳单元，VPG 软件默认单元公式-BELYTSCHKO-TSAY，与目前车辆实际情况基本相同。

(4)材料参数，所有的壳单元材料依照国外成熟汽车模型选择 LS-DYNA 中 24 号材料模型 MAT PIECEWISE LINEAR PLASTICITY，并赋予参数值。

(5)其他，车轮和轮轴使用 CONSTRAINED_JOINT 连接，轮的转动则定义 INITIAL_VELOCITY_GENERATION。标志柱螺栓连接使用 CONTACT_TIE 的连接方式，而地下的混凝土部分则采用 SPC 约束位移的方法。

3. 实车碰撞与仿真试验结果对比

(1)小客车碰撞标志柱实车与仿真碰撞对比

实车碰撞过程如图 3-14 所示。车辆碰撞使标志柱屈服，由于车辆的冲击较大，将四颗螺栓剪切断裂，当 $t=0.430\text{s}$ 时，标志柱底座干扰，车辆前轮跃起，增大了垂直方向的加速度。标志立柱被倾覆后，车辆以一定速度继续前进。碰撞导致车辆保险杠损坏，冷却系统的水箱严重变形，润滑系统破坏，车头损毁严重。

a) t=0.225s

b) t=0.266s

c) t=0.292s

d) t=0.430s

图 3-14　标志立柱实车碰撞过程

碰撞过程中车辆纵向质心纵向加速度曲线如图 3-15 所示。根据试验结果观察，实车碰撞过程中质心最大纵向加速度为 12.4g。车头与标志立杆碰撞后，加速度逐渐增大，之后标志立柱被撞飞，加速度又逐渐减小。

仿真车辆碰撞过程如图 3-16 所示。从运行轨迹可以看出，标志柱最薄弱的部位是地脚螺栓，在碰撞过程中，$t=0.024\text{s}$ 时，两颗螺栓被剪断，当 $t=0.036\text{s}$ 时，四颗螺栓全部被剪断，这时碰撞结束，车辆以一定的速度继续前进。仿真车辆运行轨迹基本与实车试验一致。

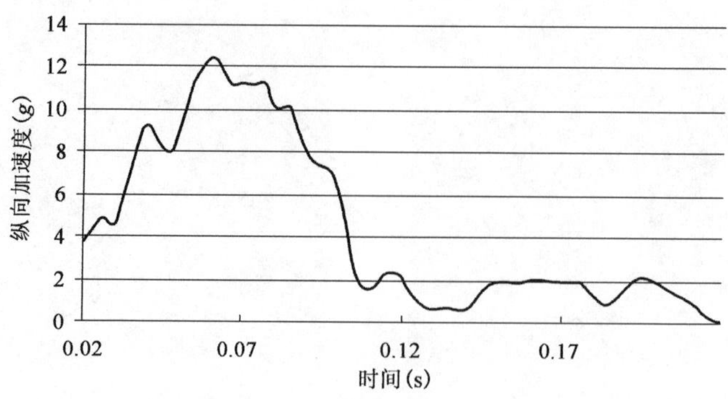

图 3-15　标志立柱实车碰撞试验车辆质心纵向加速度曲线

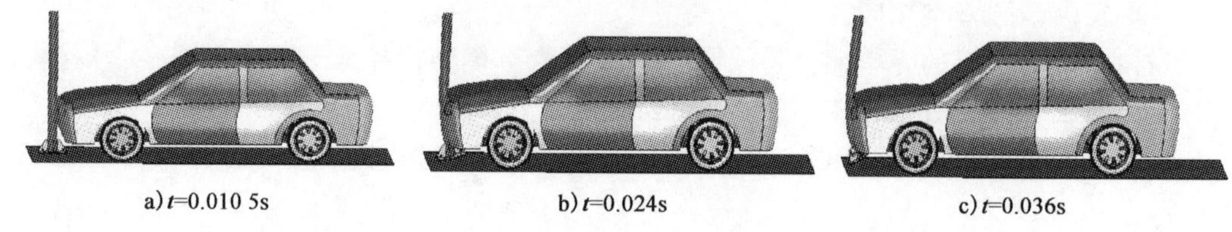

图 3-16　标志立柱仿真碰撞过程

仿真过程车辆质心纵向加速度如图 3-17 所示。车辆碰撞标志柱仿真试验质心最大纵向加速度为 10.4g，加速度的最大值和变化趋势与实车碰撞基本一致。

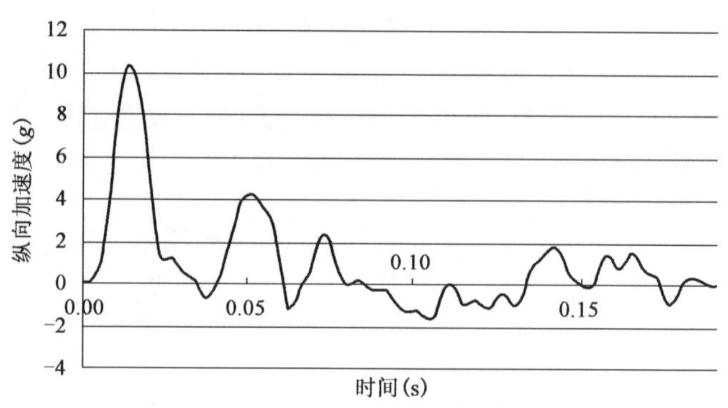

图 3-17　标志立柱仿真试验质心纵向加速度曲线

(2)小客车碰撞边沟实车与仿真碰撞对比

小客车碰撞边沟的过程如图 3-18 所示。在实车碰撞中，车辆速度较快，直接越过边沟，在与边沟发生冲撞时，三个轮胎出现爆胎现象，其他部分基本无损伤。

在实车碰撞过程中，车辆质心纵向加速度如图 3-19 所示，最大纵向加速度值为 8.3g。

车辆碰撞边沟的仿真过程如图 3-20 所示，车辆与边沟一侧碰撞后直接越过边沟，与实车碰撞的运行轨迹一致。

仿真车辆质心纵向加速度如图 3-21 所示，最大加速度值为 7.9g，加速度的最大值和变化趋势与实车碰撞基本一致。

a)左前轮进入边沟　　b)左前轮越过边沟

c)左后轮进入边沟　　d)左后轮越过边沟

图 3-18　实车碰撞边沟试验

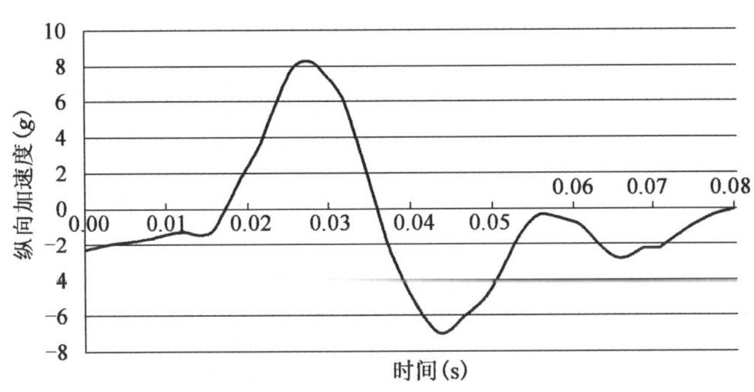

图 3-19　实车碰撞边沟试验车辆质心纵向加速度曲线

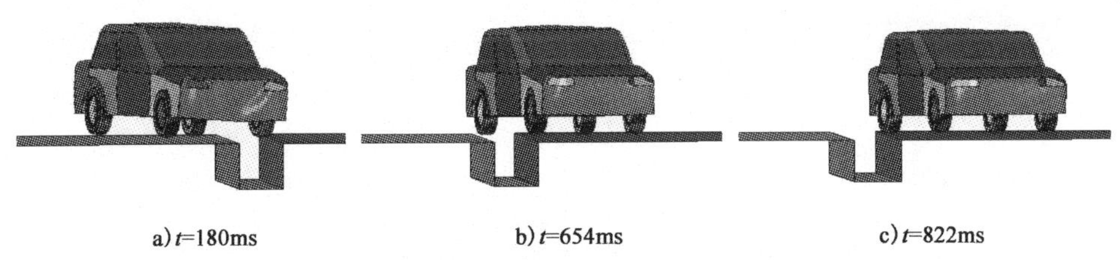

a) t=180ms　　b) t=654ms　　c) t=822ms

图 3-20　车辆碰撞边沟仿真试验

4.仿真试验调整

仿真试验主要根据实车碰撞试验的轨迹形态、加速度变化、车辆变形以及力学分析、关键点受力等方面表现,对仿真车辆的结构、质心位置、材料参数、单元属性等参数进行调整,主要调整内容如下。

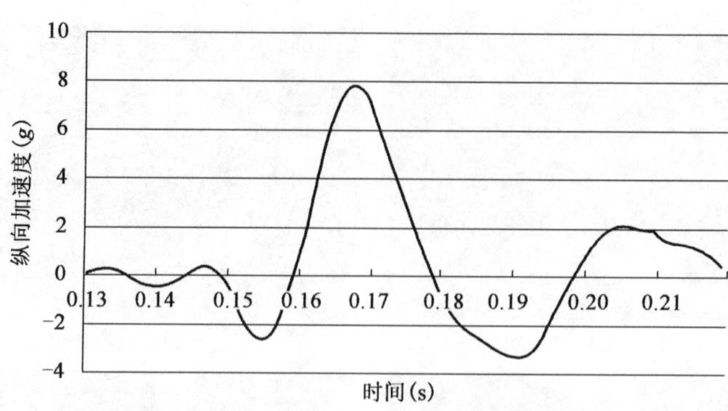

图 3-21　碰撞边沟仿真试验车辆质心纵向加速度曲线

轨迹形态:在实车碰撞过程中,实车试验发生些许偏移,车辆中部靠右侧与标志柱发生碰撞,在仿真试验中,调整碰撞位置,碰撞结束后,可以看出实车试验碰撞轨迹与仿真试验基本相同,碰撞时螺栓剪切过程也基本相同。

加速度曲线:仿真与实车加速度曲线对应对后边的分析是十分重要的,在实车碰撞后,取得实车碰撞的加速度曲线做参考,然后对仿真模型结果进行调整,通过改变车辆前端碰撞位置的材料参数、前端壳体厚度,调整碰撞最大加速度,与实车结果基本一致。

车辆变形:在实车试验中,前端碰撞变形较严重,碰撞结束时发动机受到伤害,而调整仿真车辆后,变形趋势基本一致。

除此之外,还需根据力学分析,关键点受力保持一致等方面校正仿真模型,确保后续仿真试验的正确可信。

三、仿真碰撞试验

以下是 15 个仿真试验的 3D 模型和纵向加速度曲线。

(1)三种车型碰撞混凝土护栏端部仿真模型及损伤情况(图 3-22～图 3-24)。

图 3-22　小客车碰撞刚性护栏端部仿真模型

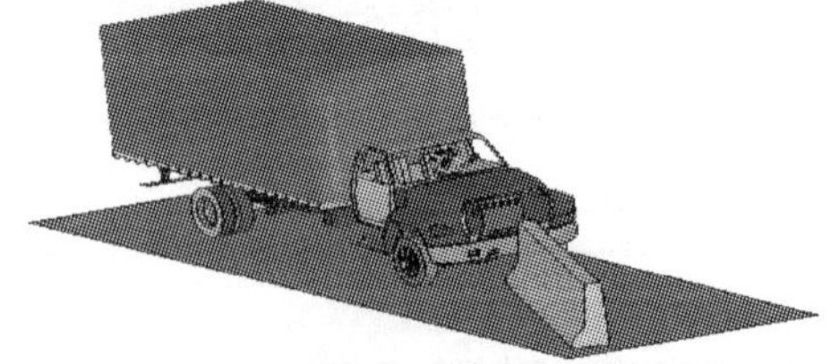

图 3-23　大货车碰撞刚性护栏端部仿真模型

小客车碰撞护栏端头运行轨迹如图 3-25 所示。

从运行轨迹分析可知,车辆受到护栏端头的冲击力较大,车辆受损严重,会给乘员造成致命伤害。质心纵向最大加速度达到 57.9g,10ms 间隔平均纵向加速度分析如图 3-26 所示。

大货车碰撞护栏端头运行轨迹如图 3-27 所示。

从轨迹可以看出,刚性较强的货车前端与护栏端头相碰撞,护栏端头深入车头,货车保险杠严重变形,向车内挤压。从 10ms 间隔平均纵向加速度曲线来看,纵向加速度最大值发生在碰撞的中间时刻,处于车辆骨架部分与端头碰撞的瞬间,最大值达到 34.3g,之后加速度值逐渐减小。质心纵向加速度曲线如图 3-28 所示。

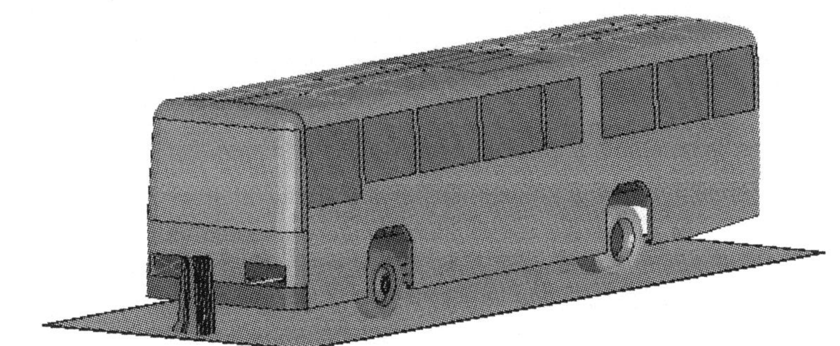

图 3-24　大型客车碰撞刚性护栏端部仿真模型

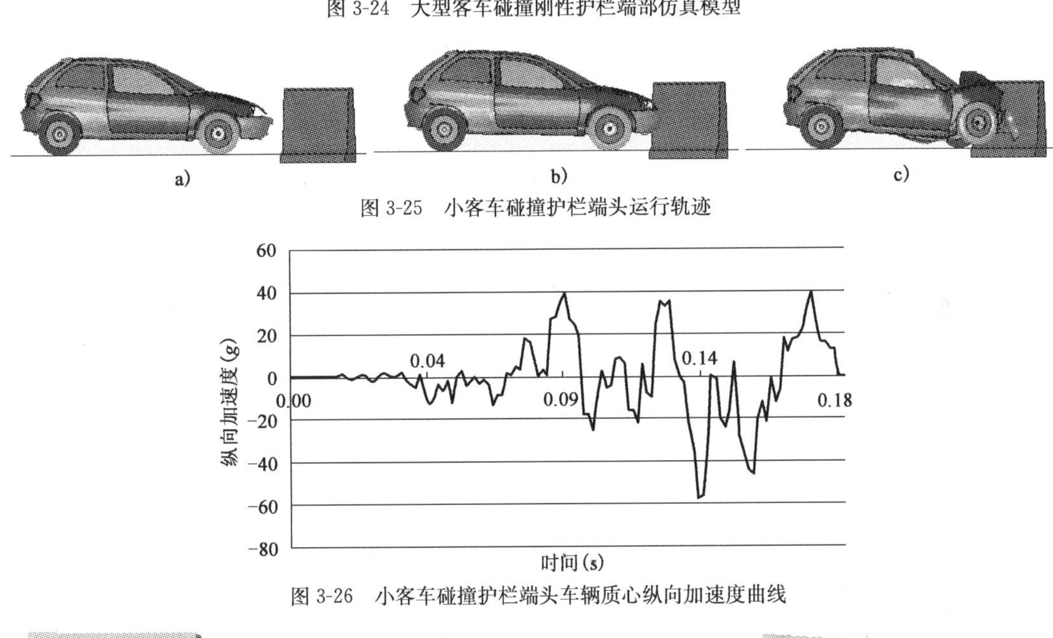

图 3-25　小客车碰撞护栏端头运行轨迹

图 3-26　小客车碰撞护栏端头车辆质心纵向加速度曲线

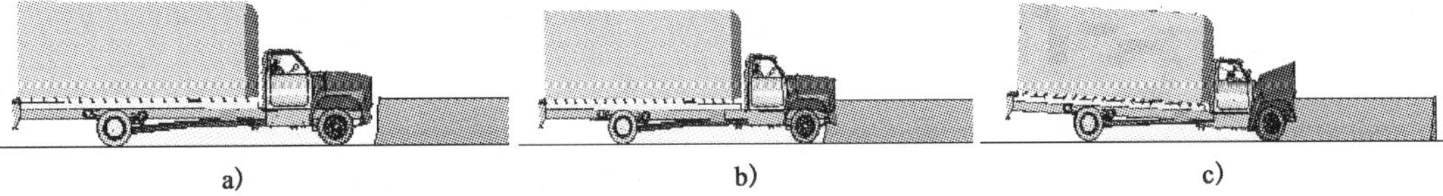

图 3-27　大货车碰撞护栏端头运行轨迹

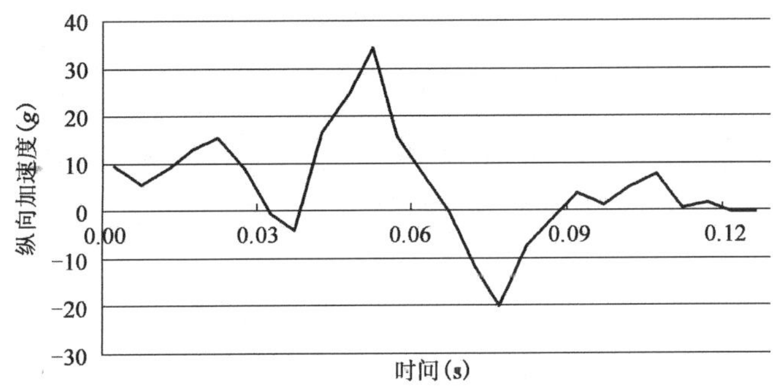

图 3-28　大货车碰撞护栏端头质心纵向加速度曲线

大客车碰撞护栏端头运行轨迹如图 3-29 所示。

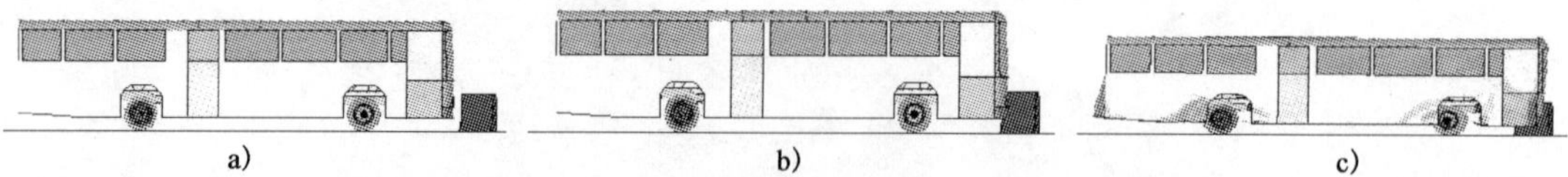

图 3-29　大客车碰撞护栏端头运行轨迹

从图 3-29 可以看出，对于大客车而言，护栏端头同样十分危险，端头侵入大客车的前端，危害较大。从质心纵向加速度曲线（图 3-30）可知，最大加速度为 23.9g，相对于其他两类车，护栏端头对大客车造成的伤害相对较小，但仍超过 20g 的安全要求。加速度分析如图 3-30 所示。

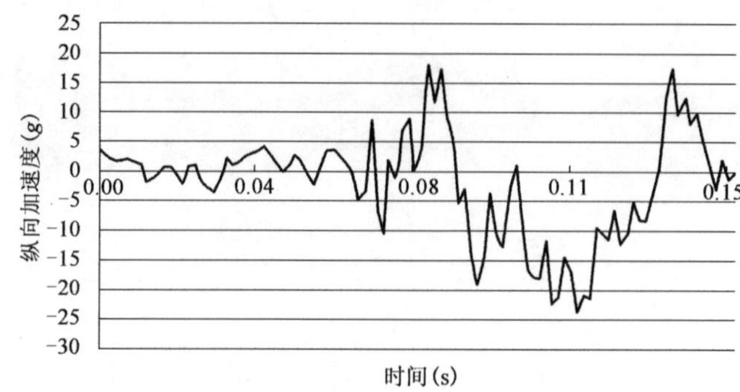

图 3-30　大客车碰撞护栏端头质心纵向加速度曲线

（2）三种车型驶入边沟的碰撞仿真模型及损伤情况（图 3-31～图 3-33）。

图 3-31　小客车驶入边沟仿真模型

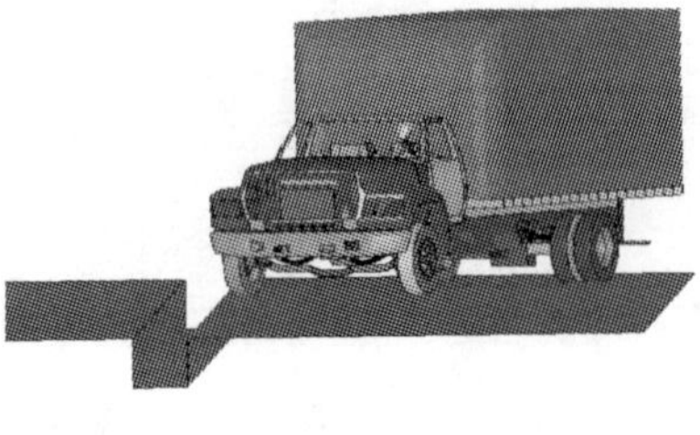

图 3-32　大货车驶入边沟仿真模型

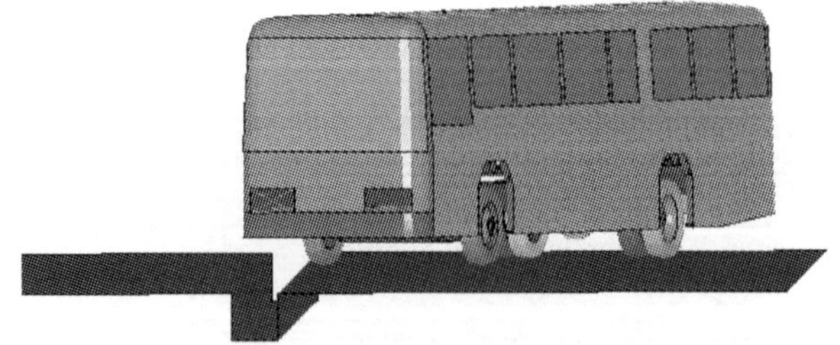

图 3-33　大型客车驶入边沟仿真模型

小客车驶入边沟车辆运行轨迹如图 3-34 所示。

车辆与边沟一侧碰撞后直接越过边沟，从纵向加速度曲线（图 3-35）可知，最大加速度值为 7.9g，加速度曲线如图 3-35 所示。

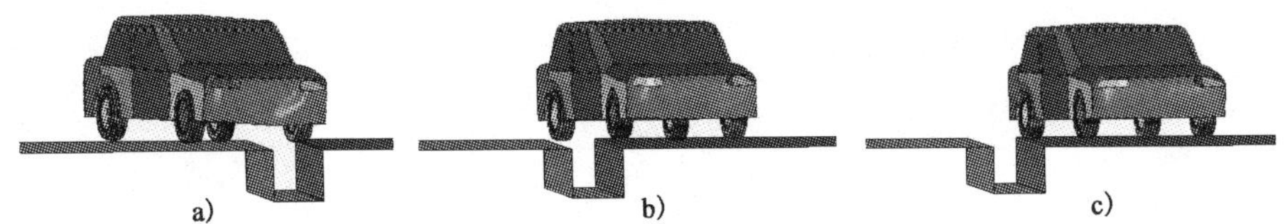

图 3-34　小客车驶入边沟的运行轨迹

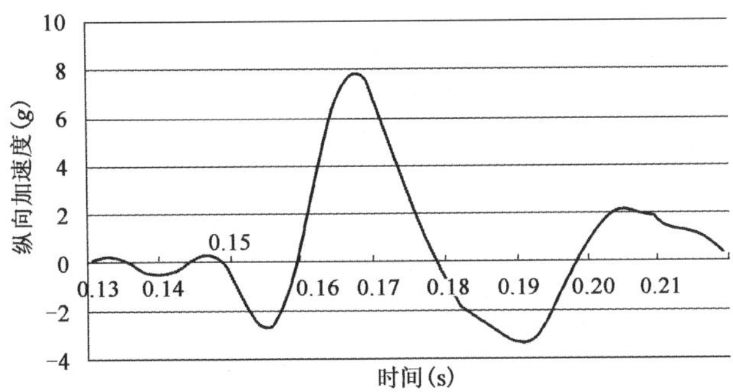

图 3-35　小客车驶入边沟质心纵向加速度曲线

大货车驶入边沟车辆的运行轨迹如图 3-36 所示。

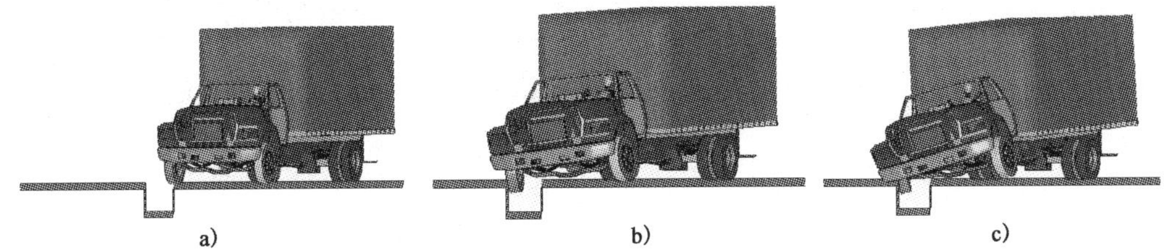

图 3-36　大货车驶入边沟的运行轨迹

从运动轨迹(图 3-36)可以看出,大货车由于碰撞速度较低、质量大,前轮与边沟前壁发生碰撞,车辆受到边沟的巨大阻力,增加了大货车的危险度。从纵向加速度曲线(图 3-37)可以得到最大加速度值为 17.1g。

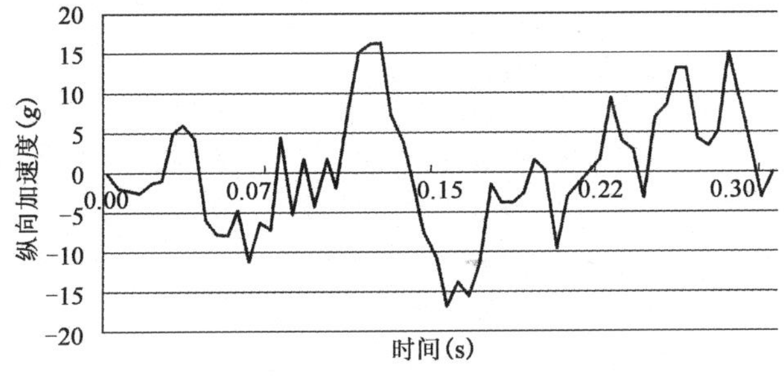

图 3-37　大货车通过边沟质心纵向加速度曲线

大客车驶入边沟车辆运行轨迹如图 3-38 所示。

从图 3-38 可见,大客车越过边沟,前轮发生一定阻绊,但是整体伤害比较小。从纵向加速

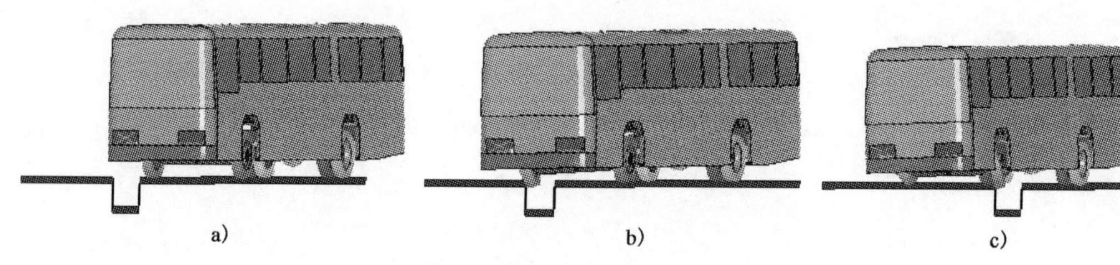

图 3-38 大客车驶入边沟的运行轨迹

度曲线(图 3-39)可知,曲线总体波动幅度较均匀,最大加速度值为 7.2g。

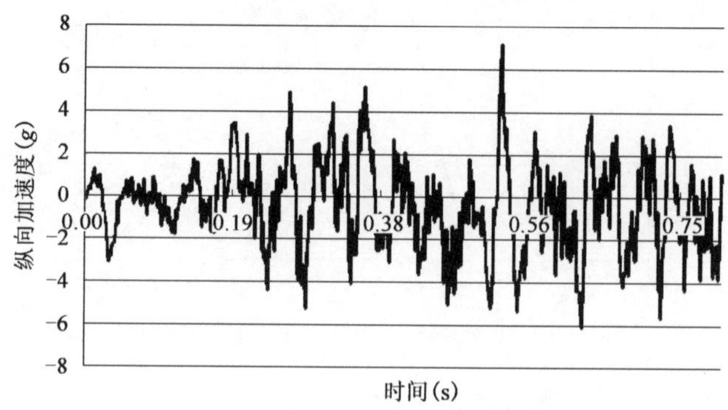

图 3-39 大客车驶入边沟车辆质心纵向加速度曲线

(3)三种车型对标志立杆的碰撞仿真模型及损伤情况(图 3-40～图 3-42)。

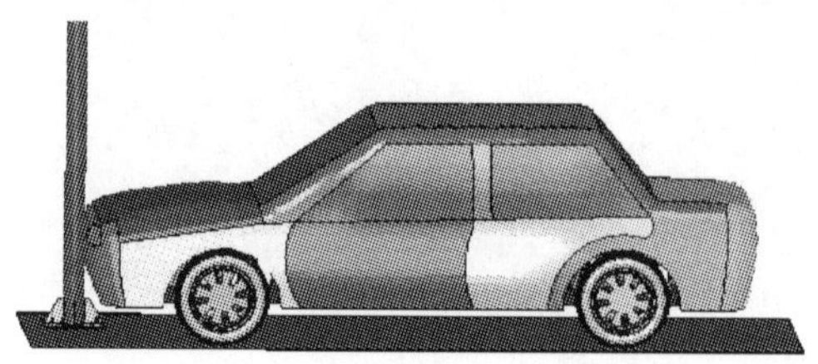

图 3-40 小客车碰撞标志杆仿真模型

图 3-41 大货车碰撞标志杆仿真模型

图 3-42 大客车碰撞标志杆仿真模型

小客车碰撞标志杆的过程如图 3-43 所示。

从图 3-43 可以看出,标志柱最薄弱的部位是地脚螺栓,在碰撞过程中,4 颗螺栓先后全部被剪断,这时碰撞结束,车辆以一定的速度继续前进。车辆质心最大纵向加速度为 10.4g,加速度曲线如图 3-44 所示。

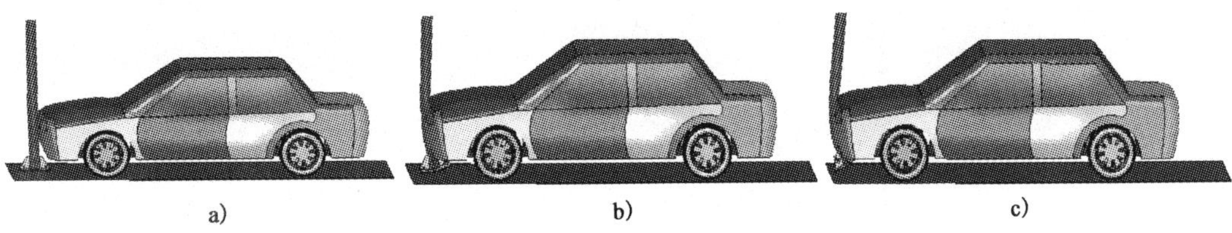

图 3-43　小客车碰撞标志杆的过程

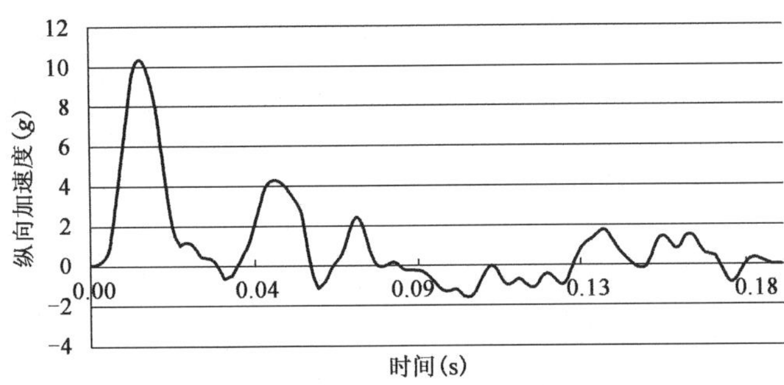

图 3-44　小客车碰撞标志杆车辆质心纵向加速度曲线

大客车碰撞标志立柱的过程如图 3-45 所示。

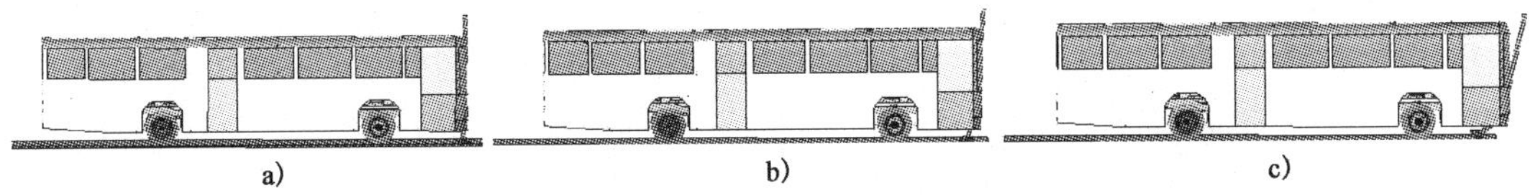

图 3-45　大客车碰撞标志立柱的过程

大客车碰撞标志柱，前部发生凹陷，内部主体结构没有受损，从质心纵向加速度曲线(图 3 46)可知，加速度最大值约为 9.1g。

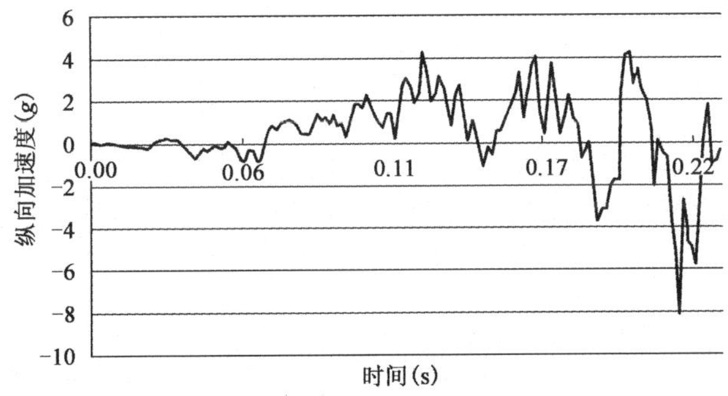

图 3-46　大客车碰撞标志立柱车辆质心纵向加速度曲线

大货车碰撞标志立柱的过程如图 3-47 所示。

大货车碰撞标志柱时，由于货车强度和质量增大，标志柱弯折成几段，但对货车损坏不大，从纵向加速度曲线(图 3-48)可知，纵向加速度峰值较多，最大纵向加速度约为 8.2g。

(4)三种车型碰撞山石仿真模型及损伤情况(图 3-49～图 3-51)。

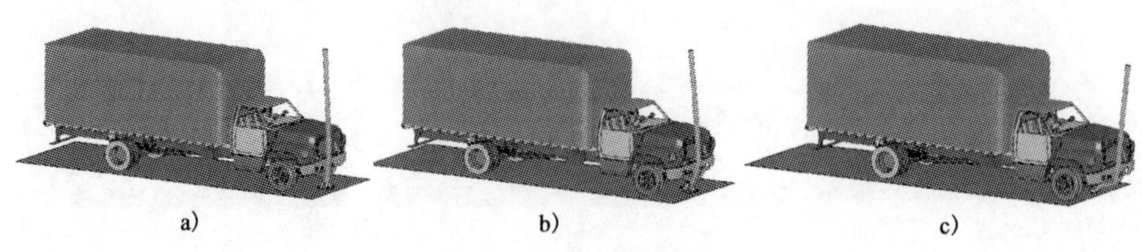

图 3-47　大货车碰撞标志立柱的过程

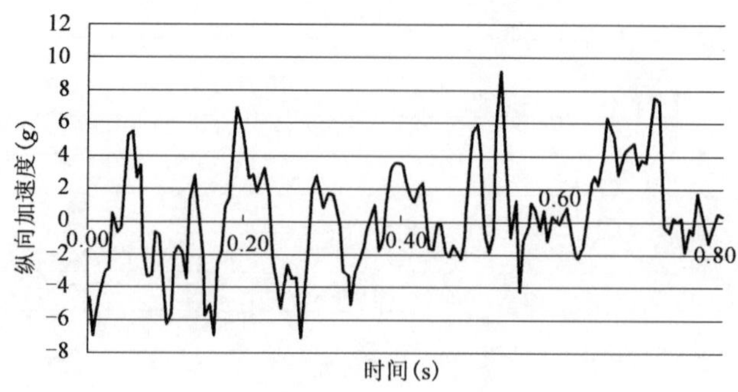

图 3-48　大货车碰撞标志立柱车辆质心纵向加速度曲线

图 3-49　小客车碰撞山石仿真模型

图 3-50　大货车碰撞山石仿真模型

图 3-51　大型客车碰撞山石仿真模型

小客车碰撞山石运行轨迹如图 3-52 所示。

从图 3-52 可以看出，小客车前端完全损坏，乘员空间也受到影响，从纵向加速度曲线(图 3-53)可以看出，质心纵向最大加速度为 46.4g，可见小客车碰撞山石将对生命财产造成巨大的伤害。

大货车碰撞山石运行轨迹如图 3-54 所示。

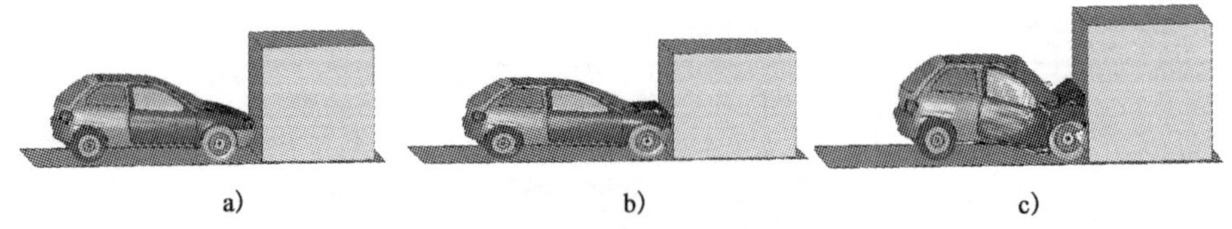

图 3-52　小客车碰撞山石的运行轨迹

从图 3-54 可以看出，大货车碰撞山石时，车头和驾驶室变形严重，冲击时相应地产生巨大的加速度，对人员的冲击将产生致命伤害，现在分析加速度如图 3-55 所示。从纵向加速度曲线可以看出，最大值达到 35.2g，将对驾驶员造成严重的损害。

大客车碰撞山石运行轨迹如图 3-56 所示。

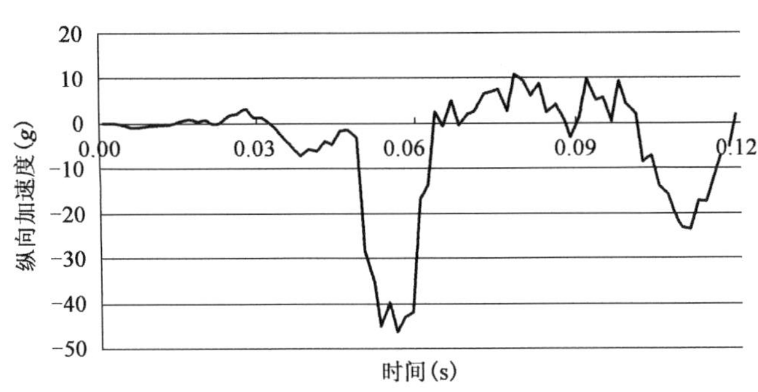

图 3-53　小客车碰撞山石车辆质心纵向加速度曲线

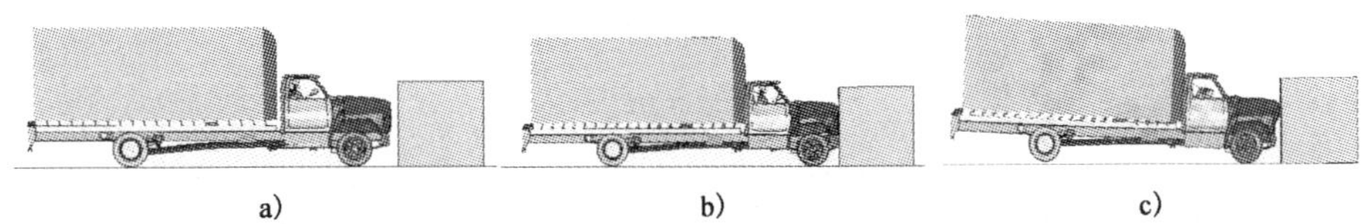

a)　　b)　　c)

图 3-54　大货车碰撞山石的运行轨迹

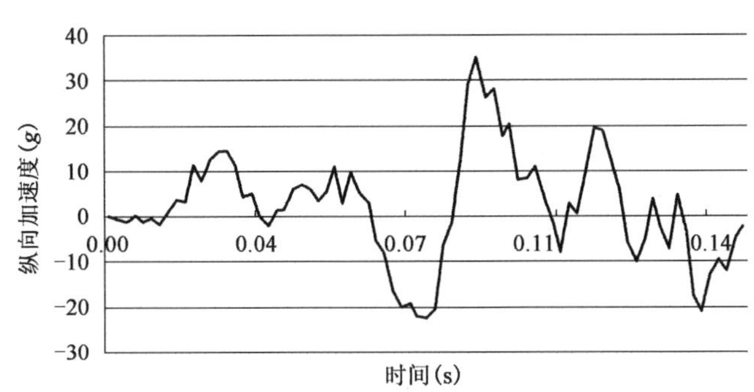

图 3-55　大货车碰撞山石车辆质心纵向加速度曲线

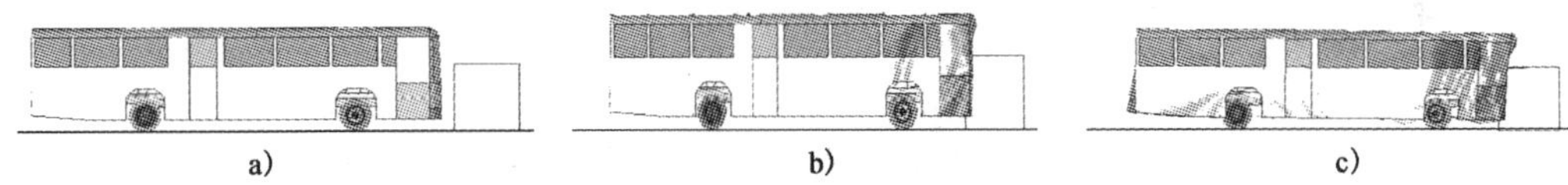

a)　　b)　　c)

图 3-56　大客车碰撞山石的运行轨迹

从图 3-56 可以看出，在碰撞过程中，大客车前面板变形严重，当与前纵梁发生碰撞时，车辆产生很大的加速度，对驾驶员和前排乘客造成严重伤害，加速度分析如图 3-57 所示。从纵向加速度曲线可以看出，质心纵向最大加速度为 31.9g。

(5)三种车型碰撞树及损伤情况(图 3-58～图 3-60)。

小客车碰撞树木运行轨迹如图 3-61 所示。

从图 3-61 可以看出，当小客车碰撞树木时，树木深陷入车头部分，对车辆的破坏十分严重，质心纵向加速度分析如图 3-62 所示。从纵向加速度曲线可见，曲线最大加速度发生在车辆与树碰撞的瞬间，车辆受到强大的冲击力，加速度达到最大值，为 38.7g，车辆损害严重，给车内人员造成严重伤害。

大货车碰撞树木运行轨迹如图 3-63 所示。

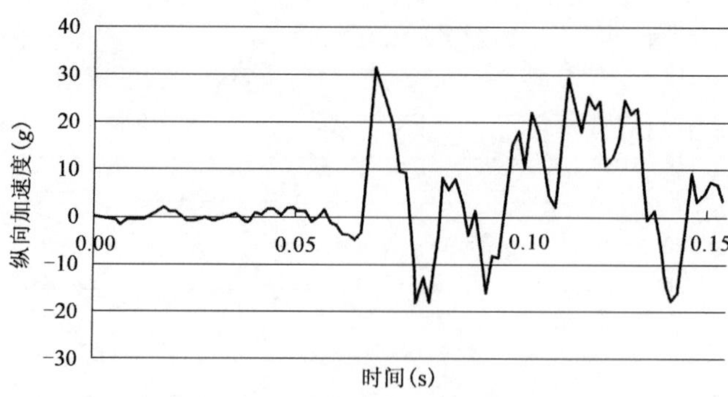

图 3-57　大客车碰撞山石车辆质心纵向加速度曲线

图 3-58　小客车碰撞树木模型

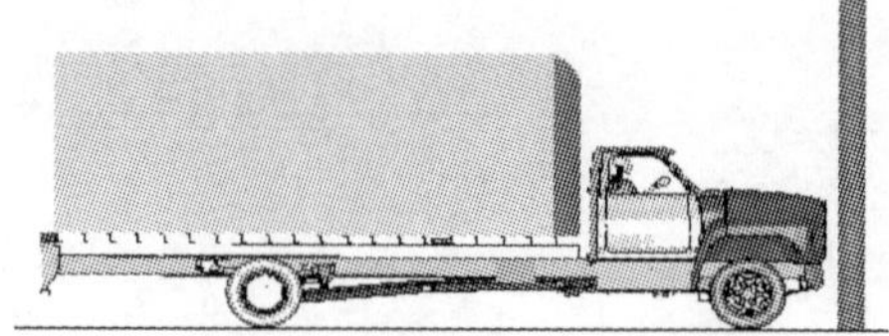

图 3-59　大货车碰撞树木模型

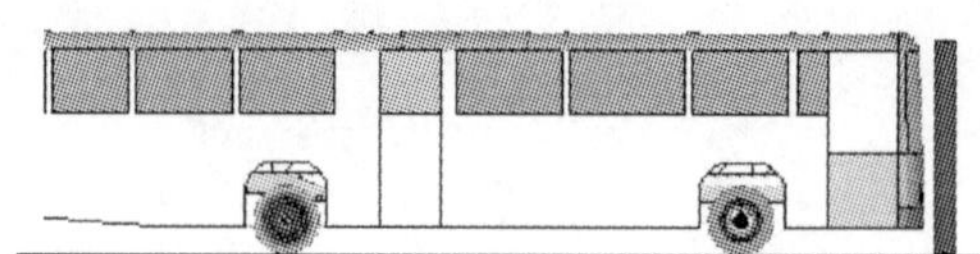

图 3-60　大客车碰撞树木模型

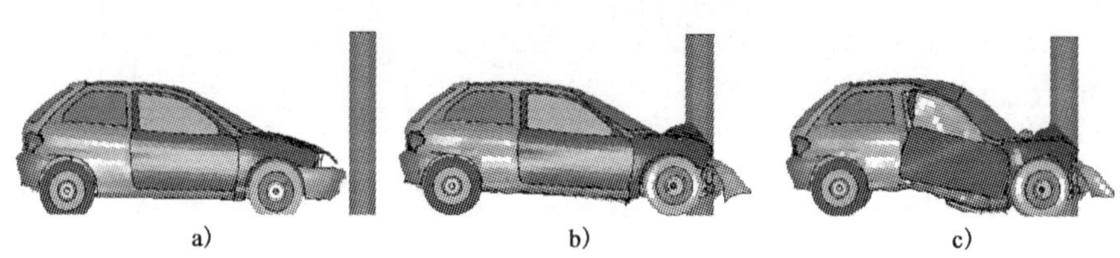

图 3-61　小客车碰撞树木的运行轨迹

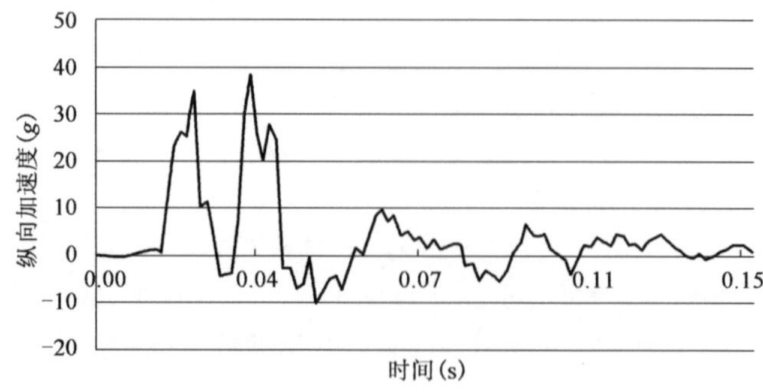

图 3-62　小客车碰撞树木车辆质心纵向加速度曲线

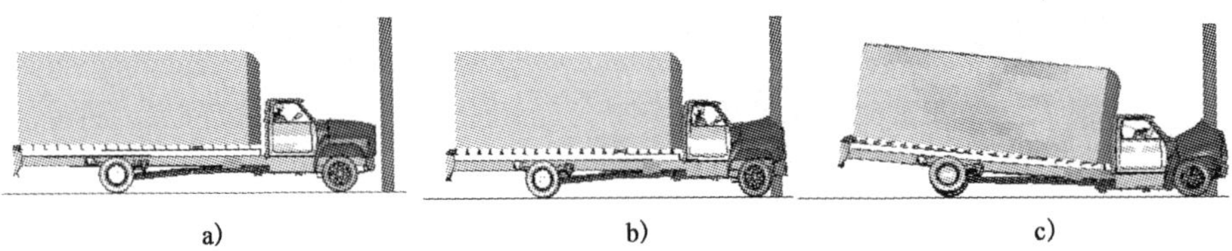

图 3-63　大货车碰撞树木的运行轨迹

从图 3-63 可见，当大货车碰撞树木时，树木侵入货车前端，车头受损严重，给驾驶员造成严重伤害。质心纵向加速度曲线分析如图 3-64 所示，纵向加速度最大值为 24.7g。

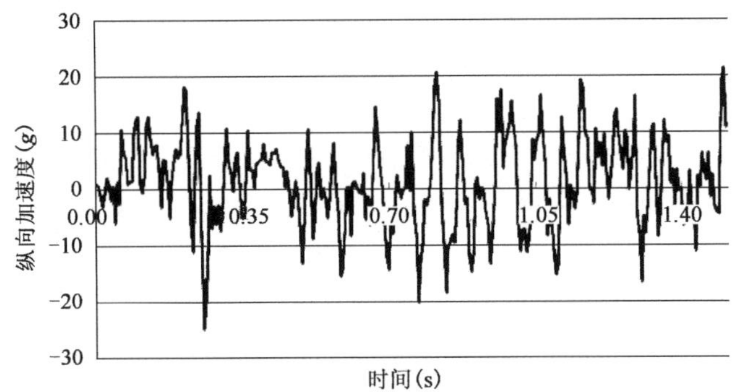

图 3-64　大货车碰撞树木车辆质心纵向加速度曲线

大客车碰撞树木模型运行轨迹如图 3-65 所示。

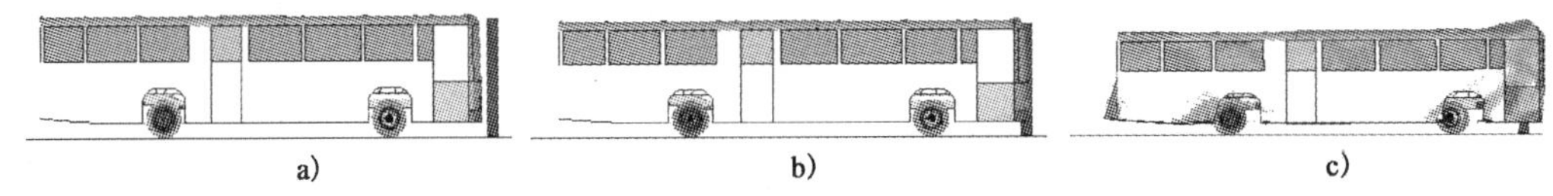

图 3-65　大客车碰撞树木的运行轨迹

从图 3-65 可以看出，受大客车前头材料较单薄的影响，树木侵入大客车较深，对大客车驾驶员和前排乘客伤害很大。质心纵向加速度曲线分析如图 3-66 所示，其纵向加速度最大值为 22g。

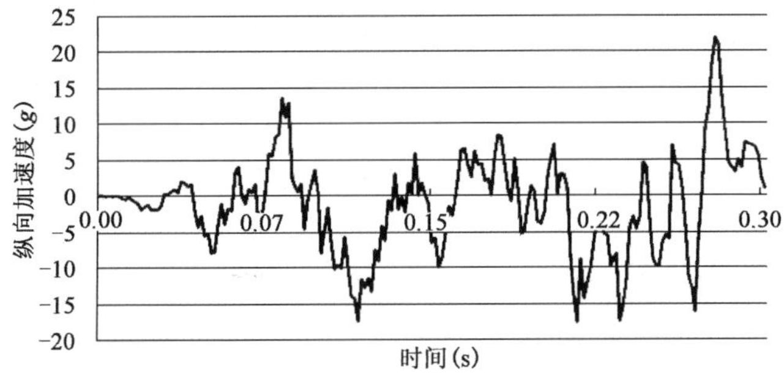

图 3-66　大客车碰撞树木车辆质心纵向加速度曲线

通过对 15 个仿真模型及仿真结果的分析，可得到碰撞过程中车辆三方向(纵向、横向和竖向)的加速度最大值，结果如表 3-8 所示

五种障碍物不同车型碰撞时三个方向加速度最大值(g)　　表 3-8

危险物类型	小客车碰撞			大货车碰撞			大客车碰撞		
	纵向	横向	竖向	纵向	横向	竖向	纵向	横向	竖向
混凝土护栏端部	57.9	24.1	9.7	34.3	12.6	7.8	23.9	11.8	8.7
路侧边沟	8.3	4.4	7.6	17.1	13.8	11.9	7.2	4.1	6.5
标志立柱	12.4	3.6	7.3	9.1	3.7	5.5	8.2	4.5	6
突出山石	46.4	6.8	12.5	35.2	5.1	8.5	31.9	7.7	6.3
树木	38.7	25.3	10.5	24.7	15.1	17.8	22	16.9	7.6

第三节　路侧危险物碰撞伤害严重度

路侧事故的类型主要有翻车、坠车和碰撞危险物三种，一般来说，翻车和坠车的事故后果都较为严重，碰撞危险物的事故严重度变化范围较大。调研结果显示，路侧净区范围内的危险物是路侧交通事故发生的重要诱因，冲入路侧的车辆以较快速度与危险物相碰撞，可能会导致车辆损坏，甚至人身伤亡。

国外关于路侧危险物碰撞伤害严重度的研究已有较多成果，主要方法包括三类。

(1)基于历史事故数据分级，将路侧的轻微事故、死伤事故数乘以相应权重，得到最终的严重程度，这种方法以美国为代表，其特点是要求有完善的历史事故数据。

(2)基于车辆加速度计算的乘员伤害指标，包括车体冲击加速度 10ms 间隔平均值的最大值(简称车体 10ms 平均加速度)、ASI(Acceleration Severity Index：加速度严重性指数)、THIV(Theoretical Head Impact Velocity：理论头部撞击速度)、PHD(Post-impact Head Deceleration：碰撞后头部减速度)、OIV(Occupant Impact Velocities：乘员碰撞速度)、ORA(Occupant Ridedown Accelerations：乘员骑乘加速度)。如欧洲标准《Road Restraint Systems》BS EN 1317 和美国的碰撞标准。该方法以车辆事故过程中产生的最大加速度评价碰撞事故中乘员伤害，具有客观性。

(3)定性方法，该方法以专家经验判断为主，其缺陷是其结果易受主观性影响。

我国在这方面研究还处于初级阶段，还没有成熟的研究成果和相关标准。目前仅有公安部以及《中华人民共和国道路交通管理条理》按照可能造成的人员伤亡和事故损失，将交通事故定性分为轻微、一般、重大和特大事故四类。考虑到我国历史事故数据信息不完备性和缺失问题，本研究拟采用基于车辆加速度计算的乘员伤害指标——加速度严重指数(ASI)来评估路侧危险物碰撞伤害严重度。

一、加速度严重指数 ASI

ASI 值是欧洲标准《Road Restraint Systems》BS EN 1317 中所使用的评价碰撞过程中车辆运动对乘员的伤害严重度指标。BS EN 1317 在评价道路安道路安全护栏性能时，主要根据 ASI 值将碰撞严重度(Impact Severity)划分为 A 级(ASI≤1.0)、B 级(ASI≤1.4)和 C 级(ASI≤1.9)，A 级代表乘员具有最高的安全性。ASI 是一个无量纲和关于时间的函数。ASI 值越大，表示乘员的伤害风险越高，其计算如式(3-1)所示。

$$\mathrm{ASI}(t)=[(\bar{a}_x/\hat{a}_x)^2+(\bar{a}_y/\hat{a}_y)^2+(\bar{a}_z/\hat{a}_z)^2]^{1/2} \tag{3-1}$$

式中：$\hat{a}_x$、$\hat{a}_y$ 和 $\hat{a}_z$——分别为人体 x、y 和 z 三个方向加速度的限制值，根据 BS EN 1317 定义：低于加速度限制值时乘员风险非常小（如果受伤，仅为轻伤），对于系有安全带的乘员，一般使用的加速度限制值为 $\hat{a}_x=12g$，$\hat{a}_y=9g$，$\hat{a}_z=10g$；

$\bar{a}_x$、$\bar{a}_y$ 和 $\bar{a}_z$——分别为车辆上定点 P（车辆重心或接近车辆重心）间隔 50ms 的平均加速度，其计算如式(3-2)所示。

$$\begin{cases}\bar{a}_x=\dfrac{1}{\delta}\displaystyle\int_t^{t+\delta}a_x\mathrm{d}t\\ \bar{a}_y=\dfrac{1}{\delta}\displaystyle\int_t^{t+\delta}a_y\mathrm{d}t\\ \bar{a}_z=\dfrac{1}{\delta}\displaystyle\int_t^{t+\delta}a_z\mathrm{d}t\end{cases} \tag{3-2}$$

ASI 用于衡量在车辆碰撞危险物的过程中，坐在点 P 附近的乘员感受到的车辆运动的剧烈程度，其计算数据为车辆上定点 P 的加速度 50ms 间隔平均值的时程，对原始加速度数据“50ms 平均”的计算相当于“低通滤波”的过程，即假定车体加速度通过软接触的方式传递给乘员，采用车体加速度评价乘员风险，实质是假定乘员在碰撞全过程中一直和车辆乘员仓保持接触。

车辆碰撞过程中的 ASI(t)最大值作为护栏缓冲功能的评价指标，即式(3-3)：

$$\mathrm{ASI}=\max[\mathrm{ASI}(t)] \tag{3-3}$$

二、碰撞路侧危险物加速度严重指数 ASI

前述的研究针对五类典型路侧危险物（混凝土护栏端部、路侧边沟、标志立柱、突出山石、树木），开展 3 种车型（小客车、大客车和大货车）的碰撞仿真试验，共计 15 组试验，分别得到碰撞危险物试验过程的车辆纵向加速度曲线。基于加速度曲线，可得到各种情形下的加速度严重指数 ASI 值，计算步骤如下。

(1)对各仿真结果纵向、横向和竖向原始加速度数据进行 50ms 平均。

(2)利用三个方向 50ms 平均后的加速度数据，计算每个时刻对应的 ASI(t)。

(3)取 ASI=max[ASI(t)]作为仿真模型碰撞严重度的度量值。

15 组仿真模型的 ASI 计算结果如表 3-9 所示。

车辆碰撞路侧危险物的 ASI 值　　表 3-9

危险物类型	小　客　车	大　货　车	大　客　车
混凝土护栏端部	5.04	2.87	2.24
路侧边沟	0.78	1.73	0.51
标志立柱	1.28	0.81	0.91
突出山石	3.91	2.97	2.67
树木	4.05	2.34	2.15

三、路侧危险物碰撞伤害严重度分级方法

1. 伤害严重度定义

车辆失控冲出路侧后，伤害程度主要取决于路侧几何条件(边坡高度、坡度)和路侧范围内的危险物(如：护栏端部、树木、突出山石、路侧边沟等)。基于此，本研究将路侧碰撞伤害严重度定义为：伤害严重度是衡量一定质量的汽车以一定的碰撞条件(碰撞速度和碰撞角度)驶出路外，并与路侧危险物碰撞造成事故的严重程度指标，它是事故造成财产损失、伤亡程度的综合估计值。在本节，通过对路侧危险物碰撞伤害严重度进行研究，按加速度严重指数 ASI，将其分为四级。

2. 基于加速度严重指数(ASI)的路侧危险物伤害严重度分级

加速度严重指数(ASI)从加速度方面对碰撞严重性进行评估，并不直接代表实际路侧碰撞伤害的严重度。Gabauer 和 Gabler(2007 年)分析了路侧设施碰撞试验中主要的乘员伤害评价指标——OIV、ASI 和 Δv 与实际的事故严重度之间的关系。通过收集的大量历史事故数据以及对应的 ASI 值，Gabauer 首先按照 AAAM(2001 年，汽车医学进步协会)制定的"简明伤害等级"(Abbreviated Injury Scale，分为 1～6 级，具体见表 3-10)确定各事故的等级，再将所有的事故分为"严重事故"和"非严重事故"两类。判断事故"严重"与否的阈值有两个：最大的 ASI 值为 3 或者大于 3(MAIS 3+)；最大的 ASI 值为 2 或者大于 2(MAIS 2+)。然后，采用二元 logistical 回归方法对 ASI 值与发生严重事故的概率[P(MAIS 3+)和 P(MAIS 2+)]的关系进行了拟合(图 3-67)，拟合曲线和方程如下。

"简明伤害等级"大于等于 2(ASI 2+)的严重事故发生概率如式(3-4)所示。

$$P(\text{MAIS } 2+) = \frac{1}{1+\exp(3.2593-1.9532\times \text{ASI})} \tag{3-4}$$

"简明伤害等级"大于等于 3(ASI 3+)的严重事故发生概率如式(3-5)所示。

$$P(\text{MAIS } 3+) = \frac{1}{1+\exp(4.4730-1.6908\times \text{ASI})} \tag{3-5}$$

简明伤害等级划分标准 表 3-10

简明伤害等级	类　型	伤　害
1	轻微(minor)	伴有头痛或眩晕的轻微颅脑损伤，没有意识丧失，轻微的颈椎损伤，颈部扭伤，擦伤，挫伤
2	中度(moderate)	有或无颅骨骨折的脑震荡，意识丧失不超过 15min，角膜微小裂伤，视网膜剥离，无移位的脸或鼻子骨折
3	严重(serious)	有或无颅骨骨折的脑震荡，没有严重神经损伤的 15min 以上意识丧失，颅骨闭合性骨折有移位，但无意识丧失或其他颅内损伤体征，视力减退，涉及胃窦、眼眶的移位性颌面骨折，无脊髓损伤的颈椎骨折
4	剧烈(severe)	颅骨闭合性骨折有移位，伴有严重的神经损害
5	高危(critical)	有或无颅骨骨折的脑震荡，超过 12h 的意识丧失和颅内出血，神经损伤达到临界指标

续上表

简明伤害等级	类　型	伤　害
6	致命 (survival not sure)	死亡,压力或破裂导致脑干或上颈部部分或全部损伤,伴有脊髓损伤的上颈部骨折和(或)扭伤

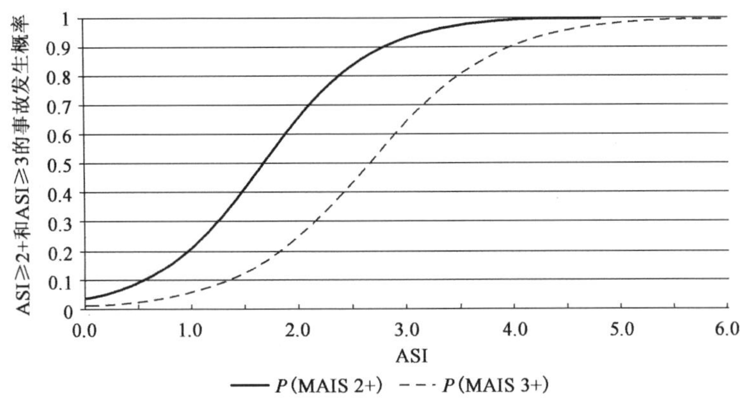

图 3-67　ASI 与 P(MAIS 3+)和 P(MAIS 2+)的关系曲线

根据 ASI 与 P(MAIS 3+)和 P(MAIS 2+)之间的关系,综合考虑欧洲碰撞标准 BS EN 1317 中护栏碰撞严重度的分级标准(A 级:ASI≤1.0、B 级:ASI≤1.4 和 C 级:ASI≤1.9),本研究确定了加速度严重指数 ASI 的分级标准,并根据 ASI 值将路侧碰撞伤害严重度也划分为 4 级,等级越高,代表路侧事故越严重。路侧危险物碰撞伤害严重度分级如表 3-11 所示。

路侧危险物碰撞伤害严重度分级　　表 3-11

ASI	P(MAIS 2+)	P(MAIS 3+)	路侧事故严重度	描　述
0~1.0	<0.20	<0.05	一级	乘员不受伤或受轻伤
1.0~1.9	<0.60	<0.20	二级	在车辆碰撞过程中,乘员感觉到明显的撞击,易受到轻伤或者中等伤害
1.9~2.64	<0.85	<0.50	三级	车辆碰撞强烈,乘员受到较严重的伤害,少数可能死亡
>2.64	>0.85	≥0.5	四级	车辆碰撞猛烈,乘员受到严重伤害,死亡率高

四、路侧安全性等级综合量化评估

路侧安全性不仅和路侧边坡情况、障碍物有关,而且受到道路几何线形、交通量、车辆组成、历史事故等众多因素的影响,本节从多种影响因素合成的角度出发,综合评估路侧安全性。

在评价路侧安全性水平时,有时不可能获得全部评价指标的统计信息来开展评价,针对路侧安全信息不完全的特点,可通过对少量已知信息的筛选、加工、延伸和扩展,运用灰色理论的聚类评价方法进行公路路侧安全评价,将路侧安全水平确定在某一灰域内,从而达到公路路侧危险程度定量化评价的目的。灰色聚类评判法是将聚类对象在不同聚类指标下,按灰类进行归纳，最终得到评价结果的灰色系统评价等级方法。考虑到道路路侧安全状态信息具有模糊性与灰色性的特点，本研究采用灰色聚类法对既有公路安全状况进行综合评判，采用层次分析法对各聚类指标事先赋权，提高评判结果的科学性和合理性。

路侧安全性综合评估方法流程如图 3-68 所示，步骤如下：

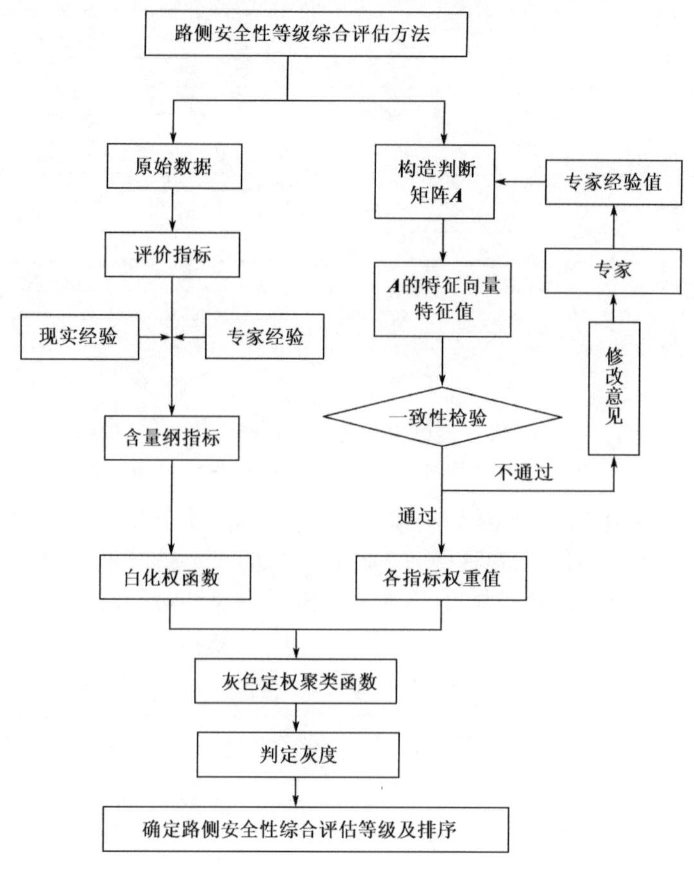

图 3-68　路侧安全性等级综合评估方法流程

(1)确定路侧安全综合评估各项指标，收集相关指标的调研样本数值，分别筛选出对指标函数定限有用的数值，方便划分路侧安全评估等级。

(2)利用灰色定权聚类和层次分析法，确定路侧安全性等级及排序。

定义评价路段 $i=1,2,\cdots,n$；评价指标 $j=1,2,\cdots,m$；所划分的灰类，即路侧安全等级$k=1,2,\cdots,s$。按如下步骤进行计算评定：

①指标值处理。对第一步收集到的调研数据，参考研究路侧交通安全方面的专家的经验，根据不同路侧安全等级状况，给各类型指标函数选择相应的取值范围。对于无法定量的指标因素，可以从指标因素的内部特性出发，用一定数学模型对定性指标定量化处理，最后得到指标值的转折点值。

②确定白化权函数。定义 $f_j^k(x_{ij})$为 j 指标 k 子类的白化权函数，反映出不同指标变量的不同取值对应灰度的函数关系。

③确定权重值。定义 η_j 为 j 指标的权重值，采用层次分析法(AHP)来确定。根据事实的严重程度进行确定，咨询有关方面的多位专家，让专家评分给出权重，通过汇总、抽取专家意见，确定最终权重值，构造判断矩阵。

④计算灰色聚类系数。o_i^k 定义为 i 对象属于 k 灰类的灰色聚类系数，如式(3-6)所示。

$$o_i^k = \sum_{j=1}^{m} f_j^k(x_{ij}) \cdot \eta_j \tag{3-6}$$

⑤路侧安全等级综合评定。若：$o_i^k = \max\limits_{1 \leqslant k \leqslant s}\{o_i^k\}$，则判定对象 i 属于灰类 k，即路侧安全性等级处于 k 类。

1.路侧安全度分级标准

为与《公路安全保障工程实施技术指南》及西部交通项目《公路路侧安全评估及防护方法》的研究成果保持连续性，并结合上述路侧危险物指数研究成果，考虑到分级数目在实践中的可操作性和易用性，课题组研究的等级综合评估方法将路侧安全等级定为4级(Ⅰ级、Ⅱ级、Ⅲ级、Ⅳ级)，等级越高表示路侧危险程度或安全隐患越大。

(1)Ⅰ级

线形较缓，坡度不大，路侧有较充足的净区宽度，净区宽度一般能达到3.5m以上，路侧危险物伤害指数较小(碰撞加速度严重指数 ASI<1.0)，边坡不高，一般低于1.5m，坡度较缓，车辆驶出后可以自己驶回公路，发生碰撞事故和翻车事故的可能性很小。

(2)Ⅱ级

线形较缓，坡度不大，路侧净区宽度能达到2.5m以上，路侧存在少量、零散障碍物，如：树木、示警桩、标志标杆，距离行车道外边缘较近范围内也可能存在边沟、挡墙、岩壁等连续的危险物，危险物指数较高(1<碰撞加速度严重指数 ASI<1.9)，有一定边坡，一般不超过3.5m，边坡坡度陡于1∶3，车辆驶出后不能驶回公路，冲出路外车辆一般能够得到有效控制，与障碍物碰撞的可能性较小，发生翻车事故的概率也不大。或者路侧障碍物条件与Ⅰ级相差不大，但是有一定影响的线形和坡度的情况。

(3)Ⅲ级

路侧净区宽度较小，通常最大不超过2.5m，路侧深度最大可达7.5m，或者距离行车道外边缘很近的范围内存在宽大边沟、房屋、坚硬岩壁等，障碍物危险指数高(1.9<碰撞加速度严重指数 ASI<2.64)，车辆驶出路外后，能导致伤亡事故。或者路侧障碍物条件与Ⅱ级相差不大，但是有较大影响的线形和坡度的情况。

(4)Ⅳ级

路侧净区宽度通常小于1.5m，路侧地形条件多为陡崖、深沟、高度大于7.5m的填方边坡或路肩挡墙，或者距离行车道外边缘很近的范围内有河流、湖泊、铁路线，路侧危险指数很大(碰撞加速度严重指数 ASI>2.64)，车辆驶出路外后，易导致重大、特大事故。或者路侧障碍物条件与Ⅱ、Ⅲ级相差不大，但是有不良的线形和坡度的情况。

2.路侧安全评估指标与评估模型

(1)评估指标

①评估指标体系的建立

对路侧安全性信息进行系统全面的分析，然后在此基础上建立评估指标体系。在建立指标体系的原则下，将评估问题概念化，并建立概念之间的逻辑关系。

路侧安全等级综合评估指标体系由道路线形、交通条件、交通事故数和路侧几何条件、路侧危险物危险指数五大类组成，每一大类指标又包含若干个下一级指标。一般认为道路线形和交通量因素与车辆驶出路外的概率或频次有关；路侧特征因素影响路侧事故的严重性；路侧历史事故属于客观事实，是最为直接表征路侧安全状况现状的指标。图 3-69 即构成了路侧安全性评估指标体系。

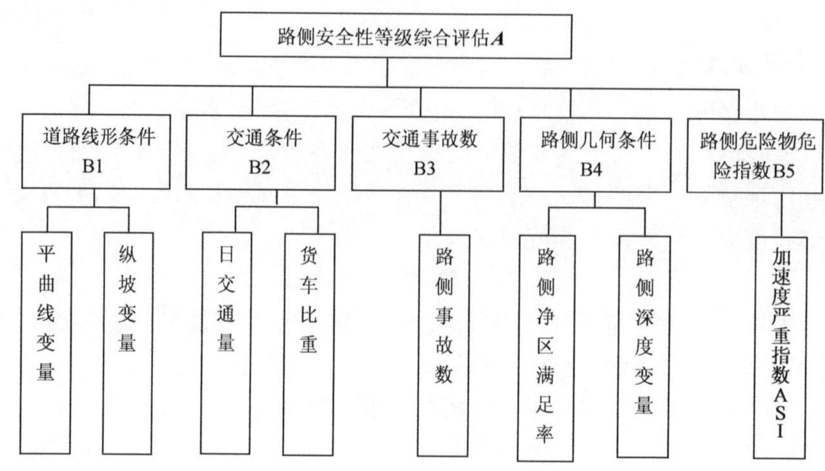

图 3-69　路侧安全等级评估指标体系

②评估指标值的确定

a. 平曲线变量 X_1。X_1 为集计变量，表示评价路段平均百米长度的偏角值，按式(3-7)～式(3-9)计算。

$$X_1 = \sum_i (\mathrm{WH}_i \times \mathrm{DEG}_i) \tag{3-7}$$

$$\mathrm{WH}_i = \frac{l_i}{L} \tag{3-8}$$

$$\mathrm{DEG}_i = \frac{18\,000}{\pi R_i} \tag{3-9}$$

式中：l_i——评价路段中第 i 个圆曲线的长度；

L——评价路段的长度；

R_i——第 i 个圆曲线半径；

WH_i——第 i 个圆曲线位于评价路段内的比重($\sum \mathrm{WH}_i = 1$)；

DEG_i——圆曲线 i 每百米长度的曲线偏角，评价路段中直线段部分的 DEG_i 值视为 0。

b. 纵坡变量 X_2。X_2 为集计变量，表示评价路段加权平均纵坡值，按式(3-10)计算。

$$X_2 = \frac{\sum_i (G_i \times l_i)}{L} \tag{3-10}$$

式中：G_i——评价路段中第 i 个坡段纵坡值；

l_i——第 i 个坡段长度；

L——评价路段的长度，$\sum l_i = L$。

c. 日均交通量 X_3。评价方法中的日均交通量为按各类车型的换算系数换算成标准当量中型车的交通量。

d. 货车比重 X_4。货车比重按式(3-11)计算。

$$X_4 = \frac{\sum_i \mathrm{Truck}_i}{\mathrm{ADT}} \times 100\% \tag{3-11}$$

式中：Truck_i——第 i 类货车的中型车当量数；

ADT——日均交通量的中型车当量数。

根据现有交通量观测站的记录信息，货车包括小型载货汽车、中型载货汽车、大型载货汽车、拖挂车、小型拖拉机和大中型拖拉机六种车型。

e. 路侧事故数 X_5。X_5 为评价路段单元近 3 年发生的路侧事故数。在对一条路进行路侧安全等级评估时，需要将其划分成长度 500～1 000m 的若干评价单元。

若无法获取路侧历史事故数据资料，也可通过事故预测模型预测事故数。因山区公路绝大多数均为双向两车道普通公路，故山区公路路侧事故数预测采用交通部公路科学研究院的双车道交通事故预测模型。根据建模结果，路侧事故预测模型分为普通路段和村庄路段两类。

普通路段定义为：除村庄路段和交叉口外的路段。交叉口路段定义为：交叉口 100m 范围内的路段。因为交叉口交通事故的特殊性，此处未考虑交叉口路侧交通事故。普通路段路侧事故预测按式(3-12)计算。

$$E = \mathrm{AADT} \times L \times 365 \times 10^{-6} \times \mathrm{e}^{-0.8544274+0.0076432H+0.0613358G} \tag{3-12}$$

式中：AADT——年均日交通量；

L——路段单元长度；

H——路段单元平均百米长度的曲线偏角，按式(3-13)～式(3-15)计算；

G——路段单元加权平均纵坡，按式(3-16)计算。

$$H = \sum_i (\mathrm{WH}_i \times \mathrm{DEG}_i) \tag{3-13}$$

$$\mathrm{WH}_i = \frac{l_i}{L} \tag{3-14}$$

$$\mathrm{DEG}_i = \frac{18\,000}{\pi R_i} \tag{3-15}$$

$$G = \frac{\sum_i (G_i \times l_i)}{L} \tag{3-16}$$

村庄路段定义为：双向双车道公路(对应二级、三级和部分四级公路)；道路至少有一边为城镇，受行人出行影响；道路两边村镇级别低于县城；路面宽度 7～12m；路肩宽度 0.5～2m；路段长度大于等于 1km；时段内无改扩建，公路基本特征保持不变；村庄边缘往内 100m 范围内的路段。路侧事故预测按式(3-17)计算。

$$E_i = \mathrm{expo} \times \mathrm{e}^{-10.20017+0.1649236hc} \tag{3-17}$$

式中：expo——交通暴露；

hc——路段交通量中货车比例。

为保证事故预测模型与实际吻合，采用经验贝叶斯模型对路侧交通事故预测值进行修正，即式(3-18)。

$$E_i = w\lambda_i + (1-w)O_i \tag{3-18}$$

式中：O_i——观测事故数；

λ_i——预测事故数；

w——权值，按式(3-19)计算。

$$w = \frac{1}{1+(\mu \times Y)/\varphi} \tag{3-19}$$

式中：μ——相似地点的预计事故发生次数[次/(公里·年)]；

Y——年数；

φ——不均匀系数。

f. 路侧危险物加速度严重指数 ASI。即前述由碰撞仿真试验得出的路侧障碍物加速度严重指数 ASI。

g. 路侧净区满足率 X_7。路侧净区宽度是指位于行车道外侧边缘与路权限界范围内的区域，该区域不应存在能导致碰撞伤害的坚硬危险物，驶出路外的车辆在该区域上不会发生倾覆，行驶在净区内的车辆能够得到有效控制，并且通常能够再次安全地返回行车道，如图 3-70 所示。

路侧净区宽度满足率按式(3-20)计算。

$$X_7 = \frac{\mathrm{CZ}}{W} \times 100\% \tag{3-20}$$

式中：CZ——评价路段的实际路侧净区宽度；

W——$W = \alpha \times W_a$；

α——折减系数，取值在 0.6～0.8 之间；

W_a——依评价路段的边坡比率、交通量和设计速度，参考《路侧设计指南》(人民交通出版社 2008 年版)关于路侧净区设置的规定，得到建议净区宽度的下限值。

如果有断面运行速度调查值 v_{85}，则以其代替设计速度查表确定路侧净区宽度。如果路段内侧存在多个平曲线，可采用加权的方法确定调整后的净区宽度 W_a^t，按式(3-21)计算。

$$W_a^t = W_a \times \sum_i \left(k_i \times \frac{l_i}{L}\right) \tag{3-21}$$

式中：W_a——直线的净区宽度；

k_i——第 i 个评价路段圆曲线(或直线)的净区调整因子；

l_i——第 i 个圆曲线(或直线)的长度；

L——评价路段的长度。

h. 路侧深度变量 X_8。路侧深度是指行车道路面至路侧悬崖、沟壑、边坡或路肩挡墙底部的高度，如图 3-71 所示。对于设置防撞护栏的地段或挖方路段，X_8 值取 0(假定护栏具有足够强度，且处于养护良好的状态，能够对冲出路段的车辆实施有效拦截和导向)；对于设置了不具有防撞能力如示警桩、挡墙、挡块、防护墩的路段，X_8 取值按路面至路侧悬崖、沟壑、边坡或路肩挡墙底部的高度计算；对于未设置防撞护栏且临近路侧下方有湖泊、河流、水库等较大水体或铁路线的路段，可令 $X_8=15$。

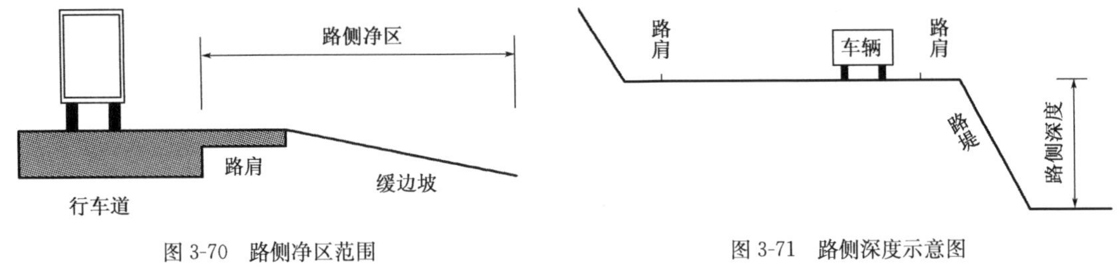

图 3-70　路侧净区范围　　　图 3-71　路侧深度示意图

③评估指标值的处理

由于评价指标的计量单位各不相同，不具有可比性，因此，在确定指标实际值之后，还必须解决指标间的可综合性问题，即进行评价指标类型的一致化和评价指标的无量纲化处理。

对于评价指标，有时期望它们的取值越大越好，这类指标称之为极大型指标；有时期望它们的取值越小越好，这类指标称之为极小型指标；有时既不期望它们的取值太大，又不期望它们的取值太小，而是期望它们取值居中，这类指标为居中型指标；若评价指标中既有极大型指标、极小型指标，又有居中型指标，则在对系统进行综合评价之前，需对评价指标的类型作一致化处理。否则，就无法定性地判断综合评价值是否取值越大越好还是越小越好还是居中越好。因此，也就无法根据综合评价值的大小来评价系统安全状况的优劣，也就无法比较各评价对象的优劣。对于本项目选取的评价指标都属于极小型指标，所以不用一致化处理了。

灰类白化权函数聚类方法主要用于检查观测对象是否属于事先设定的不同类别。当评价指标意义与量纲不同，且在数量上相差很大时，采用灰色变权聚类可能导致某些指标参与聚类的作用十分微弱，这时，处理方法可采用初值化算子或均值化算子，将各指标样本值化为无量纲数据，然后进行聚类。这类方法对所有聚类指标一视同仁，不能反映不同指标在聚类过程中作用的差异性。采用灰色定权聚类法，对各聚类指标利用层次分析法事先赋权，运用模糊一致矩阵确定各指标聚类权，综合考虑指标的重要性和作用的不同，以减少决策过程中的主观性。

(2)评估方法

采用灰色定权聚类法进行路侧安全性综合评估的评价指标涉及线形、交通条件、路侧事故数和路侧危险物严重指数、路侧几何条件特征 5 方面 8 个变量，从某种意义上讲，应用本项目研究的方法要求很高的数据输入，考虑到这一点，当数据采集项不完备时，该方法仍具有适用性，这是方法的一大显著优点。

①指标权重的确定

各层次的评估指标类型庞杂，重要性各不相同，因此需要计算出各指标的重要程度权值，为标准化综合定量评价提供一级数量基础。根据评价指标的相对重要程度来确定权重系数的途径有两大类，即客观途径和主观途径。客观途径主要有结构性、机理性或成因性的构造方法。然而，客观现实中的系统在运行过程中或受环境影响，或受评价者的主观愿望的影响而呈现出不同的特征，这就给权重系数的确定带来困难。因而在很多场合下，往往是通过主观途径来确定权重系数，即根据主观上对评价指标的重视程度来确定其权重系数的一类方法。本课题采用基于主观的层次分析法确定各指标的权重，由于指标权重的确定是基于灰色聚类的路侧安全性等级方法中的关键步骤，直接关系着评价的可靠性和准确性，即通过专家问卷进行评判、构造判断矩阵（构造各层次指标的比较矩阵）、层次排序和一致性检验，如果一致性检验未通过，需要对层次分析法输入的比较判断矩阵进行人为调整等，确定出各因子的权重，继而获得路侧安全性评估指标的权值分配体系。

a. 构造判断矩阵

判断矩阵表示针对上一层某元素，本层次与之有关的各元素相对重要性的比较。假定 **A** 层元素 $\boldsymbol{A}_i$ 与下层次中 $\boldsymbol{P}_1,\boldsymbol{P}_2,\cdots,\boldsymbol{P}_n$ 有联系，则可以构造判断矩阵 $\boldsymbol{A}_i$-$\boldsymbol{P}$：$(P_{ij})_{n\times n}$，P_{ij} 表示相对于 **A** 层元素 $\boldsymbol{A}_i$，下层元素 $\boldsymbol{P}_i$ 对元素 $\boldsymbol{P}_j$ 的重要性比较数值，判断矩阵元素采用 1～9 的比例标度，在 15 位专家打分的基础上统计综合所得，建立路侧安全性评估各指标的判断矩阵。根据图 3-69 路侧安全性评估指标层次结构模型，构造了 4 个判断矩阵，其中：**A-B** 层 1 个判断矩阵，**B-X** 层 3 个判断矩阵：$\boldsymbol{B}_1$-$\boldsymbol{X}$，$\boldsymbol{B}_2$-$\boldsymbol{X}$，$\boldsymbol{B}_4$-$\boldsymbol{X}$。

b. 层次单排序

层次单排序是指根据判断矩阵计算，对于上一层某元素，本层次与之有关的各元素的重要性次序的权值，层次单排序的基础是通过判断矩阵计算求得判断矩阵的特征根以及特征向量。在保证足够精确度的情况下，运用层次分析法的近似算法——和积法，计算判断矩阵的特征向量。

(a)计算每一个判断矩阵每一行元素的乘积 M_i：

$$M_i = \prod c_{ij}, (i,j = 1,2,\cdots,m) \tag{3-22}$$

(b)计算 M_i 的方根 $\bar{w}_i$：

$$\bar{w}_i = \sqrt[m]{M_i} \tag{3-23}$$

(c)对向量 $\bar{w}_i$ 做归一化处理，即：

$$w_i = \frac{\bar{w}_i}{\sum_{i=1}^{m} \bar{w}_i} \tag{3-24}$$

式中：w_i ——所求权重向量。

c. 一致性检验

由于路侧安全性评估指标较多，基于专家打分建立的判断矩阵对于有些指标很难给出非常精确的比较判断，因而就有可能产生判断的不一致性，为此需要检验矩阵的一致性。判断矩阵的一致性，需要计算判断矩阵的一致性指标 CI 以及随机一致性比例 CR：

$$\mathrm{CI} = \frac{\lambda_{\max} - n}{n-1} \tag{3-25}$$

$$\lambda_{\max} = \frac{1}{m}\sum_{i=1}^{m} \frac{\sum_{j=1}^{m} c_{ij} W_j}{W_i} \tag{3-26}$$

$$\mathrm{CR} = \frac{\mathrm{CI}}{\mathrm{RI}} \tag{3-27}$$

当 CR＜0.1 时，即认为判断矩阵的一致性可以接受，反之，对其进行修正。

d. 层次总排序

在同一层次中所有层次单排序结果的基础上，可以计算针对上一层次，本层次评价指标的重要性的权值，进行层次总排序，路侧安全性评估指标层次总排序计算结果如表 3-12 所示：

类型(1)的路侧安全等级评价指标变量权重值　表 3-12

权　重	线　形	交通条件	路侧事故数	路侧几何条件	严重指数 ASI	层次总排序
	0.137 6	0.048 2	0.210 3	0.481 6	0.122 3	
平曲线变量	0.5					0.068 8
纵坡变量	0.5					0.068 8
日交通量		0.285 7				0.013 78
货车比重		0.714 3				0.034 451
路侧事故数			1			0.210 3
路侧净区满足率				0.625		0.300 974
路侧深度变量				0.375		0.180 585
严重指数 ASI					1	0.122 3

采集到所有评价指标数据在多数情况下是很困难的，为了提高本课题研究的路侧安全等级评估方法的可用性，结合专家经验和数据获取的难易程度，设定如下 7 种数据不完备性组合，每种组合情况均包含五大类(线形、交通条件、路侧事故数、路侧几何条件和危险指数 ASI)数据中的若干类。上述第一类是数据输入完备情况，以下几类都是缺省参数评价。根据专家经验结合层次分析法得到的各变量权重，每种类型的变量权重分布依次如表 3-13～表 3-19 所示。

类型(2)的路侧安全等级评价指标变量权重值　表 3-13

权　重	线　形	交通条件	路侧几何条件	严重指数 ASI	层次总排序
	0.221 77	0.052 64	0.612 90	0.112 69	
平曲线变量	0.5				0.110 886
纵坡变量	0.5				0.110 886
日交通量		0.285 7			0.015 04
货车比重		0.714 3			0.037 602
路侧净区满足率			0.625		0.383 06
路侧深度变量			0.375		0.229 836
严重指数 ASI				1	0.112 69

类型(3)的路侧安全等级评价指标变量权重值　表 3-14

权　重	线　形	路侧事故数	路侧几何条件	严重指数 ASI	层次总排序
	0.130 621	0.195 324	0.574 805	0.099 250	
平曲线变量	0.5				0.065 31
纵坡变量	0.5				0.065 31
路侧事故数		0.285 7			0.055 804
路侧净区满足率		0.714 3			0.139 52

续上表

权　重	线　形	路侧事故数	路侧几何条件	严重指数 ASI	层次总排序
	0.130 621	0.195 324	0.574 805	0.099 250	
路侧深度变量			0.625		0.359 253
严重指数 ASI			0.375		0.215 552

类型(4)的路侧安全等级评价指标变量权重值　　表 3-15

权　重	线　形	交通条件	严重指数 ASI	层次总排序
	0.584 15	0.135 01	0.280 83	
平曲线变量	0.5			0.292 077 03
纵坡变量	0.5			0.292 077 03
日交通量		0.285 7		0.038 572 9
货车比重		0.714 3		0.096 439 01
严重指数 ASI			1	0.280 834 03

类型(5)的路侧安全等级评价指标变量权重值　　表 3-16

权　重	线　形	交通条件	路侧几何条件	层次总排序
	0.278 95	0.071 93	0.649 12	
平曲线变量	0.5			0.139 477
纵坡变量	0.5			0.139 477
日交通量		0.285 7		0.020 55
货车比重		0.714 3		0.051 378
路侧净区满足率			0.625	0.405 699
路侧深度变量			0.375	0.243 419

类型(6)的路侧安全等级评价指标变量权重值　　表 3-17

权　重	路侧事故数	路侧几何条件	严重指数 ASI	层次总排序
	0.258 29	0.636 98	0.104 73	
路侧事故数	1			0.258 286 24
路侧净区满足率		0.625		0.398 114 3
路侧深度变量		0.375		0.238 868 58
严重指数 ASI			1	0.104 730 88

类型(7)的路侧安全等级评价指标变量权重值　　表 3-18

权　重	路侧事故数	严重指数 ASI	层次总排序
	0.750 00	0.250 00	
路侧事故数	1		0.750 00
严重指数 ASI		1	0.250 00

类型(8)的路侧安全等级评价指标变量权重值　　表 3-19

权　重	路侧事故数	路侧几何条件	层次总排序
	0.250 0	0.750 0	
路侧事故数	1		0.25
路侧净区满足率		0.625	0.468 75
路侧深度变量		0.375	0.281 25

②灰类白化权函数的构造

a. 各灰类白化权函数的形式

对于路侧安全等级为Ⅰ级的情况，用下限白化权函数式(3-28)计算。

$$f_j^1(x)=\begin{cases}0 & x>x_j(2)\\ \dfrac{x_j(2)-x}{x_j(2)-x_j(1)} & x\in[x_j(1),x_j(2)]\\ 1 & x<x_j(1)\end{cases} \tag{3-28}$$

函数图形如图 3-72 所示。

对于路侧安全等级为Ⅱ级的情况，用适中测度的白化权函数式(3-29)和式(3-30)计算。

$$f_j^2(x)=\begin{cases}0 & x\notin[x_j(1),x_j(3)]\\ \dfrac{x-x_j(1)}{\lambda_j^2-x_j(1)} & x\in[x_j(1),\lambda_j^2]\\ \dfrac{x_j(3)-x}{x_j(3)-\lambda_j^2} & x\in[\lambda_j^2,x_j(3)]\end{cases} \tag{3-29}$$

$$\lambda_j^2=\frac{1}{2}\times[x_j(1)+x_j(3)] \tag{3-30}$$

函数图形如图 3-73 所示。

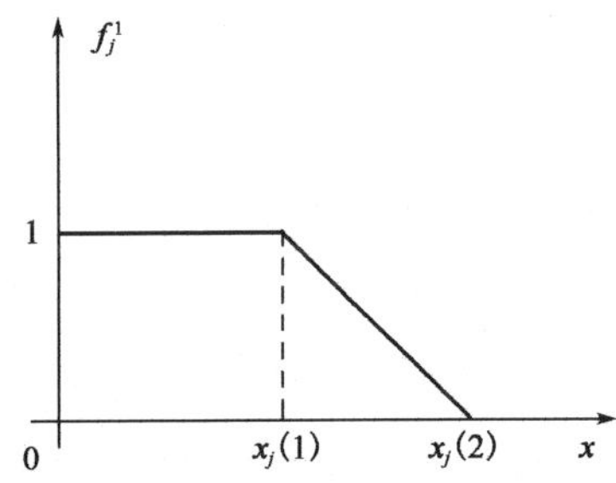

图 3-72　路侧Ⅰ级白化权函数

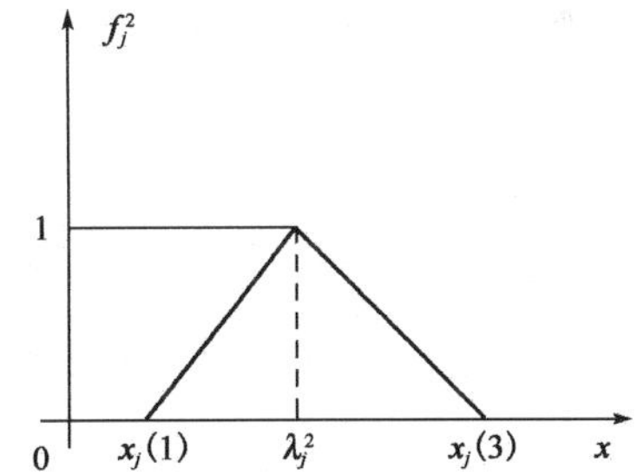

图 3-73　路侧Ⅱ级白化权函数

对于路侧安全等级为Ⅲ级的情况，用适中测度的白化权函数式(3-31)和式(3-32)计算。

$$f_j^3(x)=\begin{cases}0 & x\notin[x_j(2),x_j(4)]\\ \dfrac{x-x_j(2)}{\lambda_j^3-x_j(2)} & x\in[x_j(2),\lambda_j^3]\\ \dfrac{x_j(4)-x}{x_j(4)-\lambda_j^3} & x\in[\lambda_j^3,x_j(4)]\end{cases} \tag{3-31}$$

$$\lambda_j^3 = \frac{1}{2} \times [x_j(2) + x_j(4)] \tag{3-32}$$

函数图形如图 3-74 所示。

对于路侧安全等级为Ⅳ级的情况，用上限白化权函数式(3-33)计算。

$$f_j^4(x) = \begin{cases} 0 & x < x_j(3) \\ \dfrac{x - x_j(3)}{x_j(4) - x_j(3)} & x \in [x_j(3), x_j(4)] \\ 1 & x > x_j(4) \end{cases} \tag{3-33}$$

函数图形如图 3-75 所示。

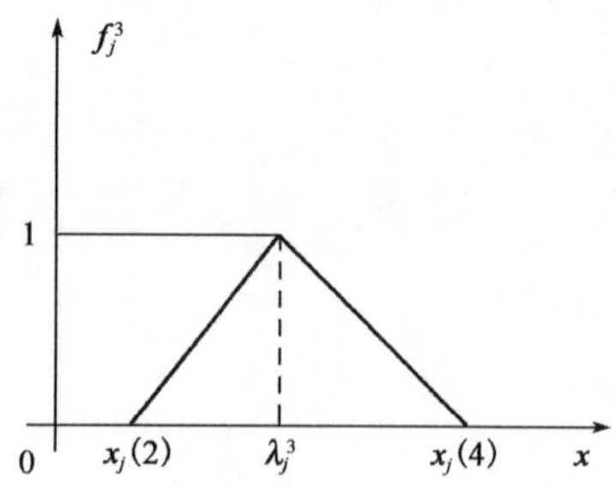

图 3-74　路侧Ⅲ级白化权函数

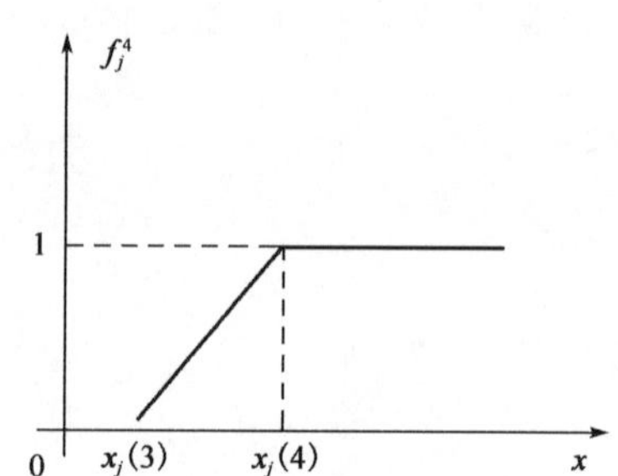

图 3-75　路侧Ⅳ级白化权函数

b. 各灰色白化值确定

灰类白化值的确定是路侧安全性评价的基础，为使评价的标准统一，灰类白化值可通过分析调研数据的累积百分频率，并结合专家咨询意见得出。结合交通安全和相关领域的专家以及实践经验丰富的工程技术人员依据经验建立的每个白化权函数转折点的值，都是路侧安全性等级的评定标准。表 3-20 给出了各指标变量的 4 个白化权函数转折点数值。

各个指标变量的等级值　　表 3-20

指标变量	$x_j(1)$	$x_j(2)$	$x_j(3)$	$x_j(4)$
平曲线变量	15	30	50	100
纵坡变量	1	3	5	7
日交通量	100	750	1 500	6 000
货车比重	10%	30%	50%	70%
路侧事故数	0	1	3	5
路侧净区满足率	0.1	0.3	0.5	0.8
路侧深度变量	1	2	5	10
加速度严重指数 ASI	1	1.9	2.64	

③计算灰色聚类系数

o_i^k 定义为对象 i 属于 k 灰类的灰色聚类系数，按式(3-34)计算。

$$o_i^k = \sum_{j=1}^{m} f_j^k(x_{ij}) \cdot \eta_j \tag{3-34}$$

④路侧安全等级综合评定

表 3-21

路侧综合危险度分级量化标准

1	2	3	4	5	6	7	8	等级
平曲线半径	纵坡坡率	日均交通量	货车比	路侧事故数	路侧净区宽度	路侧深度	路侧危险物危险指数	
≥400	≤3.0%	≤500	≤0.2	0	≥3.5	≤1.5	≤1.0	Ⅰ
		≤1 500			≥2.5	≤3.5	≤1.9	Ⅱ
		≤4 500			≥1.5	≤7.5	≤2.64	Ⅲ
		>4 500			<1.5	>7.5	>2.64	Ⅳ
≥200	≤5.0%	≤500	≤0.4	≤2	≥3.5	≤1.5	≤1.0	Ⅰ或Ⅱ
		≤1 500			≥2.5	≤3.5	≤1.9	Ⅱ
		≤4 500			≥1.5	≤7.5	≤2.64	Ⅲ
		>4 500			<1.5	>7.5	>2.64	Ⅳ
≥100	≤7.0%	≤500	≤0.6	≤4	≥3.5	≤1.5	≤1.0	Ⅱ
		≤1 500			≥2.5	≤3.5	≤1.9	Ⅱ或Ⅲ
		≤4 500			≥1.5	≤7.5	≤2.64	Ⅲ
		>4 500			<1.5	>7.5	>2.64	Ⅳ
<100	>7.0%	≤500	>0.6	>4	≥3.5	≤1.5	≤1.0	Ⅱ或Ⅲ
		≤1 500			≥2.5	≤3.5	≤1.9	Ⅲ
		≤4 500			≥1.5	≤7.5	≤2.64	Ⅲ或Ⅳ
		>4 500			<1.5	>7.5	>2.64	Ⅳ

O_i^k定义为对象i属于灰类k的路侧安全等级，即路侧安全性等级处于k类，如式(3-35)所示。

$$O_i^k = \max_{1 \leqslant k \leqslant s} \{O_i^k\} \tag{3-35}$$

⑤典型路侧安全等级评估量化标准

现在道路安全等级评估在技术上已经初步成熟，但对于路侧问题的关注力度还不够，鉴于路侧事故在道路交通事故中的特殊地位(比例高、事故后果严重，尤其是在我国山区低等级公路)，非常有必要单独针对路侧安全等级评估进行量化，进而采取相应的处治措施。为了使路侧安全等级评估更好地应用于实际，操作简单快捷，课题组基于现场调研案例分析及调整并结合专家经验，反复应用评估方法获得典型路侧安全等级评估量化标准，具有一定的参考价值，如表 3-21 所示。

第四节　路侧安全性等级综合评估软件开发

一、软件概述

该软件的开发基于课题路侧安全性等级评估的研究成果，实现对公路路侧安全性等级进行评定，进而为采取相应的路侧安全防治措施提供参考，软件主要包括"现场参数输入"、路侧安全性等级"评价"两大功能模块。"现场参数输入"主要完成现场数据输入，功能模块中均包含模型所需五类基础数据，即：线形、交通条件、路侧事故数、路侧危险物状况和路侧几何条件，共 8 个变量，并提供 8 种指标组合类型的评价方式，每个指标变量对应不同路侧现场参数，如表 3-22 所示。

软件采用的评价指标变量　　表 3-22

序　号	指标类型	指标名称	现场参数
1	线形	平曲线变量	圆曲线半径、长度
		纵坡变量	纵坡坡率、长度
2	交通条件	日均交通量	日均交通量(按中型车折算)
		货车比重	货车当量数除以日均交通量
3	路侧事故	路侧事故数	路段近 3 年的路侧事故统计数
4	路侧几何条件	路侧净区满足率	路侧净区实际宽度、边坡比率、直线段长度
		路侧深度变量	路侧深度
5	路侧危险物状况	事故严重度指标 ASI	路侧危险物类型、各车型当量数

该软件针对不同的用户设置了两种评价方法。

(1)输入山区公路路侧的现场参数进行路侧安全等级评价(推荐大多数用户使用)。

(2)输入各评价指标变量值，直接计算路侧安全等级(一般用于调试指标或推荐高级用户使用)。

以上两个流程可任选其一，但推荐大多数用户使用流程(1)进行评价。

此外，软件能实现评价路段单元长度设置、权重设置或导入保存、评价结果报告的保存等功能。

二、软件基本操作

(1)主界面。主界面由标题栏、菜单栏和显示区组成，如图3-76所示。

图3-76　软件主界面

(2)评价指标变量初始化。在菜单栏里的第二个菜单"现场参数输入"里选择要计算的评价指标类型(共五类)，输入相应的现场参数，即可分别计算出各指标变量值。所需现场参数如表3-22所示。以下是8个评价指标变量的数据输入方法。

①平曲线变量：表示评价路段每百米长度的偏角值。单击菜单"现场参数输入"→"线形条件"→"平曲线变量"→"第1段曲线"，可输入评价单元的第1个圆曲线的半径和长度(单位：m)；若评价单元长度存在多个圆曲线，可照上述步骤依次输入各圆曲线的参数。最多允许输入10个圆曲线。

②纵坡变量：表示评价路段加权平均纵坡值。单击菜单"现场参数输入"→"线形条件"→"纵坡变量"→"第1个坡段"，可输入评价单元的第1个纵坡的坡度(单位：%)和长度(单位：m)；若评价单元长度存在多个纵坡，可照上述步骤依次输入各纵坡的参数。最多允许输入10个纵坡。最终计算出来的纵坡变量值显示在显示区的上方。

③日均交通量和货车比重：单击菜单"现场参数输入"→"交通条件"，打开交通条件的参数输入框。输入以中型车为标准车折算的日均交通量和货车当量数(单位：当量中型车/日)。

④路侧事故数：指评价路段单元近3年发生的路侧事故数。单击菜单"现场参数输入"→"路侧事故数"，打开路侧事故数的参数输入框。

⑤路侧净区满足率：指路侧实际净区宽度与路侧理想的净区宽度之比。单击菜单"现场参数输入"→"路侧几何条件"，打开路侧几何条件的参数输入框，在右侧输入路侧净区满足率的

参数。第一栏“评价路段的实际路侧净区宽度”为现场实际测量的净区宽度(单位:m);第二栏“边坡比率”软件已经预设好,只需按设计速度、日均交通量和边坡比率等从1～5进行选择,如表3-23所示;第三栏“路段直线长度”为评价单元长度减去各个圆曲线长度之和。

⑥路侧深度变量:指行车道路面至路侧悬崖、沟壑、边坡或路肩挡墙底部的高度。单击菜单“现场参数输入”→“路侧几何条件”,打开路侧几何条件的参数输入框,在左侧输入路侧深度变量的值。

⑦路侧危险物:单击菜单“现场参数输入”→“路侧危险物”,打开路侧危险物严重指数ASI的参数输入框。左侧一栏输入各种车型(分小、中、大三种车型)的中型车当量数,三种车型数量之和应等于前面输入的日均交通量;右侧选择路侧危险物类型,评价路段单元存在该危险物则在其后面填写1,不存在则填写0。注:对于没有列出的路侧危险物,选择与所列危险物最相似的一种。

不同条件下的路侧净区宽度值 表3-23

设计速度(km/h)	日均交通量(辆/日)	路堤比率		路堑比率		
		1	2	3	4	5
		≤1∶6	1∶5～1∶4	1∶3	1∶5～1∶4	≤1∶6
≤60	≤750	2.5	2.5	2.5	2.5	2.5
	750～1 500	3.25	4.0	3.25	3.25	3.25
	1 500～6 000	4.0	4.75	4.0	4.75	4.0
	>6 000	4.75	5.25	4.75	4.75	4.75
70～80	≤750	3.25	4.0	2.5	2.75	3.25
	750～1 500	4.75	5.5	3.25	4.75	4.75
	1 500～6 000	5.25	7.0	4.0	4.75	5.25
	>6 000	6.25	8.0	4.75	5.75	6.25
90	≤750	4.0	5.0	2.75	3.25	3.25
	750～1 500	5.25	6.75	3.25	4.75	5.25
	1 500～6 000	6.25	8.25	4.75	5.25	6.25
	>6 000	7.0	9.0	5.25	6.25	7.0

(3)评价类型选择。选择评价类型:根据采集的指标值的数量,可选择不同的评价类型,共提供了8种不同的评价类型,如图3-77所示。单击菜单“评价”→“选择评价类型”,打开“数据输入类型设定”对话框,单击选中的评价类型。

(4)指标权重。选择相应的评价类型后,输入相应的各指标权重。打开软件安装包后,在“权重”文件夹中已经预先设定好了每种评价类型对应的权重,只需点击菜单“权重”→“导入权重”即可;对于极个别特殊情况,用户可自定义各指标的权重,点击菜单“输入权重”,将自定义的权重输入,按“保存权重”进行保存,以便下一次使用(一般不推荐使用该自定义权重的功能)。

(5)现场参数输入或输入指标值。两个功能是重复的,二选一操作即可。点击“现场参数输入”可依次输入8个评价指标的现场参数,由软件自动完成评价指标的计算,并用来进行下

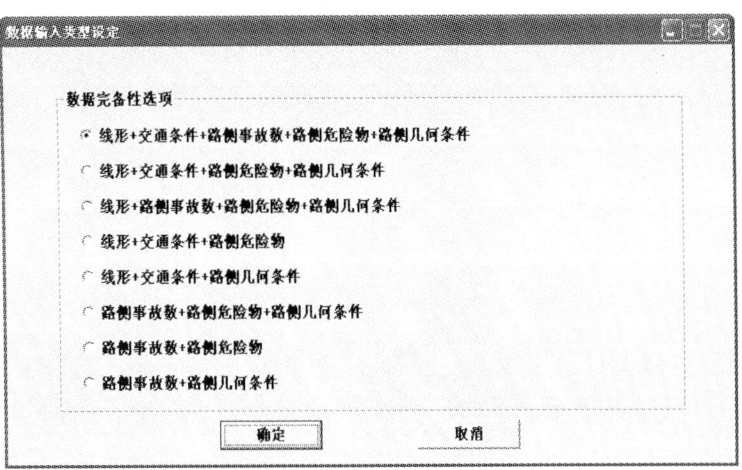

图 3-77　选择评价类型

一步的操作;"评价"→"输入指标值"可直接输入操作者自行计算的指标值,一般用于评价指标调试,推荐高级用户使用。

(6)安全等级计算。依次完成评价类型选择、现场参数输入和导入(输入)权重后,即可对评价单元路侧安全等级进行计算。单击菜单"评价"→"安全等级计算",弹出计算结果。

三、软件应用实例

(1)实例 1。

G318 国道某处,评价单元长度 500m,设计速度 60km/h,弯道外侧硬路肩外是 2.5m 高的边坡,无防护设施,坡度约为 1∶4。有 2 个圆曲线半径分别为 80m 和 100m,长度 100m 和 120m,纵坡坡度 6%,坡长 350m,日均交通量 2 532 辆当量中型车/日,货车当量中型车 1 500 辆,小中大型车当量中型车数分别为 899 辆、1 540 辆、93 辆,路侧净区 1.5m,路侧有山石,无近 3 年的路侧事故统计。

实例 1 的现场参数较为完整,只缺少近 3 年来的路侧事故数据,故采用本软件的评价类型(2)进行路侧安全等级评估最为准确,具体步骤如下。

①新建项目。点击"项目"→"新建项目",输入项目名称:G318 某段,评价单元长度:500m,设计速度:60km/h。

②选择评价类型。因为无近 3 年路侧事故统计资料,故选择评价类型(2)。

③导入权重。点击"权重"→"导入权重",在软件安装包里找到"权重"文件夹,选择"类型 2 的权重"表,如图 3-78 所示。

④输入现场参数,计算各指标值。点击"现场参数输入",依次输入各参数,如图 3-79～图 3-83 所示。图 3-83 中右侧的"边坡比率"取值按表 3-23 所示,即依据路堤边坡 1∶4,选择"2"填入;"路段直线长度"等于评价单元长度减去圆曲线长度之和,即 500－(100＋120)＝280(m)。"路侧事故数"无需输入。

⑤安全等级计算。点击菜单"评价"→"安全等级计算",输出计算结果,如图 3-84 所示。

⑥保存项目评价结果。点击菜单"项目"→"工程评价保存",在弹出的对话框出指定保存

的文件名和路径，如图 3-85 所示。

⑦打开保存的评价文件，参看或复制路侧安全等级评价的详细信息，结果如图 3-86 所示。

该评价路段单元的路侧安全等级为Ⅲ级，与实际情况较吻合。这是因为这里日均交通量大，货车多，弯道半径小，路侧净区窄，且危险物危险指数大，属于危险路段。

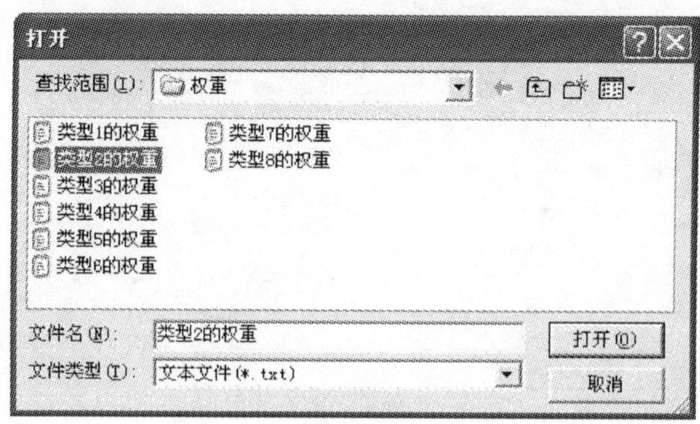

图 3-78　导入评价类型(2)的权重

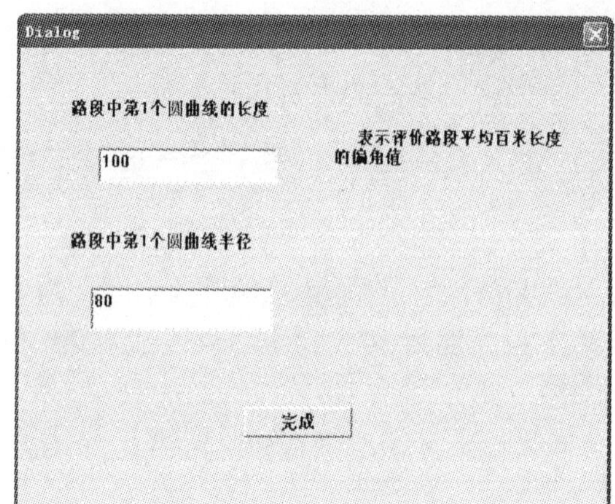

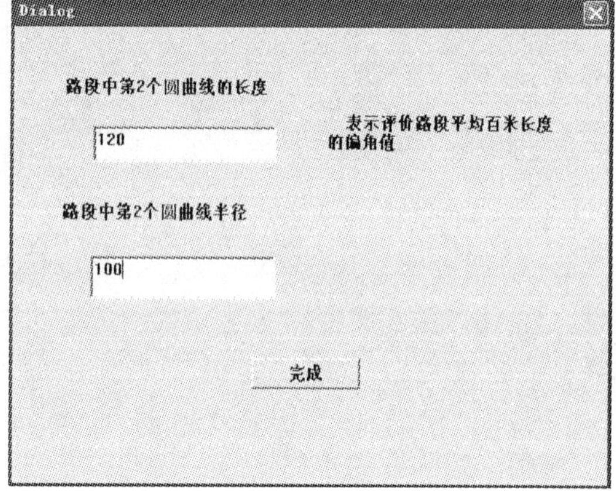

图 3-79　平曲线变量现场参数输入

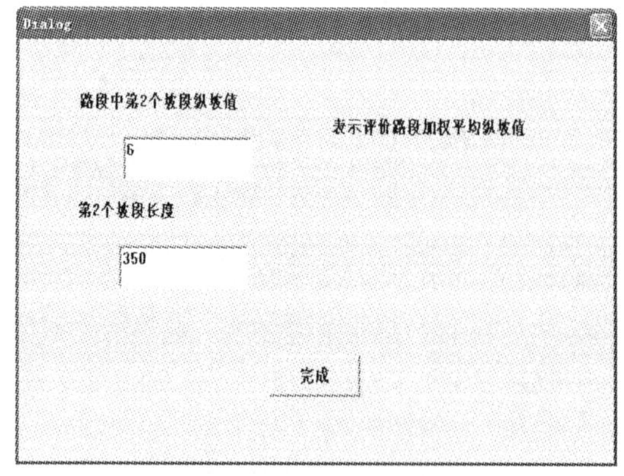

图 3-80　纵坡变量现场参数输入

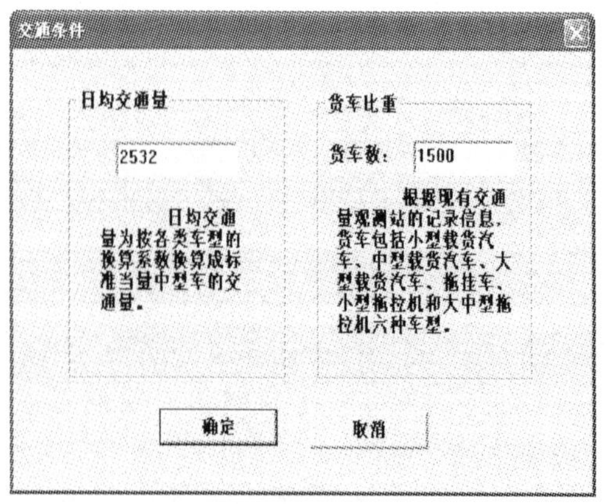

图 3-81　日均交通量和货车比重参数输入

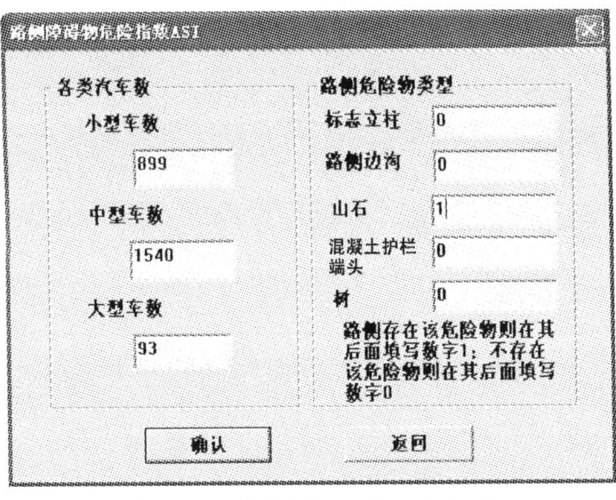

图 3-82　危险指数 ASI 参数输入

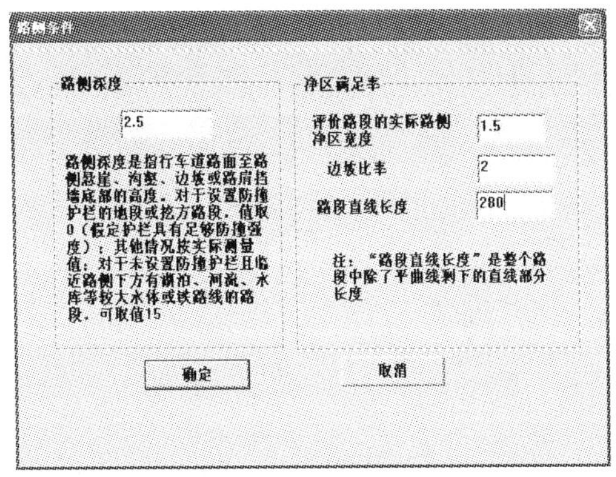

图 3-83　路侧深度变量和路侧净区满足率参数输入

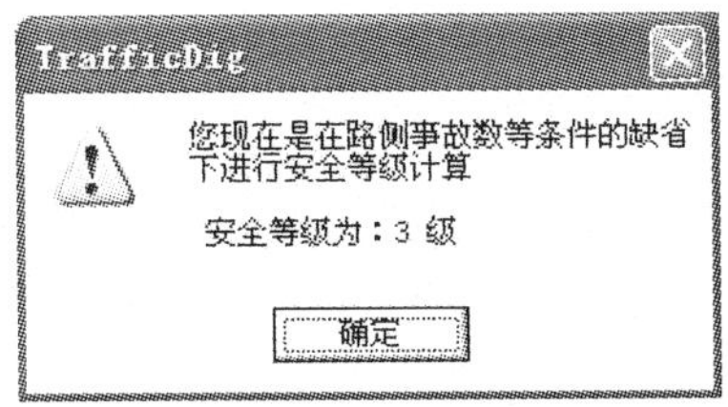

图 3-84　路侧安全等级计算结果

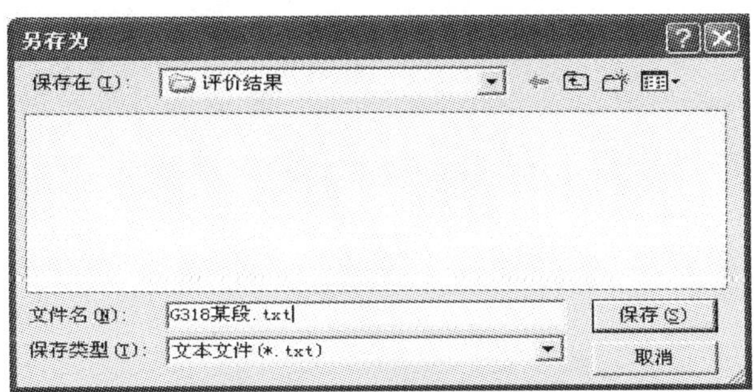

图 3-85　评价项目保存

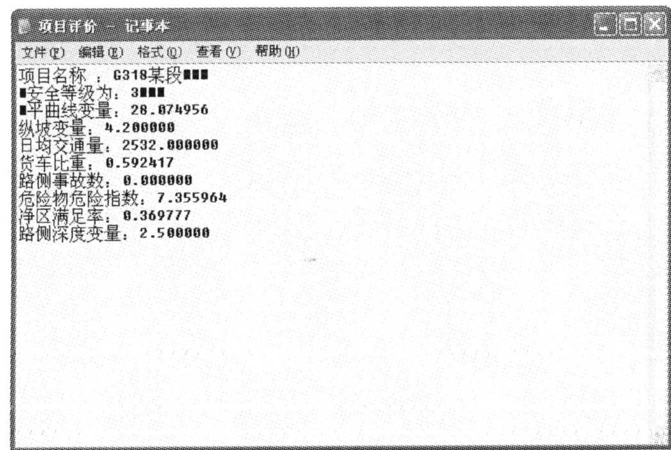

图 3-86　路侧安全评价报告

另外，也可使用评价类型(4)和(5)评估实例 1 的路侧安全等级，表 3-24 是各评价类型的评估结果，实例 1 的路程安全等级为Ⅲ级，评价结果一致。

各评价类型评估实例 1 的结果 表 3-24

评价类型	类型(2)	类型(4)	类型(5)
路侧安全等级	Ⅲ	Ⅲ	Ⅲ

(2)实例 2。

G210 国道遵义至贵阳某连续弯路，线形条件差，主要路侧问题表现为路侧净区太窄，路侧边沟和山石对行驶车辆有一定干扰，如图 3-87 所示。圆曲线 1 和 2 的半径分别为 62m 和 40m 左右，长约 100m；纵坡 7%，坡长 200m；日均交通量 1 224 辆，货车数 412 辆，小、中、大型车分别为 501 辆、145 辆、578 辆；路侧净区宽度 1.2m，深度 0m；路侧危险物主要是矩形边沟和山石；据调查和当地居民回忆，该段近 3 年曾发生过两起车辆陷入路侧边沟的事故，评价长度取 500m，设计速度取 60km/h。

图 3-87 实例 2 的现场图片

使用软件各评价类型对实例 2 进行评估，路侧安全等级评估结果如表 3-25 所示。可以发现，各评价类型的结果略有不同，但仍以类型(1)和类型(2)的评估结果为准，即实例 2 的路侧安全等级应该为Ⅱ或Ⅲ级。

各评价类型评估实例 2 的结果 表 3-25

评价类型	类型(1)	类型(2)	类型(3)	类型(4)	类型(5)	类型(6)	类型(7)	类型(8)
路侧安全等级	Ⅱ	Ⅲ	Ⅲ	Ⅱ	Ⅲ	Ⅲ	Ⅱ	Ⅲ

第四章　公路路侧安全设施安全性能评价标准研究

第一节　国内外标准规范对比

首先对国内外标准规范中关于路侧安全防护设施的评价标准进行了资料调研分析。调研的相关标准主要包括以下几类。

(1)美国:《高速公路安全设施安全性能评价推荐程序》(NCHRP 350 报告);

(2)欧盟:《道路防护系统》(BS EN 1317);

(3)日本:《护栏设置标准及说明》(2004 年版);

(4)澳大利亚和新西兰:《公路安全护栏系统》(AS/NZS 3845:1999);

(5)中国:《高速公路护栏安全性能评价标准》(JTG/T F83-01—2004);

(6)中国:《公路护栏安全性评价标准》(送审稿)。

研究工作主要包括以下内容。

(1)了解国外标准的制修订情况以及相关专题研究成果;

(2)对国外相关标准对我国现阶段公路环境条件的适应性进行分析;

(3)针对评价标准中关于路侧安全防护设施的评价这一具体问题,对国内外相关条文、研究成果进行深入研究分析。

在国内外标准规范中,路侧护栏标准段碰撞条件的对比见表 4-1,路侧护栏端部碰撞条件的对比见表 4-2,路侧护栏标准段性能技术指标的对比见表 4-3,路侧护栏起始端性能技术指标的对比见表 4-4。表中内地大陆的相关标准内容取自《公路护栏安全性能评价标准》(送审稿)。

公路护栏(护栏标准段)碰撞条件　　表 4-1

碰撞条件＼国家		国外				国内	
		美国	欧盟	日本	澳大利亚 新西兰	香港	内地(送审稿)
车型种类		6	8	2	7	3	8
车辆质量(kg)	小型车	700(小客车) 820(小客车) 2 000(皮卡车)	900(小客车) 1 300(小客车) 1 500(小客车)	1 000(小客车)	700(小客车) 820(小客车) 1 600(小客车) 2 000(皮卡车)	1 500 (小客车)	1 500 (小客车)
	中型车	8 000 (单体货车)	10 000 (单体货车)	—	8 000 (单体货车)	—	10 000(中货车) 14 000
	大型车	36 000 (厢式拖头车) 36 000 (罐式拖头车)	13 000(大客车) 16 000(单体货车) 30 000(单体货车) 38 000(拖头车)	25 000 (单体货车)	36 000 (厢式拖头车) 36 000 (罐式拖头车)	22 000 (双层客车) 30 000 (单体货车)	18 000(大货车) 30 000 (整体式货车) 55 000 (鞍式列车)

续上表

碰撞条件＼国家		国外				国内	
		美国	欧盟	日本	澳大利亚 新西兰	香港	内地(送审稿)
是否有试验标准车型		有	有	无	有	有	有
防撞等级个数		6 个	4 个	7 个	7 个	4 个	6 个
碰撞能量(kJ)	最低	35	37	45	28	43	70
	最高	596	725	650	596	555	640
碰撞速度(km/h)	小型车	50,70,100	80,100,110	60,100	50,70,100	80,113	80,100
	中型车	80	70	—	80	—	40,60,80
	大型车	80	70,80,65	26,30,45,50,65,80,100	80	50,64	60,70,80
碰撞角度	小型车	20°(小客车) 25°(皮卡车)	8°,15°,20°	20°	20°(小型车) 25°(皮卡车)	20°	20°
	中型车	15°	8°,15°	—	15°	—	20°
	大型车	15°	20°	15°	15°	20°	20°
各防撞等级碰撞条件组合个数		3～4 个	1～2 个	2	2～4 个	1 个	2～4 个

路侧护栏端部(端头和可导向防撞垫)碰撞条件 表 4-2

碰撞条件＼国家		国外				国内	
		美 国	欧 盟	日本	澳大利亚 新西兰	香港	内地(送审稿)
车型种类		3	3	—	4	3	1
车辆质量(kg)	小型车	700(小客车) 820(小客车) 2 000(皮卡车)	900(小客车) 1 300(小客车) 1 500(小客车)	—	820(小客车) 700(小客车) 1 600(小客车)	—	1 500 (小客车)
	中型车		—	—	—	—	—
	大型车		—	—	—	—	—
防撞等级个数		3 个	4 个	—	4 个	—	3 个
碰撞速度(km/h)	小型车	50,70,100	80,100,110	—	50,70,100	—	60,80,100
	中型车	—	—	—	—	—	—
碰撞类型 碰撞角度		正碰:0° 正碰、偏 1/4 车宽:0° 斜碰:15° 正方向侧碰:15°、20° 反方向侧碰:160°	正碰:0° 正碰、偏 1/4 车宽:0° 正方向侧碰:15° 反方向侧碰:165°	—	同美国	—	正碰:0° 斜碰:15° 偏碰:0° 侧碰:20°

表 4-3

公路护栏(护栏标准段)性能技术指标

<table>
<tr><td rowspan="2">国家
评价要素</td><td colspan="7">国　外</td><td colspan="2">国　内</td></tr>
<tr><td>美国</td><td>欧盟</td><td colspan="4">日本</td><td>澳大利亚
新西兰</td><td>香港</td><td>内地(送审稿)</td></tr>
<tr><td>防撞能力</td><td>阻挡车辆,不穿越、骑跨、翻越</td><td>1. 阻挡车辆,基本受力构件不破坏;
2. 脱离组件或碎片不得侵入乘员仓;
3. 基础锚固及连接部位按设计要求受力</td><td colspan="4">阻挡车辆</td><td>同美国</td><td>同欧盟</td><td>应阻挡车辆翻越或穿越,构件和碎片不得侵入车辆乘员仓</td></tr>
<tr><td rowspan="10">缓冲功能</td><td rowspan="10">1. 纵、横向乘员碰撞速度:推荐值为 9m/s,极限值为 12m/s;
2. 纵、横向乘员碰撞后加速度:推荐值为 15g,极限值为 20g;
3. 选作:假人;
4. 脱离组件或碎片不得侵入乘员仓</td><td rowspan="10">1. ASI≤1.0(A 级),
1.0<ASI≤1.4(B 级),
1.4<ASI≤1.9(C 级);
2. THIV≤33km/h;
3. PHD≤20g;
4. 车辆乘员仓的变形不能导致严重伤害</td><td colspan="4">车体重心加速度 10ms 间隔平均值的最大值:</td><td rowspan="10">同美国</td><td rowspan="10">同欧盟</td><td rowspan="10">乘员碰撞速度的纵向与横向分量均不应大于 12m/s,乘员碰撞后加速度的纵向与横向分量均不应大于 20g</td></tr>
<tr><td rowspan="2">护栏等级</td><td colspan="2">柔性护栏</td><td rowspan="2">刚性护栏</td></tr>
<tr><td>立柱埋入土中</td><td>立柱埋入混凝土中</td></tr>
<tr><td>C</td><td rowspan="2"><9g</td><td rowspan="2"><12g</td><td rowspan="2"><12g</td></tr>
<tr><td>B</td></tr>
<tr><td>A</td><td><15g</td><td><18g</td><td><18g</td></tr>
<tr><td>SC</td><td rowspan="4"><18g</td><td rowspan="4"><20g</td><td rowspan="4"><20g</td></tr>
<tr><td>SB</td></tr>
<tr><td>SA</td></tr>
<tr><td>SS</td></tr>
</table>

续上表

评价要素 \ 国家		国外：美国	国外：欧盟	国外：日本	国外：澳大利亚新西兰	国外：香港	国内：内地（送审稿）
导向功能	车辆运行轨迹	1. 车辆顺利导出； 2. 驶出角度最好小于碰撞角度的60%； 3. 最好不侵入到相邻车道	1. 车辆顺利导出； 2. 车辆在纵向距离 B 内不得越过与护栏距离为 W 的平行线，即： $W=A+车宽+车长\times 0.16$ 小型客车：$B=10m, A=2.2m$； 其他车辆：$B=20m, A=4.4m$	驶出角度小于碰撞角度的60%	同美国	同欧盟	车辆运行轨迹沿行车方向在距驶离点长 B 范围内，车辆不应越过距护栏宽度为 A 的直线 F（单位：m）： 小型客车：$A=2.2+V_W+0.16V_L, B=10m$； 大（中）型车辆：$A=4.4+V_W+0.16V_L, B=20m$； V_W 为车辆宽度；V_L 为车辆长度
	车辆运行状态	碰撞过程中车辆尽量保持正立，适度的横转、翻转是允许的	车辆重心不得越过变形后护栏的中心线；碰撞过程中车辆尽量保持正立，适度的横转、翻转是允许的	碰撞后车辆不横转	同美国	同欧盟	车辆碰撞护栏后不应翻车
最大横向位移量		记录	工作宽度分为8个等级 等级 / D_m(m) W1 / $W\leqslant 0.6$ W2 / $W\leqslant 0.8$ W3 / $W\leqslant 1.0$ W4 / $W\leqslant 1.3$ W5 / $W\leqslant 1.7$ W6 / $W\leqslant 2.1$ W7 / $W\leqslant 2.5$ W8 / $W\leqslant 3.5$	规定车辆的最大进入行程 护栏种类 / 立柱埋入土中 / 立柱埋入混凝土中 路侧护栏 / <1.1m / <0.3m 中央分隔带护栏 / <1.1m / <0.3m 中央分隔带护栏 / <1.5m / <0.5m	同美国	同欧盟	记录，同时规定公路护栏的最大横向位移量不应超过设置位置处的容许值

表 4-4

路侧护栏起始端(端头)性能技术指标

国家 / 评价要素	国外				国内	
	美国	欧盟	日本	澳大利亚 新西兰	香港	内地(送审稿)
结构功能	根据不同的碰撞类型，针对可通和非通设施，要求包括两点： 1. 试件应阻滞并导向车辆；虽然试件适当的侧向变形是允许的，但是车辆不应冲断、下穿或上翻试件； 2. 可接受的车辆运行状态包括变向，适当的穿透或阻滞	部件不进入乘员仓，乘员仓变形或侵入不引起严重伤害； 主要部件不完全分离或残留在永久残余变形区以外； 锚固及约束的变化形态应满足设计规定的要求； 端部残余变形在一定区域范围之内	—	同美国	同欧盟	构件和碎片不得侵入车辆乘员仓，侧碰时应阻挡车辆翻越或穿越
乘员风险	1. 纵、横向乘员碰撞速度：推荐值为 9m/s，极限值为 12m/s； 2. 纵、横向乘员碰撞后加速度：推荐值为 15g，极限值：20g； 3. 选作：假人； 4. 脱离组件或碎片不得侵入乘员仓，可能造成严重危害的乘员仓变形和穿透是不允许的。 注：对部分试验个别要求可放宽	1. ASI≤1.0(A 级)， 1.0≤ASI≤1.4(B 级)； 2. THIV≤44km/h，正碰和正碰(偏 1/4 车宽)； THIV≤33km/h，正方向侧碰和反方向侧碰； 3. PHD≤20g	—	同美国	同欧盟	乘员碰撞速度的纵向与横向分量均不应大于 12m/s，乘员碰撞后加速度的纵向与横向分量均不应大于 20g

以上内容系对国内外标准规范中关于路侧护栏标准段、路侧护栏端部的碰撞条件与性能技术指标的对比总结。重点对比了不同国家标准规范的碰撞条件中关于车型种类、车辆质量、防撞等级个数、碰撞能量范围、碰撞速度及碰撞角度的规定;以及不同国家标准规范的防护设施性能技术指标中关于护栏防撞能力、缓冲功能、导向功能、最大横向位移量及乘员风险等的规定,为公路路侧安全设施安全性能评价标准编写提供了依据。

第二节　护栏安全性能评价条件研究

公路护栏系统由护栏一般段、特殊段(端头、过渡段等)、特殊用途护栏等组成。护栏一般段安全性能评价实车碰撞条件是整个标准的核心,而这些条件的确定必须反映道路交通的实际情况。现行《高速公路护栏安全性能评价标准》(JTG F83-01—2004)标准确定试验条件时依据的是2000年我国高速公路交通的有关数据,随着道路建设的发展,近几年我国交通组成、运行状况、车辆构成以及护栏应用环境等发生了显著的变化,需要及时调整和重新确定护栏安全性能评价实车碰撞试验的条件,以更好的适应新的交通形势和交通发展需求。实车碰撞条件确定的基础是大量的交通实际参数、事故情况及车辆状况的调查数据。

一、标准碰撞车型研究

基于我国现有的经济发展水平以及相应的交通特征,从汽车销售量、保有量、公路上实际交通构成情况、护栏相关事故中车辆构成等几个方面调查"十一五"期间交通中车型构成分布情况,为我国公路的设计、路侧防护设施标准中"典型车型"的选择和设定提供依据。

经济发展状况是影响交通系统中运载车辆特性,也是决定私家车等车辆构成情况的决定性因素之一,由此按《地区协调发展的战略和政策》报告中,对"十一五"期间内地经济区域划分情况,把调查区域也分成如下八个区域,要求每个区域调研的车辆特性数据中至少包括一省的数据。结合以往的研究基础,确定了重点的调研省份(表4-5)。

区域划分与重点省份调研表　　表4-5

区　域	省　份	重点调研省份
东北综合经济区	辽宁、吉林、黑龙江	辽宁
北部沿海综合经济区	北京、天津、河北、山东	北京、山东
东部沿海综合经济区	上海、江苏、浙江	江苏
南部沿海经济区	福建、广东、海南	广东
黄河中游综合经济区	陕西、山西、河南、内蒙古	河南
长江中游综合经济区	湖北、湖南、江西、安徽	安徽
大西南综合经济区	云南、贵州、四川、重庆、广西	贵州
大西北综合经济区	甘肃、青海、宁夏、西藏、新疆	新疆、甘肃

借鉴国内外的相关研究经验,本研究数据采集主要分成汽车销售量、保有量、汽车参数、交通量(包括按传统车型的交通量和计费收费的交通量)、护栏相关的交通事故收集。采集周期为2006～2010年"十一五"期(由于数据统计时2010年尚未到年末,主要数据以2006～2009

年为主，也采集了部分2005年的交通量数据）。汽车销售数据、保有量数据查找的为全国数据；公路上的交通量及交通组成数据按区域划分标准进行采集，并分成高速公路和国省道两类。具体数据采集省份覆盖情况如图4-1所示，基本达到了预先设定的方案，覆盖了全国范围内8个经济区。

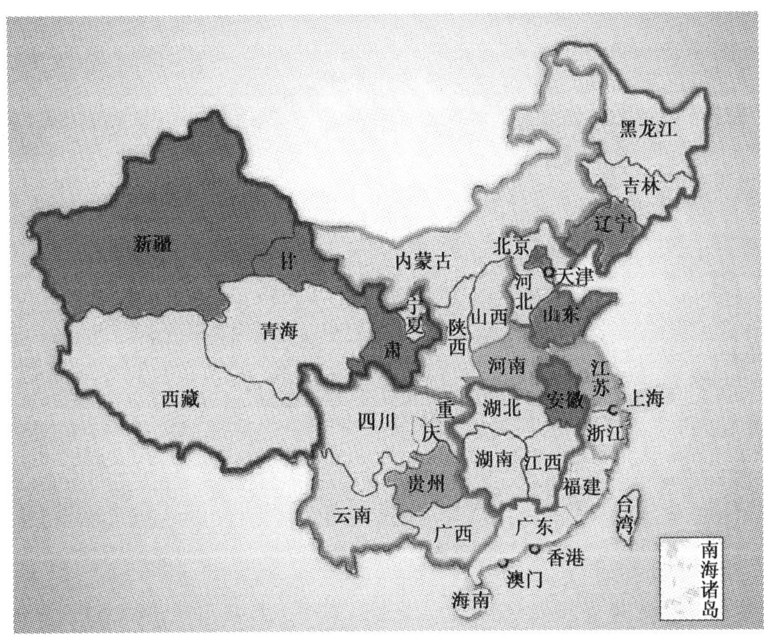

图4-1 公路交通量信息覆盖省份

1.基于汽车销售数据的分析

通过对2006～2010年7月的汽车销售数据进行统计分析，得到了每年汽车销量前十名的企业及品牌排名，其中，2007～2009年的乘用车销售数据（分车型、厂家）和2008～2010年的商用车销售数据（分车重，整备质量或总质量）较为详细和完善，总共涉及车型9 019款。

汽车销售数据按照乘用车和商用车分类。乘用车是在其设计和技术特性上主要用于载运乘客及其随身行李或临时物品的汽车，包括驾驶员座位在内最多不超过9个座位。它也可以牵引一辆挂车。乘用车涵盖了轿车、微型客车以及不超过9座的轻型客车。乘用车下细分为基本型乘用车（轿车）、多功能车（MPV）、运动型多用途车（SUV）、专用乘用车和交叉型乘用车。商用车是在设计和技术特征上用于运送人员和货物的汽车，并且可以牵引挂车。从2005年开始，我国汽车行业实行了新的车型统计分类。相对旧分类，商用车包含了所有的载货汽车和9座以上的客车。在旧分类中，整车企业外卖的底盘是列入整车统计的，在新分类中将底盘单独列出，分别为客车非完整车辆（客车底盘）和货车非完整车辆（货车底盘）。商用车分为客车、货车、半挂牵引车、客车非完整车辆和货车非完整车辆，共五类。

乘用车5%位累计市场占有率所对应的整备质量分析结果如表4-6所示。基于汽车销售数据，整备质量为1.5t乘用车对应车型有多种，累计市场占有率为50%～60%。如开迪1.6L的长×宽×高为4 405mm×1 802mm×1 833mm，杰勋为4 445mm×1 768mm×1 640mm，雅阁2.0L为4 960mm×1 845mm×1 480mm。

2007～2009 年乘用车市场占有率综合分析表 表 4-6

年 份	5%位累计市场占有率车重	车 型	车型参数:长×宽×高	GDP
2007	920kg	路宝	3 618mm×1 563mm×1 533mm	246 619 亿
2008	900kg	北斗星	3 400mm×1 575mm×1 670mm	300 670 亿
2009	875kg	SPARK 1.0L	3 495mm×1 495mm×1 523mm	335 353 亿

根据目前护栏碰撞试验中选取的车型,10t、14t、18t 吨位货车的累积占有率和主要车型、载重及其外形尺寸如表 4-7 所示。总体上,总质量 10t 的商用车按车重排序的销售量占到了 50%左右,14t 为 60%左右,18t 为 63%左右。基于调查结果,按车辆参数标识,目前市场上基本没有 18t 总质量的商用车,临近的为 17t 或 20t。

10t、14t、18t 吨位货车统计 表 4-7

	车 型	载质量(kg)	整备质量(kg)	总质量(kg)	累积占有率(%)	长(m)	宽(m)	高(m)
2008 年	福田奥铃	4 800	5 310	10 110	50.43	5.2	2.3	2.55
	时代金刚	5 800	4 500	10 300	51.73	6.2	2.2	2.45
	庆铃 FTR	7 905	5 900	13 805	59.59	7.77	2.465	2.78
	王牌轻卡	7 165	7 200	14 365	60.29	7.395	2.45	2.7
	三环汽车	7 990	8 100	16 090	63.58	8.455	2.48	2.92
	江淮格尔发 L	10 850	8 900	19 750	63.69	10.99	2.495	3.25
2009 年	福田奥铃	4 800	5 310	10 110	49.36	5.2	2.3	2.55
	时代金刚	5 800	4 500	10 300	50.77	6.2	2.2	2.45
	庆铃 FTR	7 905	5 900	13 805	60.20	7.77	2.465	2.78
	长征载货	8 700	5 570	14 270	60.36	8.36	2.38	2.62
	长征栅栏	8 880	8 420	17 300	63.51	8.83	2.48	3.1
	江淮格尔发 L	10 850	8 900	19 750	63.80	10.99	2.495	3.25
2010 年	福田奥铃	4 800	5 310	10 110	48.17	5.2	2.3	2.55
	时代金刚	5 800	4 500	10 300	49.30	6.2	2.2	2.45
	庆铃 FTR	7 905	5 900	13 805	58.28	7.77	2.465	2.78
	浙江飞碟	8 000	6 390	14 390	58.44	6.27	2.47	3
	重汽黄河少帅	8 470	8 400	16 870	61.52	10.99	2.47	3.07
	江淮格尔发 L	10 850	8 900	19 750	61.65	10.99	2.495	3.25

2. 基于汽车保有量数据的分析

在汽车保有量中,警用汽车、军用汽车、政府用汽车、农用汽车外的汽车归为民用汽车类。其中的客车分为大、中、小、微型客车四种。大型客车是指车长大于 6m,载客人数大于等于 20

人的客车，驾驶员需具有A1照；中型客车指车长小于等于6m，载客人数在10～19人，驾驶员需持B1照；小型客车指车长小于6m，载客人数小于等于9人，驾驶员需持C1照；微型客车指发动机排量小于等于1L，车长小于等于3.5m的小轿车。货车分为重、中、轻、微型货车四种。重型货车指汽车总质量在12t以上，车长6m以上，驾驶员需持A2或B2照；中型货车指汽车总质量大于4.5t、小于12t，车长小于6m，驾驶员需持B2照；轻型货车指汽车总质量小于等于4.5t，车长小于6m，驾驶员持C1照即可；微型货车指总质量小于1.8t，车长小于等于3.5m的火车，驾驶员需持C1照。

2006～2008年民用汽车综合车型构成情况如表4-8和图4-2所示。

2006～2008年民用汽车综合车型构成情况表（单位：%） 表4-8

车型		2006年		2007年		2008年		平均	
载客	大型	70.85	2.36	73.33	2.15	75.28	1.97	73.39	2.14
	微型		8.43		7.23		6.36		7.23
	小型		56.35		60.72		64.14		60.82
	中型		3.71		3.22		2.81		3.20
	其他		0.00		0.00		0.00		0.00
载货	轻型	26.68	14.39	24.19	13.47	22.08	12.65	24.07	13.41
	微型		1.21		0.84		0.60		0.85
	中型		6.37		5.59		4.90		5.54
	其他		4.71		4.29		3.94		4.27
其他		2.47		2.48		2.64		2.54	

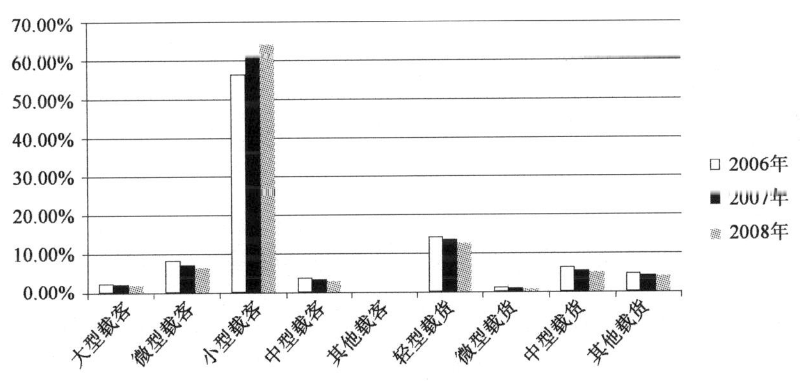

图4-2 2006～2008年民用汽车综合车型构成情况图

在民用车保有量中，小型载客车是主要的车型，比例在70%以上，且逐年呈增加的趋势；其次是轻型载货车，比例在12%～14%之间，但逐年呈降低趋势；微型载客车、大型载客车、中型载货车等车型比例呈降低趋势。

民用载货汽车按载质量（1.8t、6t、14t）可分为微型、轻型、中型、重型四种，根据民用载货汽车的车辆构成情况进行车质量累计分析，分析结果表明，若想满足车质量累计90%以上货车的需求，典型货车载质量要在14t以上，如表4-9所示。

2006～2008年民用载货汽车累计占有率统计表　表4-9

车　型	荷　载	占有率(%)	累计占有率(%)
微型载货汽车	载质量≤1.8t	3.53	3.53
轻型载货汽车	1.8t<载质量≤6t	55.71	59.24
中型载货汽车	6t<载质量≤14t	23.02	82.26
其他	载质量>14t	17.74	100.00

私人汽车是指购买者是私人或个体；而与之对应的非私人汽车，是指购买者是实体性质的单位、公司、部队、企业等。私人汽车包含在民用汽车分类中。

2006～2008年私人汽车综合构成情况如表4-10和图4-3所示：

2006～2008年私人载客、货汽车综合构成分析表(单位：%)　表4-10

车　型		2006年		2007年		2008年		平　均	
载客	微型	78.65	11.43	81.11	9.42	82.85	8.07	81.15	9.42
	小型		64.32		69.47		72.86		69.45
	中型		2.42		1.95		0.00		1.94
	其他		0.48		0.28		1.91		0.99
载货	微型	21.35	1.43	18.89	0.96	17.15	0.67	18.85	0.97
	中型		4.69		3.87		3.33		3.87
	重型		2.77		2.41		2.11		2.39
	其他		12.46		11.65		11.05		11.63

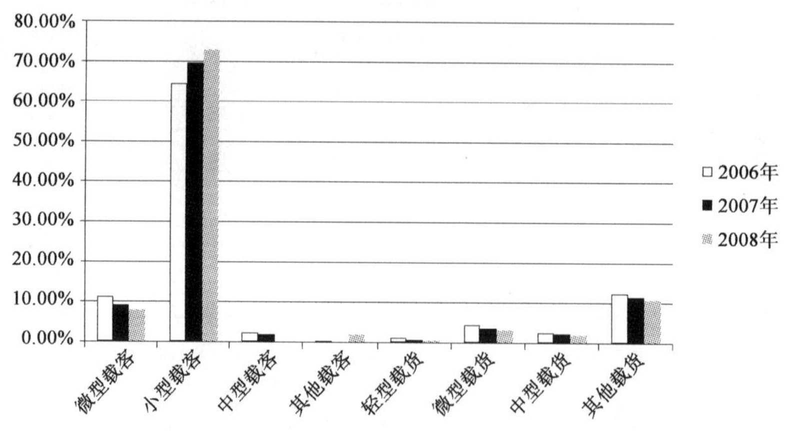

图4-3　2006～2008年私人载客、货汽车综合构成图

在私人汽车保有量中，小型载客车是主要的车型，比例在60%以上，且逐年呈增加的趋势；其次是其他载货车(以轻型车为主)，但逐年呈降低趋势；微型载客车、大型载客车、中型载货车等车型比例呈降低趋势。

对比私人汽车和民用汽车的比例分析情况，总体趋势一致，但私人汽车中的小汽车比例(60%)低于民用汽车中比例。

对私人载货汽车的车辆构成情况进行车质量累计分析，分析结果表明，若想满足车质量累计 90%以上货车的需求，典型货车载质量要在 14t 以上，如表 4-11 所示。

2006～2008 年私人载货汽车累计占有率统计表　　表 4-11

车　　型	荷　　载	占有率(%)	累计占有率(%)
微型载货汽车	载质量≤1.8t	5.14	5.14
中型载货汽车	6t＜载质量≤14t	20.52	25.66
重型载货汽车	载质量＞14t	12.67	38.34
其他		61.66	100.00

3. 基于公路交通量的数据分析

基于公路交通量的数据分析，按当前的交通量记录模式，分成传统车辆构成分析(包括车型收费标准，如一型车、二型车；普通划分标准，如小客车)和计重收费的车辆构成分析，其中计重收费的交通量主要是高速公路上货车的计重收费情况。

按项目实施初始划分的 8 个经济区进行传统交通量的收集工作，根据不同的公路特点和功能，分成高速公路和国省道两类进行交通量的收集。收集的，用于本项目交通构成分析的，所有公路信息整体信息情况如表 4-12 所示，一共收集了 10 个省的 32 条高速公路，26 条国道，146 条省道。

收集的用于分析的传统交通量公路信息列表　　表 4-12

道 路 等 级	省　　份	路线编号/名称	
高速公路	北京	—	八达岭高速公路居庸关观测站
	江苏	—	广靖高速
		—	京沪高速
		—	宁连高速
		—	宁通高速
		—	宁宿徐高速
		—	宁靖盐高速
		—	连徐高速
		—	汾灌高速
		—	京福高速
		—	宁淮高速天长段
		—	徐宿高速
		—	通启高速
		—	扬州绕城高速
		—	沿海高速
		—	宿淮盐高速
		—	宁淮高速淮安段
		—	宁淮高速南京北段
		—	徐州西北绕城高速
		—	苏通大桥

续上表

道路等级	省份	路线编号/名称	
高速公路	江苏	—	宁淮高速南京南段
		—	沪宁高速
	河南	G030	京港澳高速河南段
	安徽	G045	连云港—霍尔果斯
		G205	山海关—深圳
		G318	上海—聂拉木
		S104	巢二路
		S232	国主安庆连接线
	贵州	G050	重庆—湛江 崇溪河—都匀新寨
	新疆	—	乌奎高速公路 奎屯收费站
	广东	—	惠河高速
		—	粤赣高速
	辽宁	—	沈大高速
国道	北京	G110	莲花滩出/进京
		G108	北京—昆明
		G1092	北京—拉萨
		G1093	北京—拉萨
		G108	北京—昆明
		G108 辅线	北京—昆明
		G109	北京—拉萨
	山东	G104	北京—福州　冀鲁界—德州济南界
	河南	G107	京深线
	安徽	G045	连云港—霍尔果斯
		G104	北京—福州
		G105	北京—珠海
		G205	山海关—深圳
		G206	烟台—汕头
		G310	连云港—天水
		G311	徐峡线
		G312	上海—霍尔果斯
		G318	上海—聂拉木
	贵州	G050	重庆—湛江
		G065	上海—瑞丽
		G210	包头—南宁
		G320	上海—瑞丽

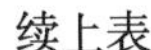

续上表

道路等级	省份	路线编号/名称	
国道	贵州	G321	广州—成都
		G324	福州—昆明
		G326	秀山—河口
	广东	G105	
	甘肃	G045	连云港—霍尔果斯(天谗公路)
省道	北京	S210	军温路
		S211	张马路
		S219	南雁路
		S209	石担路
		S210	军温路
		S219	南雁路
		S209	三石路
		S211	张马路
	山东	S1	济聊高速　济南德州界—德州聊城界
		S101	济南—德州　济南德州界—德州小高堤
	河南	S101	郑吴线
	安徽	S101	合肥—相城
		S102	合阜路
		S103	合黄路
		S104	巢二路
		S105	合马路
		S201	房村—固镇
		S202	萧淮路
		S203	淮六路
		S204	届临路
		S205	东冶路
		……	……
		S327	尧牛路
		S328	南临路
		S329	泗固路
		S331	西大陆
		S332	安九线
	贵州	S101	贵阳—罗甸
		S102	贵阳—烟堆山
		S104	云锦庄—开阳

续上表

道路等级	省份	路线编号/名称	
国道	贵州	S105	蟠桃宫—云关
		S106	花溪—磊庄
		S107	巴巴坳—修文
		S201	天星坡—鲇鱼铺
		S201	玉屏—铜仁
		S201	天星坡—鲇鱼铺
		S201	玉屏—铜仁
		S202	坪能—从江
		……	……
		S306	五里牌—甘巴哨
		S307	清镇—水城
		S307	清镇—水城
		S308	黎平—炉山
		S309	麻江—兴义
		S310	邦洞—三穗
		S311	星子界—展架
		S312	荔波—八渡
		S313	册亨—盘县
		S314	镇宁—水城

高速公路按收费车型进行划分，车型标准和具体规格如表4-13所示。

高速公路收费车型划分标准表 表4-13

类别	车型及规格	
	客车	货车
一型车	≤7座	≤2t
二型车	8～19座	2～5t(含5t)
三型车	20～39座	5～10t(含10t)
四型车	≥40	10～15t(含15t)
五型车		>15t

普通国省道按交通量统计车型进行划分，车型标准和具体规格如表4-14所示。

普通国省道车型划分标准表 表4-14

车型	荷载	车型	荷载
小型载货汽车	载质量≤2t	特大型载货汽车	载质量>14t
中型载货汽车	2t<载质量≤7t	拖挂车	
大型载货汽车	7t<载质量≤14t	集装箱车	

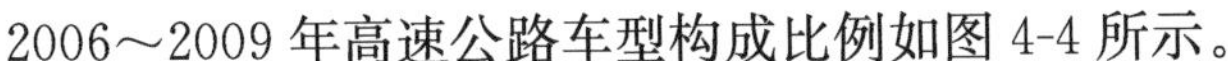
2006～2009 年高速公路车型构成比例如图 4-4 所示。

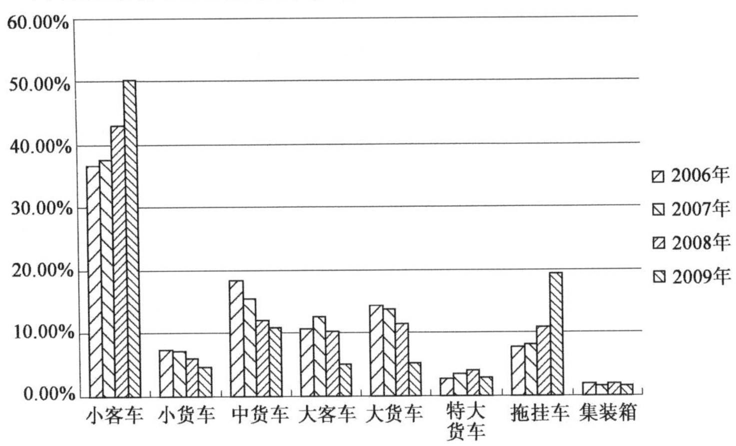

图 4-4　2006～2009 年高速公路车辆构成柱状图分析

分析结果表明，“十一五”期间高速公路上小客车比例逐年增加，且增速有加大的趋势，小货、中货、大货、大客车总体呈逐年下降趋势，特大货车、拖挂车总体呈上升趋势，集装箱变化不明显。

2006～2009 年间普通国省道车型构成比例如图 4-5 所示。

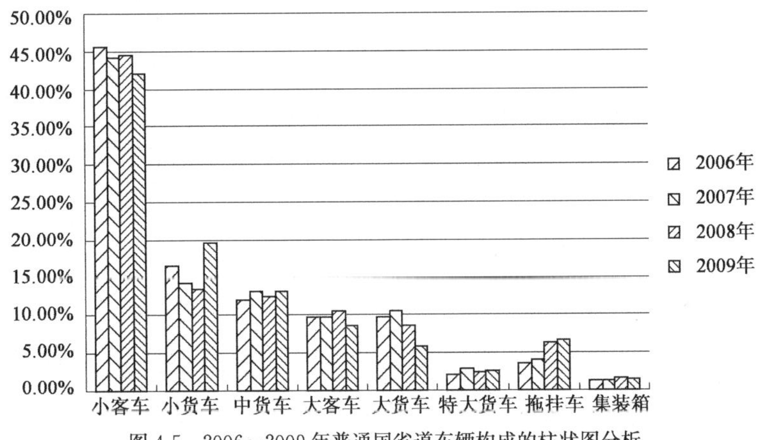

图 4-5　2006～2009 年普通国省道车辆构成的柱状图分析

分析结果表明，“十一五”期间国省道公路上小客车、小货车、大货车比例呈逐年降低趋势，而大客车、拖挂车、集装箱车呈逐年增加趋势，中货、特大货变化不大。

高速公路和普通国省道上各质量的汽车在交通流中的百分比和累积百分率如表 4-15 和表 4-16 所示。

高速公路车辆构成　　表 4-15

车　质　量	绝对百分比(%)	累积百分率(%)
≤2t	45.28	45.28
2～5t(含 5t)	7.55	52.83
5～10t(含 10t)	16.88	69.71
10～15t(含 15t)	6.35	76.06
>15t	23.94	100

普通国省道车辆构成　　表 4-16

车质量	绝对百分比(%)	累积百分率(%)
≤2t	58.48	58.48
2～7t(含 7t)	12.72	71.2
7～14t(含 14t)	17.35	88.55
＞14t	11.45	100

4. 综合分析

公路行驶车辆大体可分为客车和货车两种车型，根据载质量或载人数的不同，每种车型又可细分为小型车辆、中型车辆和大型车辆三种。碰撞车型确定以"最具代表性"和"最不利条件"为原则，应选取公路实际行驶车辆中车型构成比重较高的主流车型，同时应确保这种车型碰撞护栏时能够体现出护栏安全性能的最不利状态，从而确保在相应防撞等级各种车型碰撞时护栏的安全性能和可靠性。

综合上述分析，可得如下结论。

(1)近几年，小型客车的车辆总质量没有太大变化，小型客车检验车型总质量维持原规定的 1.5t 是合适的。

(2)对于大(中)型车辆，各等级公路的大(中)型货车构成比重均高于大(中)型客车。根据以往实车足尺碰撞试验和计算机仿真分析经验可知，相同车辆总质量的货车与客车相比，由于货车车体刚度大，碰撞力及对护栏的损坏程度远大于客车，因此货车碰撞护栏更能体现出护栏安全性能的最不利状态，因此护栏安全性能评价的大(中)型车辆选取大(中)型货车作为碰撞车型。

(3)车质量为 10t、14t 的大(中)型货车，在高速公路全部交通车辆中的车重累积百分率分别约为：70%和 75%，在普通国省道部交通车辆中的车质量累积百分率分别约为 80%和 90%。

二、标准碰撞角度研究

项目组收集了云、贵、川、渝 4 省市最近 3 年的国省道和部分高速公路交通事故资料，并收集了国内其他省市的国省道和高速公路事故资料，从中整理出路侧事故案例 300 余例，对云、贵、川、渝部分事故现场进行了调查，进行碰撞角度的分析。

事故案例 1：四川省 G213 仁寿至成都段 K1113＋500m 处，弯道下坡处车辆碰撞路侧钢筋混凝土防护墩，事故路段线形图及防护设施示意图如图 4-6 所示。

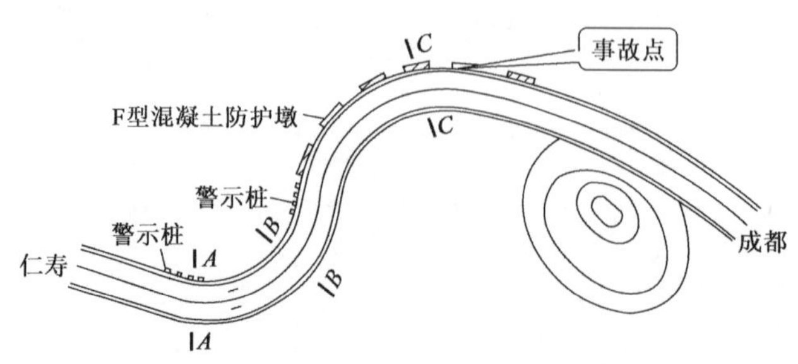

图 4-6　事故案例 1 路段线形示意图

根据现场测量的事故痕迹与道路边线形成的三角形边长，计算得碰撞角度为 19.82°。

事故案例 2：重庆市 G319 黔江至彭水段 K2058＋200m 处，弯道下坡处车辆碰撞路侧波形梁钢护栏，事故路段线形图及防护设施示意图如图 4-7 所示。

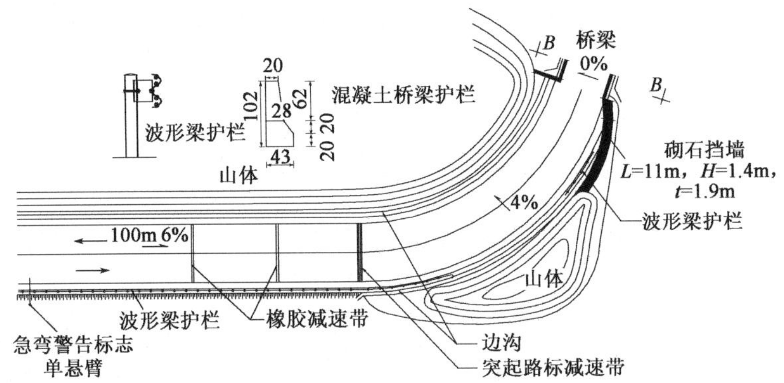

图 4-7　事故案例 2 路段线形平面图及防护设施示意图(尺寸单位：cm)

根据现场测量的事故痕迹与道路边线的曲线线形，计算得碰撞角度为 14°。

事故案例 3：重庆市省 G319 武隆至涪陵段 K2199＋936m 处，弯道处车辆驶出路侧撞边沟挡墙，事故路段线形平面图如图 4-8 所示。

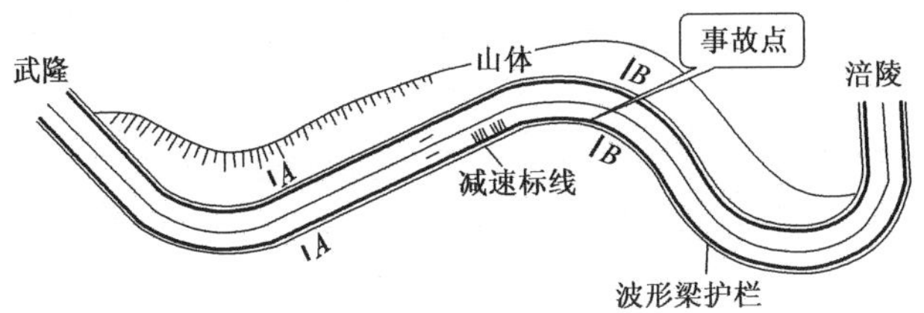

图 4-8　事故案例 3 路段线形平面图

根据现场测量的事故痕迹与道路边线的曲线线形，计算得碰撞角度为 18°。

综上分析，三起路侧事故的碰撞角度分别为 19.82°、14°、18°，碰撞角度均小于 20°。以上路侧事故案例包含了车辆碰撞护栏、碰撞路侧防护墩与驶出路侧撞边沟挡墙三个类别，比较具有典型性和代表性，对于山区路侧事故碰撞角度的分析有一定指导意义。实地调查中还收集到一些车辆驶出路侧或碰撞路侧护栏的事故或车辆痕迹，见图 4-9。

以上事故多为急弯下坡路段，由于雨天路滑致使车辆驶出路侧，经测量碰撞角度范围为 12°～20°。

表 4-17 为我国几条高速公路事故车辆碰撞护栏角度的调查数据，调查结果显示，我国高速公路事故碰撞角度在 20°以下的车辆占 83％。

对山区国省道和高速公路碰撞护栏事故碰撞角度的统计分析，如图 4-10 和图 4-11 所示。

由上述分析可见，山区国省道车辆碰撞护栏的角度平均值约为 17°，20°碰撞角的累计百分比为 83％左右。高速公路角度平均值约为 13°，20°碰撞角的累计百分比为 90％左右。我国现行规范《公路交通安全设施设计规范》(JTG D81—2006)在确定高速公路护栏防撞性能的碰撞条件时，规定碰撞角度为 20°。结合山区路侧事故案例碰撞角度分析与高速公路碰撞角度资料分析，仍可选择山区公路路侧护栏碰撞角度为 20°。

图 4-9　国省道上车辆驶出路外痕迹示意图

高速公路碰撞角度特征统计量汇总表 表 4-17

线 路	N(个)	θ_{max}(°)	θ_{min}(°)	$E(\theta)$(°)	P_{15}	P_{20}
济青高速	59	29.4	3.7	12.1	70%	89%
京福高速(山东段)	23	45.1	2.9	14.5	57%	83%
京津塘高速	41	30.4	4.3	12.4	76%	88%
京石高速	71	43.8	2.9	13.3	63%	86%
石太高速	46	33.7	3.4	11.2	83%	89%
京沈高速	54	41.8	5.7	17.1	56%	75%
沈大高速	53	34.9	2.8	15.5	53%	81%
福泉厦漳高速	40	30.4	3.1	15.6	55%	70%
沪宁	13	22.2	4.2	14.4	39%	85%
总体	400	45.1	2.8	13.9	63.5	83%

注:N为样本观测值数量;θ_{max}为样本观测最大值;θ_{min}为样本观测最小值;$E(\theta)$为样本观测平均值;P_{15}为观测值为15°(包括15°)。以下样本数占样本总数的比例;P_{20}为观测值为20°(包括20°)以下样本数占样本总数的比例。

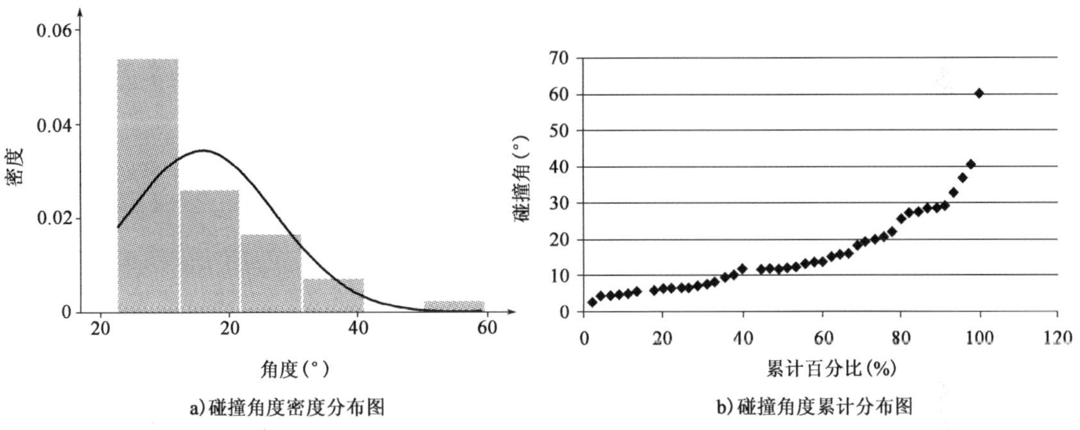

a)碰撞角度密度分布图 b)碰撞角度累计分布图

图 4-10 山区国省道碰撞角度统计分析图

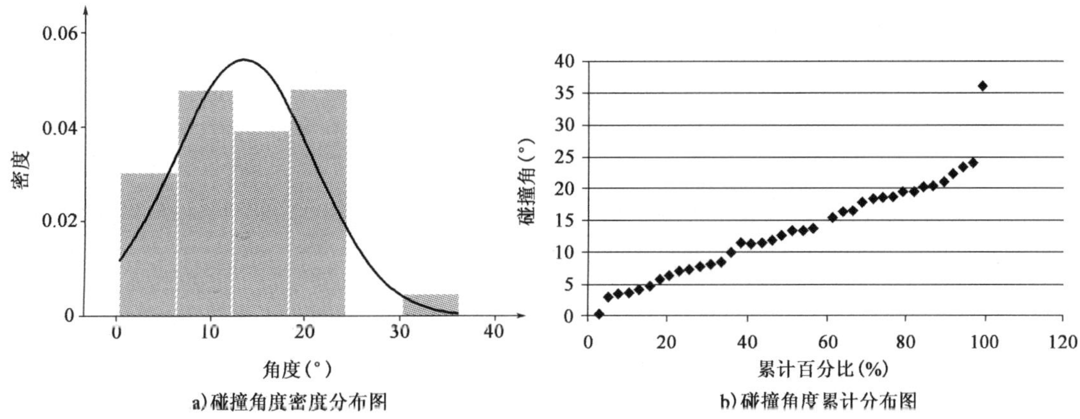

a)碰撞角度密度分布图 b)碰撞角度累计分布图

图 4-11 高速公路碰撞角度统计分析图

三、标准碰撞速度研究

碰撞速度的确定方法为：当某一种车型的运行速度高于最高限速时，以最高限速的 0.8 倍考虑；当某一种车型的运行速度低于最高限速时，以运行速度的 0.8 倍考虑。

为确定高速公路车辆的实际运行速度，选择了非常有代表性的两条高速公路为观测对象，分别代表山区高速公路和平原区高速公路，观测了一般平直路段和长下坡路段车辆的运行速度。观测时天气晴朗，交通流基本呈自由流运行状态。

1. 高速公路平直路段车辆运行速度观测

平直路段各车型运行速度观测统计结果如表 4-18～表 4-24 和图 4-12～图 4-25 所示。

平直路段小客车运行速度观测结果　　表 4-18

项　　目	速度(km/h)	项　　目	速度(km/h)
最大观测值	138	平均速度	95.4
最小观测值	60	85%位速度	114

平直路段大客车运行速度观测结果　　表 4-19

项　　目	速度(km/h)	项　　目	速度(km/h)
最大观测值	115	平均速度	82.7
最小观测值	45	85%位速度	97.7

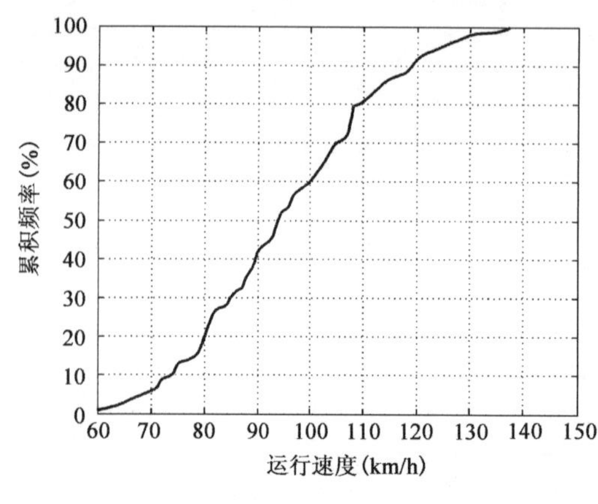

图 4-12　平直路段小客车运行速度累积频率分布图

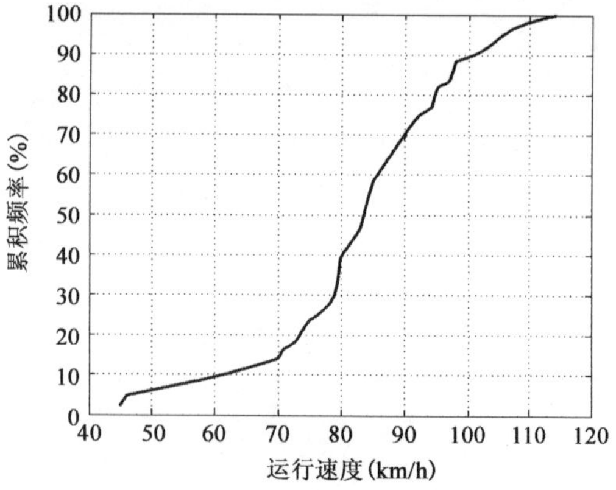

图 4-13　平直路段大客车运行速度累积频率分布图

平直路段二轴货车运行速度观测结果　　表 4-20

项　　目	速度(km/h)	项　　目	速度(km/h)
最大观测值	93	平均速度	67
最小观测值	36	85%位速度	79.7

平直路段三轴货车运行速度观测结果　　　　表 4-21

项　　目	速度(km/h)	项　　目	速度(km/h)
最大观测值	112	平均速度	66.5
最小观测值	32	85%位速度	79.3

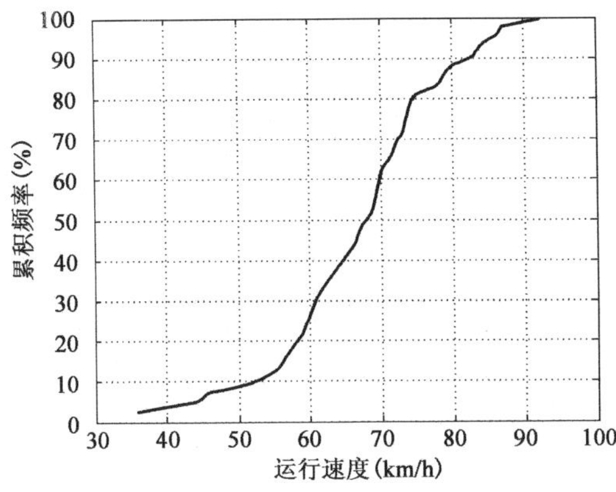

图 4-14　平直路段二轴货车运行速度累积频率分布图

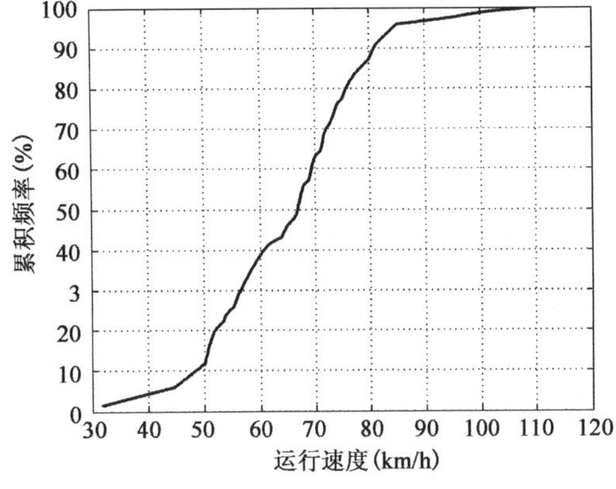

图 4-15　平直路段三轴货车运行速度累积频率分布图

平直路段四轴货车运行速度观测结果　　　　表 4-22

项　　目	速度(km/h)	项　　目	速度(km/h)
最大观测值	83	平均速度	62.5
最小观测值	30	85%位速度	75.4

平直路段五轴货车运行速度观测结果　　　　表 4-23

项　　目	速度(km/h)	项　　目	速度(km/h)
最大观测值	96	平均速度	69.2
最小观测值	48	85%位速度	79.6

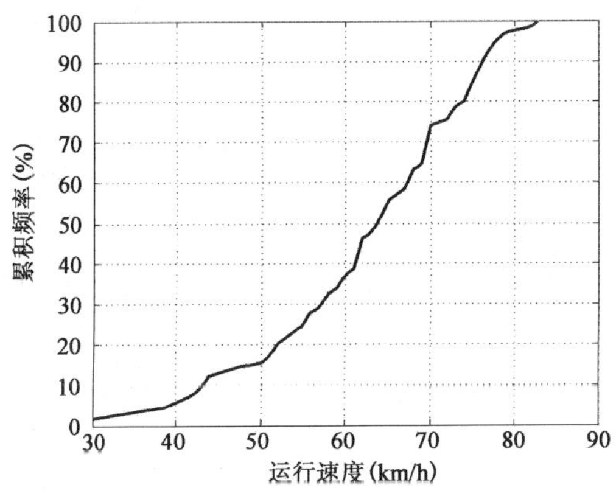

图 4-16　平直路段四轴货车运行速度累积频率分布图

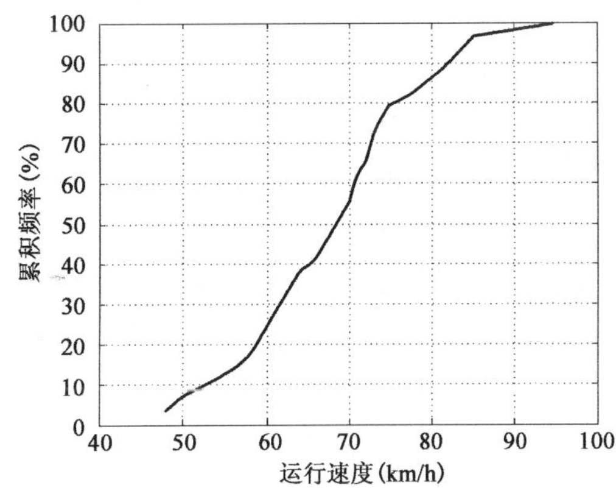

图 4-17　平直路段五轴货车运行速度累积频率分布图

平直路段六轴货车运行速度观测结果　　表 4-24

项　目	速度(km/h)	项　目	速度(km/h)
最大观测值	117	平均速度	68.8
最小观测值	38	85%位速度	78

从上述数据可见:一般平直路段小客车车速较高,85%位速度在 114km/h 左右;大客车运行速度也较高,85%位速度在 97.7km/h 左右;二～六轴大货车的运行速度情况较为接近,平均速度都在 70km/h 左右,85%位速度都在 80km/h 左右。

2.高速公路长下坡路段车辆运行速度观测

(1)连续长下坡坡顶运行速度观测数据如表 4-25～表 4-31 和图 4-19～图 4-24 所示。

连续长下坡坡顶小客车运行速度观测结果　　表 4-25

项　目	速度(km/h)	项　目	速度(km/h)
最大观测值	123	平均速度	80
最小观测值	46	85%位速度	95.1

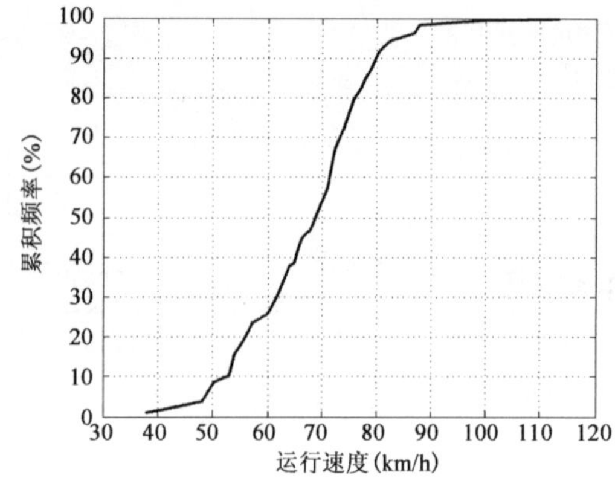

图 4-18　平直路段六轴货车运行速度累积频率分布图

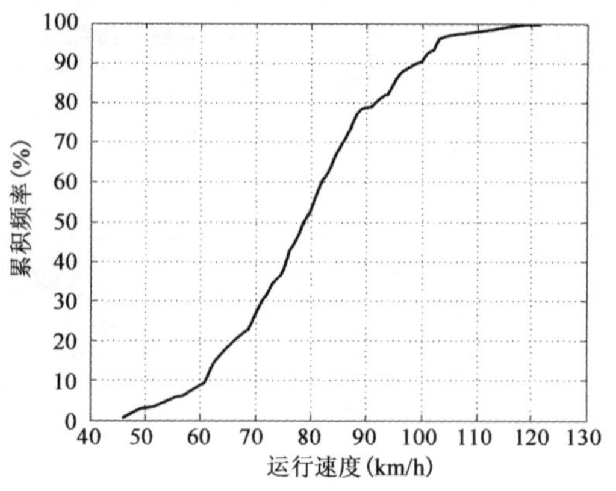

图 4-19　连续长下坡坡顶小客车运行速度累积频率分布图

连续长下坡坡顶大客车运行速度观测结果　　表 4-26

项　目	速度(km/h)	项　目	速度(km/h)
最大观测值	85	平均速度	61.7
最小观测值	33	85%位速度	76

连续长下坡坡顶二轴货车运行速度观测结果　　表 4-27

项　目	速度(km/h)	项　目	速度(km/h)
最大观测值	84	平均速度	49.4
最小观测值	21	85%位速度	64

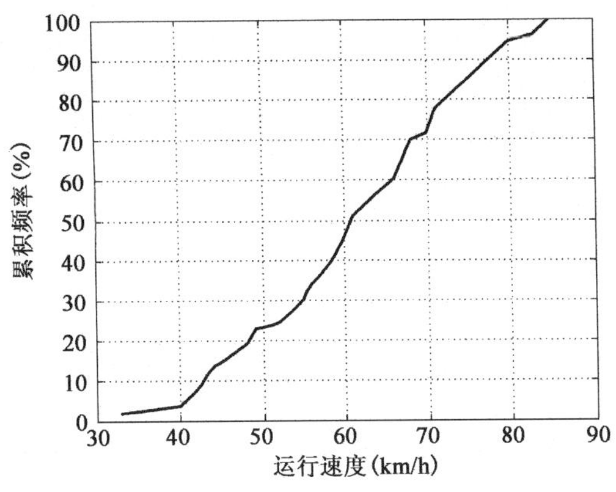

图 4-20　连续长下坡坡顶大客车运行速度累积频率分布图

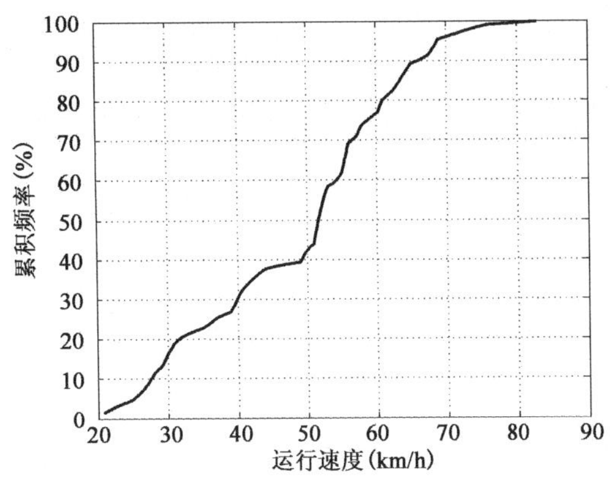

图 4-21　连续长下坡坡顶二轴货车运行速度累积频率分布图

连续长下坡坡顶三轴货车运行速度观测结果　　表 4-28

项　　目	速度(km/h)	项　　目	速度(km/h)
最大观测值	72	平均速度	46.7
最小观测值	12	85%位速度	59.6

连续长下坡坡顶四轴货车运行速度观测结果　　表 4-29

项　　目	速度(km/h)	项　　目	速度(km/h)
最大观测值	60	平均速度	43.5
最小观测值	25	85%位速度	52.9

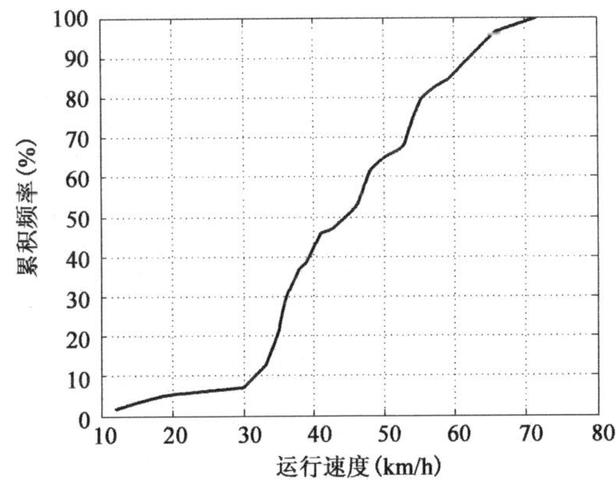

图 4-22　连续长下坡坡顶三轴货车运行速度累积频率分布图

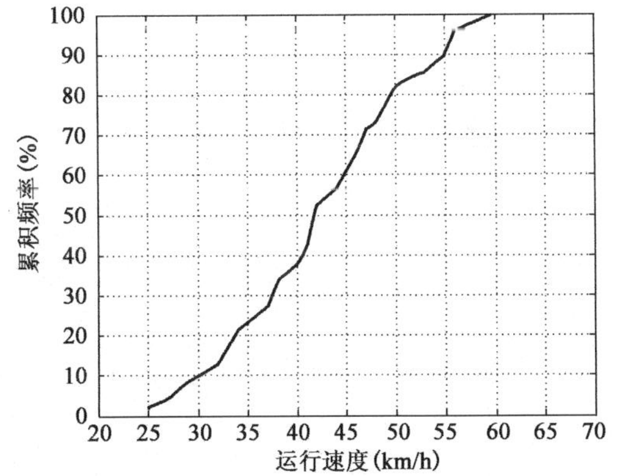

图 4-23　连续长下坡坡顶四轴货车运行速度累积频率分布图

连续长下坡坡顶五轴货车运行速度观测结果　　表 4-30

项　　目	速度(km/h)	项　　目	速度(km/h)
最大观测值	61	平均速度	40
最小观测值	27	85%位速度	48

连续长下坡坡顶六轴货车运行速度观测结果　　表 4-31

项　　目	速度(km/h)	项　　目	速度(km/h)
最大观测值	57	平均速度	40.4
最小观测值	21	85%位速度	48

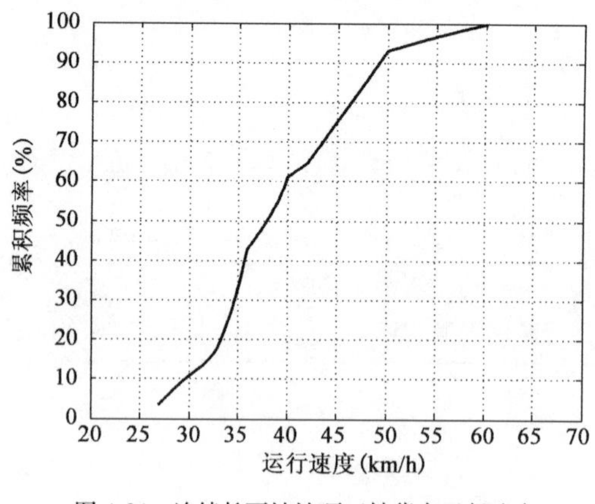

图 4-24　连续长下坡坡顶五轴货车运行速度累积频率分布图

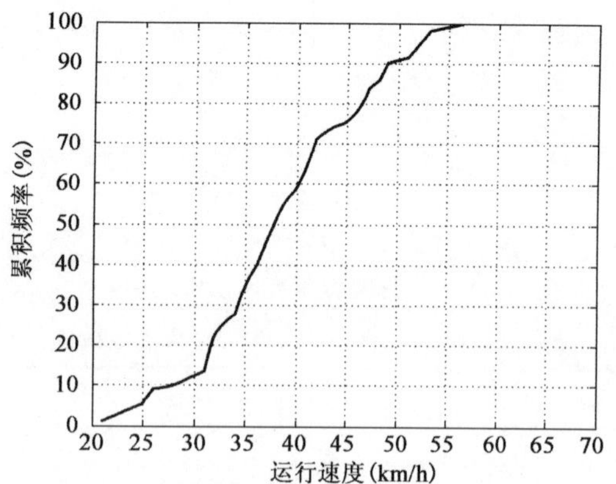

图 4-25　连续长下坡坡顶六轴货车运行速度累积频率分布图

由上述数据可见，在长下坡坡顶，车辆运行速度相对较低，小客车 85%位速度在 95.1km/h左右，大客车 85%位速度在 76km/h 左右。大型货车随着轴数的增加，其坡顶运行速度呈降低趋势，二～六轴大型货车坡顶 85%位速度分别为 64km/h、59.6km/h、52.9km/h、48km/h 和 48km/h。上述数据均远低于一般平直路段相应数据。

(2)连续长下坡坡底运行速度观测数据如表 4-32～表 4-38 和图 4-26～图 4-32 所示。

连续长下坡坡底小客车运行速度观测结果　　表 4-32

项　　目	速度(km/h)	项　　目	速度(km/h)
最大观测值	156	平均速度	97.6
最小观测值	56	85%位速度	119

连续长下坡坡底大客车运行速度观测结果　　表 4-33

项　　目	速度(km/h)	项　　目	速度(km/h)
最大观测值	114	平均速度	86.8
最小观测值	60	85%位速度	97

连续长下坡坡底二轴货车运行速度观测结果　　表 4-34

项　　目	速度(km/h)	项　　目	速度(km/h)
最大观测值	91	平均速度	71.7
最小观测值	30	85%位速度	81.6

连续长下坡坡底三轴货车运行速度观测结果 表 4-35

项　　目	速度(km/h)	项　　目	速度(km/h)
最大观测值	100	平均速度	71.3
最小观测值	45	85%位速度	83

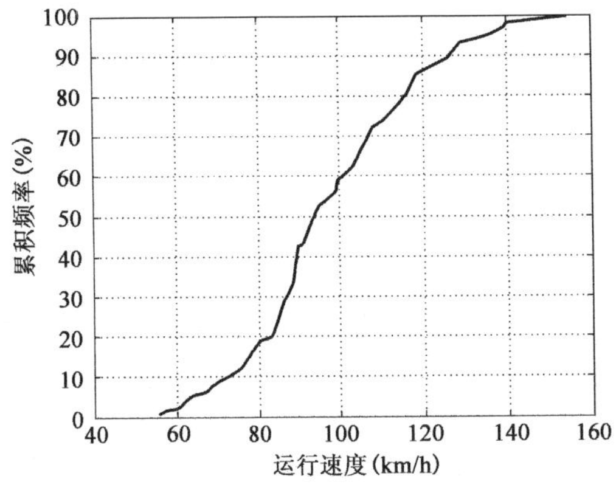

图 4-26　连续长下坡坡底小客车运行速度累积频率分布图

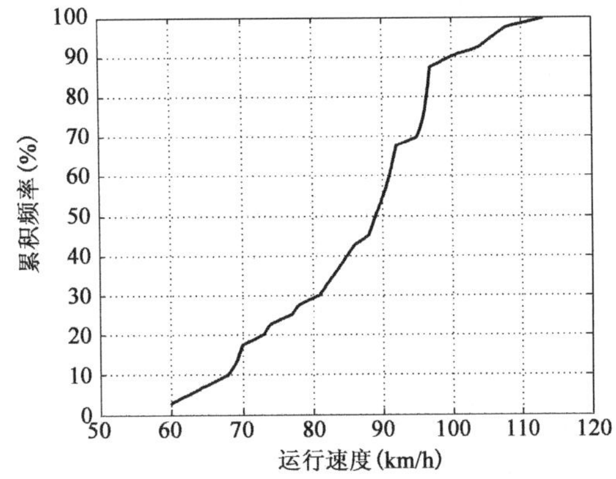

图 4-27　连续长下坡坡底大客车运行速度累积频率分布图

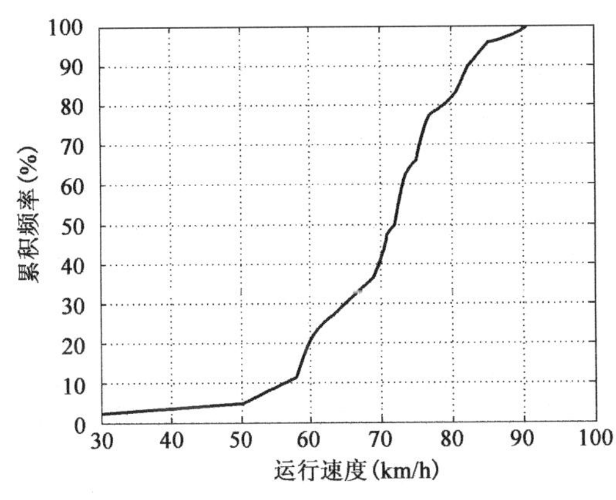

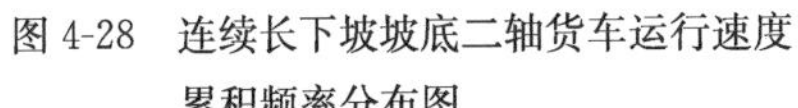

图 4-28　连续长下坡坡底二轴货车运行速度累积频率分布图

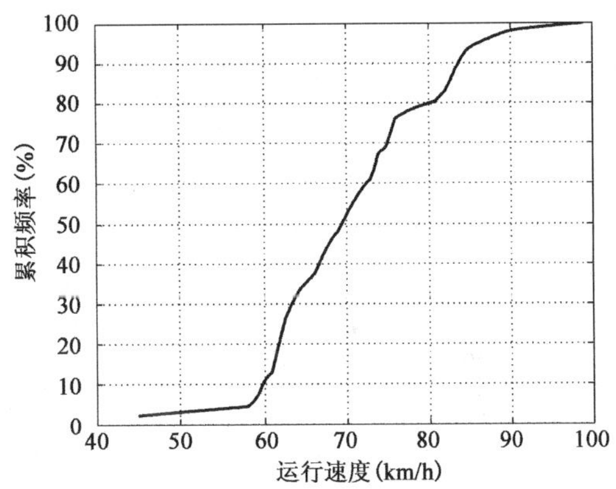

图 4-29　连续长下坡坡底三轴货车运行速度累积频率分布图

连续长下坡坡底四轴货车运行速度观测结果 表 4-36

项　　目	速度(km/h)	项　　目	速度(km/h)
最大观测值	97	平均速度	67.8
最小观测值	37	85%位速度	75

连续长下坡坡底五轴货车运行速度观测结果 表 4-37

项　　目	速度(km/h)	项　　目	速度(km/h)
最大观测值	93	平均速度	75.2
最小观测值	53	85%位速度	84.6

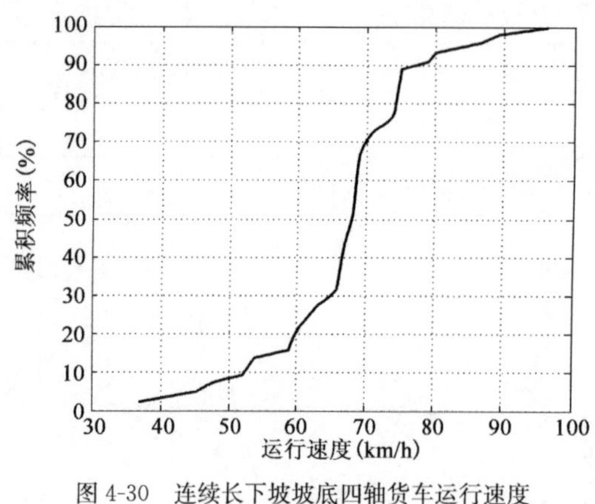

图 4-30 连续长下坡坡底四轴货车运行速度累积频率分布图

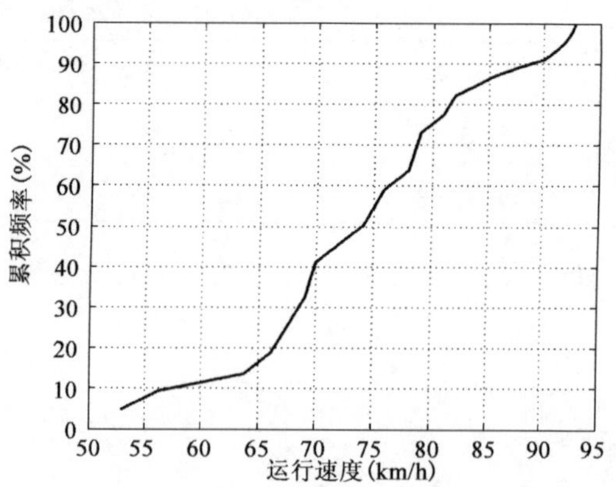

图 4-31 连续长下坡坡底五轴货车运行速度累积频率分布图

连续长下坡坡底六轴货车运行速度观测结果　　表 4-38

项　目	速度(km/h)	项　目	速度(km/h)
最大观测值	105	平均速度	75.2
最小观测值	30	85%位速度	85

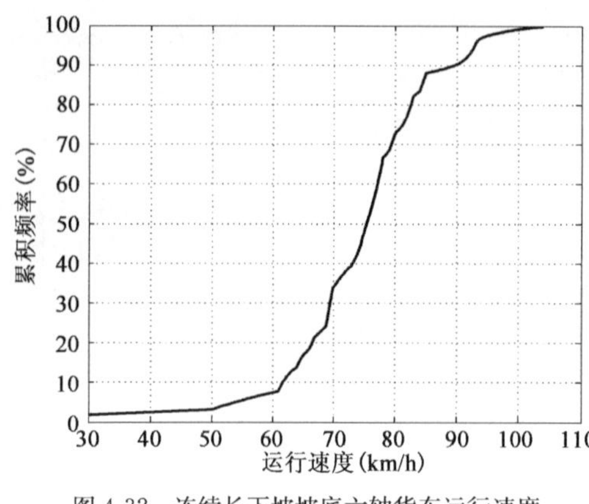

图 4-32 连续长下坡坡底六轴货车运行速度累积频率分布图

由上述数据可见，在连续长下坡的坡底，小客车的85%位速度为119km/h，大客车的85%位速度为97km/h，大货车的运行速度较为接近，85%位速度都位于85km/h以下。上述数据均略高于一般平直路段相应数据。

A级～SS级护栏主要用于高速公路和一级公路，根据运行速度调查结果，小型客车碰撞速度维持100km/h的规定是合适的；由于防撞等级B级(70kJ)主要用于二级～四级公路，而二级～四级公路小型客车运行速度分别为71.7km/h、56.2km/h、53.3km/h，基于安全考虑，防撞等级B级(70kJ)小型客车的碰撞速度规定为80km/h。

根据车辆总质量、碰撞角度以及相应防撞等级的碰撞能量，结合运行速度实地调查结果，10t中型货车的碰撞速度规定为40km/h、60km/h、80km/h，14t中型货车和18t大型货车的碰撞速度规定为80km/h，30t整体式货车的碰撞速度规定为70km/h，55t鞍式列车的碰撞速度规定为60km/h。

四、护栏安全性能评价标准条件

总结上述研究，可以将护栏的防撞等级按照碰撞能量大小划分为六个等级，各等级的碰撞条件规定如表4-39所示。

护栏防撞等级和碰撞条件　　表 4-39

防撞等级	代码	碰撞条件					
		碰撞能量(kJ)	碰撞车型		车辆总质量(t)	碰撞速度(km/h)	碰撞角度(°)
一级	B	≥70	小型客车		1.5	80	20
			中型货车		10	40	20
二级	A	≥160	小型客车		1.5	100	20
			中型货车		10	60	20
三级	SB	≥280	小型客车		1.5	100	20
			中型货车		10	80	20
四级	SA	≥400	小型客车		1.5	100	20
			中型货车		14	80	20
五级	SS	≥520	小型客车		1.5	100	20
			大型货车		18	80	20
六级	SH	≥640	小型客车		1.5	100	20
			大型货车	整体式货车	30	70	20
				鞍式列车	55	60	20

注：表中六级防撞等级的大型货车应根据路段实际主流车型选择其中的整体式货车或鞍式列车作为碰撞车型。在综合分析公路路况、交通和环境条件的基础上，需要采用不同于本标准规定的防撞等级或碰撞条件的护栏时，应进行特殊设计。

第三节　端头和防撞垫的碰撞条件

我国现行标准规范对护栏端头和防撞垫均无具体的防撞等级和安全性能指标要求，现行规范中给出的护栏端头和防撞垫均未经过安全性能评价，存在一定的安全隐患。

根据交通事故调查资料，护栏端头和防撞垫的事故类型主要有：小型客车碰撞波形梁护栏端头时，护栏板插入乘员仓导致乘员伤亡；小型客车碰撞混凝土护栏端头时，由于车体加速度过大、乘员仓变形严重，导致乘员伤亡；防撞桶虽然有一定的缓冲作用，但还不能满足安全防护失控车辆的要求，小型客车碰撞防撞桶后与其他行驶车辆碰撞，导致二次事故。

针对上述使用现状，对护栏端头和防撞垫的安全性能和防撞等级提出了具体要求。

护栏端头和防撞垫的防撞等级、碰撞类型和碰撞条件主要借鉴欧盟《护栏端头及过渡段的性能等级、碰撞试验评价标准和测试方法》(2002 年，DD ENV 1317-4:2002)以及《道路防护系统(3)：防撞垫的性能等级、碰撞试验评价标准和测试方法》(2010 年，BS EN 1317-3:2010)，并结合我国的护栏端头和防撞垫交通事故调查资料制订。

欧盟 DD ENV 1317-4:2002 规定的护栏端头防撞等级、碰撞类型和碰撞条件如表 4-40 所示。根据交通事故调查资料，对护栏下游端头进行简单构造处理即可，不必对其防撞等级和安全性能做具体要求，因此本研究取消下游端头以及对应的碰撞条件(以碰撞角度 165°侧碰 $L/2$ 处)，护栏端头均指上游端头；根据我国交通流调查结果，本研究对车辆总质量、碰撞速度以及侧碰的碰撞角度进行修正。

护栏端头的防撞等级和碰撞条件(欧盟 DD ENV 1317-4:2002)　　表 4-40

防撞等级	护栏端头设置位置		试验				
			车辆路径	车辆路径标号	车辆总质量(kg)	碰撞速度(km/h)	碰撞试验
P1	A		与前端中心偏离 1/4 车辆总宽偏碰	2	900	80	TT2.1.80
P2	A	U	与前端中心偏离 1/4 车辆总宽偏碰	2	900	80	TT2.1.80
			以碰撞角度 15°侧碰 2L/3 处	4	1 300	80	TT4.2.80
		D	以碰撞角度 165°侧碰 L/2 处	5	900	80	TT5.1.80
P3	A	U	与前端中心偏离 1/4 车辆总宽偏碰	2	900	100	TT2.1.100
			与前端中心正碰	1	1 300	100	TT1.2.100
			以碰撞角度 15°侧碰 2L/3 处	4	1 300	100	TT4.2.100
		D	以碰撞角度 165°侧碰 L/2 处	5	900	100	TT5.1.100
P4	A	U	与前端中心偏离 1/4 车辆总宽偏碰	2	900	100	TT2.1.100
			与前端中心正碰	1	1 500	110	TT1.3.110
			以碰撞角度 15°侧碰 2L/3 处	4	1 500	110	TT4.3.110
		D	以碰撞角度 165°侧碰 L/2 处	5	900	100	TT5.1.100

注:1."护栏端头设置位置"一栏中:"U"表示车辆行驶方向上游位置的端头;"D"表示车辆行驶方向下游位置的端头;"A"表示上游和下游位置均可使用的端头。

2.碰撞试验代码的含义:以 TT1.2.100 为例:

TT	1	2	100
端头试验	车辆路径	车辆总质量	碰撞速度

3.以下条件不适用于车辆路径 5 的碰撞试验:对于外展式端头,在相应的碰撞点位置,车辆路径与端头迎撞面的夹角小于 5°。

欧盟 BS EN 1317-3:2010 规定的防撞垫防撞等级和碰撞条件如下表 4-41 和表 4-42 所示,防撞垫碰撞试验车辆路径(欧盟 BS EN 1317-3:2010)如图 4-33 所示。其中,反方向侧碰(以碰撞角度 165°侧碰 2L/3 处)主要针对高速公路出口处的防撞垫,而我国在此处一般不设置防撞垫,因此本研究的碰撞类型中取消此碰撞类型;根据我国交通流调查结果,本研究对车辆总质量、碰撞速度以及侧碰的碰撞角度进行修正;取消非导向防撞垫,本标准中的防撞垫均指可导向防撞垫。

防撞垫的防撞等级(欧盟 BS EN 1317-3:2010)　　表 4-41

防撞等级	碰撞试验					
50	TC 1.1.50	—	—	—	TC 4.2.50*	—
80/1	—	TC 1.2.80	TC 2.1.80	—	TC 4.2.80*	—
80	TC 1.1.80	TC 1.2.80	TC 2.1.80	TC 3.2.80	TC 4.2.80*	TC 5.2.80*
100	TC 1.1.100	TC 1.2.100	TC 2.1.100	TC 3.2.100	TC 4.2.100*	TC 5.2.100*
110	TC 1.1.100	TC 1.3.110	TC 2.1.100	TC 3.3.110	TC 4.3.110*	TC 5.3.110*

注:*号表示只适用于可导向防撞垫。

防撞垫的碰撞条件(欧盟 BS EN 1317-3:2010)　　表 4-42

碰撞试验	车辆路径	车辆总质量(kg)	碰撞速度(km/h)	图 4-33 中的车辆路径标号
TC 1.1.50	与前端中心正碰	900	50	1
TC 1.1.80		900	80	
TC 1.1.100		900	100	
TC 1.2.80		1 300	80	1
TC 1.2.100			100	
TC 1.3.110		1 500	110	1
TC 2.1.80	与中心线偏离 1/4 车辆总宽偏碰	900*	80	2
TC 2.1.100			100	
TC 3.2.80	以碰撞角度 15° 斜碰前端中心	1 300	80	3
TC 3.2.100		1 300	100	
TC 3.3.110		1 500	110	
TC 4.2.50	以碰撞角度 15° 侧碰 $L/3$ 处	1 300	50	4
TC 4.2.80		1 300	80	
TC 4.2.100		1 300	100	
TC 4.2.110		1 500	110	
TC 5.2.80	以碰撞角度 165° 侧碰 $L/2$ 处	1 300	80	5
TC 5.2.100		1 300	100	
TC 5.3.110		1 500	110	

注:1. 碰撞试验代码的含义:

TC	1	2	80
防撞垫试验	车辆路径	车辆总质量	碰撞速度

2. 带 * 号数据表示,在该试验中,假人应放在离防撞垫中心线更远的位置。

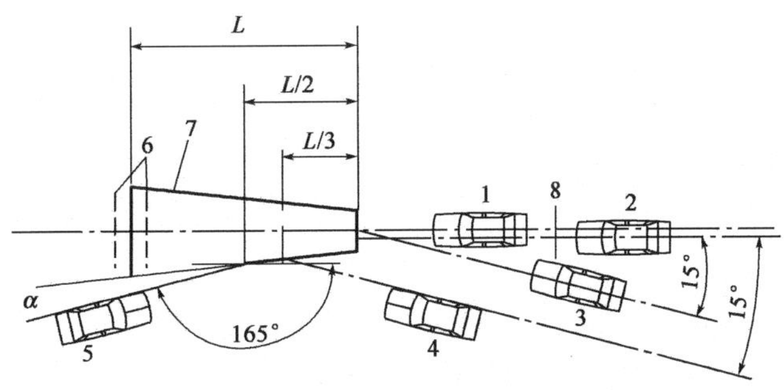

图 4-33　防撞垫碰撞试验车辆路径(欧盟 BS EN 1317-3:2010)

1～5-车辆路径;6-障碍物前端的可选位置;7-防撞垫;8-1/4 车辆总宽

由上述研究确定我国标准中护栏端头和防撞垫的防撞等级,划分为二个等级,各等级的碰撞条件规定如表 4-43 所示,碰撞类型规定如图 4-34 所示。

护栏端头和防撞垫的防撞等级和碰撞条件　　表 4-43

防撞等级	代　码	碰撞条件				
		碰撞类型	碰撞车型	车辆总质量(t)	碰撞速度(km/h)	碰撞角度(°)
A	TC1	正碰	小型客车	1.5	60	0
		斜碰				15
		偏碰				0
		侧碰				20
B	TC2	正碰	小型客车	1.5	80	0
		斜碰				15
		偏碰				0
		侧碰				20
C	TC3	正碰	小型客车	1.5	100	0
		斜碰				15
		偏碰				0
		侧碰				20

注：非导向防撞垫可不进行侧碰试验。

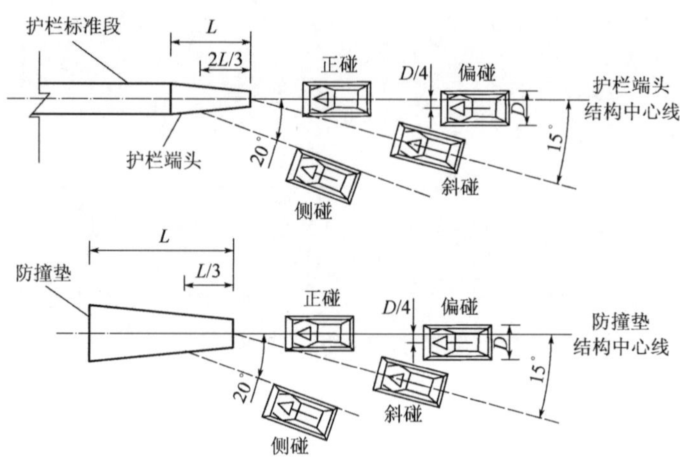

图 4-34　护栏端头和防撞垫的碰撞类型

第四节　护栏过渡段的防撞等级

我国现行标准规范中对护栏过渡段没有具体的防撞等级和安全性能指标要求，规范中给出的护栏过渡段设计均未经过安全性能评价。

在实际过渡段设计中，构造上虽进行平滑衔接以及刚度过渡处理，但防撞等级和安全性能未知。实际应用中存在的问题包括：连接薄弱导致护栏的防护能力不连续，不能有效阻挡车辆的穿越；刚度过渡不当导致车辆绊阻，乘员冲击过大。本研究将护栏一般段和过渡段定义了相同的防撞等级。

第五章　路侧安全处置技术研究

第一节　路侧防护条件的确定

本章研究确定路侧护栏的防撞等级与路侧安全性等级之间的对应关系，为路侧安全防护设施的设计提供参考。

护栏基本防护能量按式(5-1)计算。

$$w_0 = \frac{m_s \times (0.8 \times v_{85})^2 \times \sin^2\alpha}{2} \tag{5-1}$$

式中：w_0——基本防护能量(kJ)；

m_s——车型累计频率曲线第 s 位车型的质量(t)；

v_{85}——各路段 85%位运行速度(m/s)；

系数 0.8——车辆的碰撞速度对应运行速度的折减系数；

α——碰撞角度，取 20°。

各类车型作为计算基本防护能量的车型时，其质量见表 5-1。

计算基本防护能量车型质量表　　表 5-1

车 型 分 类	车型总质量(t)	车 型 分 类	车型总质量(t)
小客车	1.5	二轴货车	10
中型货车	7	三轴货车	30
大客车	10	四轴货车	40
大客车	14	五轴及以上货车及拖挂、集装箱、鞍式货车	55
大客车	18	—	—

根据各路段的安全保障水平，确定路侧基本防护能量，根据表 5-2 确定相应的护栏基本防撞等级。

护栏基本防撞等级的防护能量　　表 5-2

基本防护能量(kJ)	基本防撞等级	基本防护能量(kJ)	基本防撞等级
<70kJ	70kJ(B 级)	280～400kJ	400kJ(SA 级)
70～160kJ	160kJ(A 级)	400～520kJ	520kJ(SS 级)
160～280kJ	280kJ(SB 级)	—	—

首先建立安全保障水平的概念。所谓安全保障水平是指路段上设置的防护设施能够有效防护的事故车辆，占全部潜在事故车辆(也就是路上所有的交通量)的比例。

按照第三章建立的路侧安全度分级标准，参照国外关于路侧安全设施设置投入产出比的分析，建议我国公路路侧安全度等级与护栏对路段的安全保障水平采用表5-3所示的数值。

路侧安全等级与护栏安全保障水平对应关系 表5-3

路侧安全等级	特征和事故后果描述	护栏安全保障水平
Ⅰ级	线形较缓，坡度不大，路侧有较充足的净区宽度，净区宽度一般能达到3.5m以上，路侧危险物伤害指数较小（碰撞加速度严重指数ASI<1.0），边坡不高，一般低于1.5m，坡度较缓，车辆驶出后可以自己驶回公路，发生碰撞事故和翻车事故的可能性很小	无需设置防护设施
Ⅱ级	线形较缓，坡度不大，路侧净区宽度能达到2.5m以上，路侧存在少量、零散障碍物，如：树木、示警桩、标志标杆，距离行车道外边缘较近范围内也可能存在边沟、挡墙、岩壁等连续的危险物，危险物指数较高（1<碰撞加速度严重指数ASI<1.9），有一定边坡，一般不超过3.5m，边坡坡度陡于1:3，车辆驶出后不能驶回公路，冲出路外车辆一般能够得到有效控制，与障碍物碰撞的可能性较小，发生翻车事故的概率也不大。或者路侧障碍物条件与Ⅰ级相差不大，但是有一定影响的线形和坡度的情况	70%
Ⅲ级	路侧净区宽度较小，通常最大不超过2.5m，路侧深度最大可达7.5m，或者距离行车道外边缘很近的范围内存在宽大边沟、房屋、坚硬岩壁等，障碍物危险指数高（1.9<碰撞加速度严重指数ASI<2.64），车辆驶出路外后，能导致伤亡事故。或者路侧障碍物条件与Ⅱ级相差不大，但是有较大影响的线形和坡度的情况	80%
Ⅳ级	路侧净区宽度通常小于1.5m，路侧地形条件多为陡崖、深沟、高度大于7.5m的填方边坡或路肩挡墙，或者距离行车道外边缘很近的范围内有河流、湖泊、铁路线，路侧危险指数很大（碰撞加速度严重指数ASI>2.64），车辆驶出路外后，易导致重大、特大事故。或者路侧障碍物条件与Ⅱ、Ⅲ级相差不大，但是有不良的线形和坡度的情况	90%

根据表5-3，按照前文第四章调查获得的典型碰撞条件，分别获得高速公路和普通国省道路段基本防护能量需求如表5-4所示。

高速公路路段基本防护能量 表5-4

路侧安全等级	护栏安全保障水平	事故车辆碰撞条件			基本防护能量(kJ)
		典型车重(t)	碰撞速度(km/h)	碰撞角度(°)	
Ⅰ级	无需防护	—	—	—	—
Ⅱ级	70%	10	80	20	280
Ⅲ级	80%	14	80		400
Ⅳ级	90%	—	—		≥520

普通国省道路段基本防护能量 表5-5

路侧安全等级	护栏安全保障水平	事故车辆碰撞条件			基本防护能量(kJ)
		典型车重(t)	碰撞速度(km/h)	碰撞角度(°)	
Ⅰ级	无需防护	—	—	—	—
Ⅱ级	70%	7	45	20	64
Ⅲ级	80%	10	50		113
Ⅳ级	90%	14	50		≥160

综合上表5-2～表5-5，获得我国高速公路和普通国省道路侧护栏设置条件，如表5-6所示。

高速公路与普通国省道路侧护栏设置条件　　表5-6

路侧安全等级	特征和事故后果描述	护栏安全保障水平	应设护栏等级	
			高速公路	普通国省道
Ⅰ级	线形较缓，坡度不大，路侧有较充足的净区宽度，净区宽度一般能达到3.5m以上，路侧危险物伤害指数较小（碰撞加速度严重指数ASI＜1.0），边坡不高，一般低于1.5m，坡度较缓，车辆驶出后可以自己驶回公路，发生碰撞事故和翻车事故的可能性很小	无需设置防护设施	无需设置防护设施	
Ⅱ级	线形较缓，坡度不大，路侧净区宽度能达到2.5m以上，路侧存在少量、零散障碍物，如：树木、示警桩、标志标杆，距离行车道外边缘较近范围内也可能存在边沟、挡墙、岩壁等连续的危险物，危险物指数较高（1＜碰撞加速度严重指数ASI＜1.9），有一定边坡，一般不超过3.5m，边坡坡度陡于1∶3，车辆驶出后不能驶回公路，冲出路外车辆一般能够得到有效控制，与障碍物碰撞的可能性较小，发生翻车事故的概率也不大。或者路侧障碍物条件与Ⅰ级相差不大，但是有一定影响的线形和坡度的情况	70％	SB级	B级
Ⅲ级	路侧净区宽度较小，通常最大不超过2.5m，路侧深度最大可达7.5m，或者距离行车道外边缘很近的范围内存在宽大边沟、房屋、坚硬岩壁等，障碍物危险指数高（1.9＜碰撞加速度严重指数ASI＜2.64），车辆驶出路外后，能导致伤亡事故。或者路侧障碍物条件与Ⅱ级相差不大，但是有较大影响的线形和坡度的情况	80％	SA级	A级
Ⅳ级	路侧净区宽度通常小于1.5m，路侧地形条件多为陡崖、深沟、高度大于7.5m的填方边坡或路肩挡墙，或者距离行车道外边缘很近的范围内有河流、湖泊、铁路线，路侧危险指数很大（碰撞加速度严重指数ASI＞2.64），车辆驶出路外后，易导致重大、特大事故。或者路侧障碍物条件与Ⅱ、Ⅲ级相差不大，但是有不良的线形和坡度的情况	90％	SS级	SB级

第二节　路侧危险物界定及主要隐患

一、路侧危险物界定及分类

路侧危险物是指路侧净区范围内存在着的，有可能对行驶车辆造成一定伤害的障碍物或隐患。

调研中了解到，技术等级低、线形指标差、路侧险要、安全设施少是多数山区较低等级公路的共同特点，不合理的边沟（排水沟）设计、过陡的边坡、路侧防护设施的缺乏或不当设置、路侧水域的存在、路侧杆柱、不当的路侧栽植或堆积物等均是引发交通事故的潜在隐患。

根据山区公路路侧危险物的分布状况和特点，路侧危险物可分为五大类，分别是：路侧公路自身构造物，路侧公路安全设施，路侧危险地貌，路侧公用设施杆柱，路侧树木、广告或堆积物等其他路侧危险物等。

其中，危险的路侧公路自身构造物主要包括边沟(排水沟)、涵洞、边坡、路缘石等；路侧公路安全设施主要包括护栏、标志立柱；路侧危险地貌主要包括路侧山体、水域；路侧公用设施杆柱主要包括电线杆、通信杆、灯杆等；路侧其他危险物主要包括路侧行道树、广告及堆积物等。

二、路侧危险物主要隐患

1.路侧公路自身构造物

(1)边沟(排水沟)

边沟(排水沟)(图 5-1)是公路排水的主要设施，同时也属于路侧的危险物范畴。

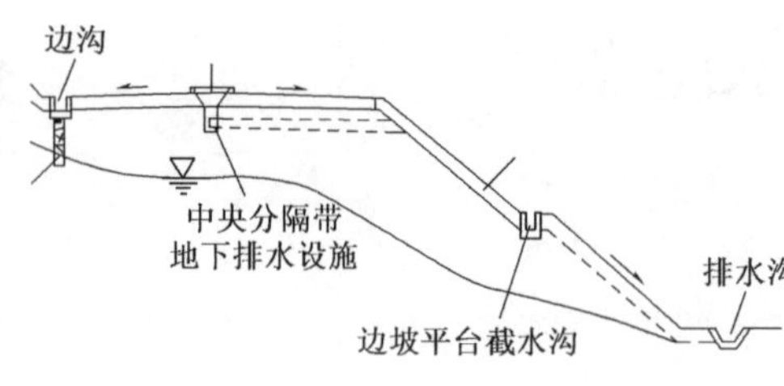

图 5-1　路侧边沟(排水沟)设置示意图

山区常见的公路路侧边沟一般设置于行车道边缘外侧，形式通常采用矩形或梯形(图 5-2)；排水沟一般设置于边坡坡底，通常采用梯形。不论哪种边沟(排水沟)形式，宽、深、大是当前边沟(排水沟)的常见的突出特点。

由于山区公路一般纵坡较大，在不发生淤积情况下，排水的历时较短，因此目前山区路段的边沟(排水沟)排水能力普遍超过实际泄水能力需要。宽、浅、大的边沟(排水沟)反而在一定程度上成为路侧安全隐患。

图 5-2　山区公路路侧边沟(排水沟)常见形式

车轮卡阻(图 5-3)或车辆倾覆(图 5-4)是路侧边沟(排水沟)不当设计时所存在的主要隐患。当边沟紧靠行车道外边缘设置时，路侧净区宽度几乎为零，当两车错车或视距不良时，极易引发翻车事故。特别是对于紧靠行车道边缘的矩形边沟，还易造成车轮卡阻。山区路侧宽深的边沟不仅使驾驶员在驾驶过程中产生压力感，对于驾驶员的错误也缺乏宽容，一旦车辆陷入边沟将很难驶出，增加了驾驶员的路侧危险感。当排水沟设置于边坡坡底时，由于所采用边沟过于宽深，易引发车辆发生倾覆事故。

图 5-3　宽边沟引发的车轮卡阻

图 5-4　常见的路侧深边沟所引发的车辆倾翻事故

(2)涵洞

涵洞在路侧安全中同样也是不容忽视的一个因素，不当的进出口设计有可能对驾驶员产生不利的影响，其示意如图 5-5 和图 5-6 所示。尤其山区路段，路基较窄，一旦车辆发生偏差驶出路基，设置不当的涵洞很可能增加事故的严重程度。

图 5-5　紧邻路肩、未做任何安全处置的涵洞口

图 5-6　未设护栏的涵洞口

图 5-7　高陡边坡车辆倾覆事故

(3)边坡

保证路基稳定是边坡设计所承担的主要功能。传统路基边坡设计时，一般选用直线式、折线式或台阶式等。

边坡隐患主要有两方面，一是驾驶员因操控失误从填方路堤高边坡冲下引发倾覆事故(图 5-7)，二是挖方路堑陡边坡引发的边坡垮塌、滑坡及落石等病害对驾乘人员造成伤害(图 5-8～图 5-10)。

(4)土路肩

路肩是位于行车道外缘至路基边缘，具有一定宽度的带状部分。路肩通常包括硬路肩(含路缘带)、土路肩组成，硬路肩一般采用与主线路面相同的材料并同时施工，更多时承担临时行车和停车的功能，归于主体工程，而土路肩是指不加铺装的土质路肩，它起保护路面和路基的作用，并提供侧向余宽，属于路侧范畴。

图 5-8　边坡垮塌

图 5-9　有落石滚落的挖方边坡

图 5-10　存在顺层和裂隙的不稳定边坡

路肩本身不属于路侧危险物范畴，但由于路肩受雨水冲刷，造成路肩沉降、滑塌，产生了路侧危险，同时土路基较窄或没有土路基，减小了路侧净区，使路侧危险物与行驶车辆的安全距离缩短，产生了安全隐患，如图 5-11～图 5-13 所示。

(5)路缘石

路缘石具有排水控制、描绘道路轮廓、美观等功能，但设置不当的路缘石是潜在的路侧危险物之一，有可能导致冲出路外的车辆在穿过路缘石或与其发生碰撞时带来严重的事故后果，如图 5-14 所示。

2.路侧公路安全设施

公路路侧安全设施是保障和提高公路行车安全的防护设施，主要包括路侧护栏、标志等。但不适当的路侧安全设施的设置有可能是潜在的路侧危险物，路侧安全设施的缺失或设置不当均易引发路侧交通事故。

(1)路侧护栏

路侧护栏存在的安全隐患主要有：护栏缺失、护栏锈蚀老化或受撞击造成基础松动等原因造成的失效、护栏高度不够、护栏长度不足、护栏端部处理不当等，如图 5-15 所示。

图 5-11　路肩受到冲刷造成路基塌陷

图 5-12　路肩沉降造成新的危险物

图 5-13　路肩较窄减少路侧安全距离

图 5-14　不可穿越的较高的路缘石容易引起车辆倾覆

图 5-15　不具备防撞能力的警示柱

部分路段虽然有防护设施，但为非标准护栏，如无配筋、未生根的挡墙或防护墩等，基本不具备防护能力；或由于碰撞或年久失修已基本失去防护能力（图 5-16）或防护效果不佳（图 5-17 和图 5-18）的危险路段，均有可能引发事故。

图 5-16　已变形失效基本无防护能力的护栏

图 5-17　单薄的石砌石墩

图 5-18　形同虚设的防护设施

因山区路侧空间的限制，部分路段的护栏存在护栏基础强度不足或松动的问题（图5-19），这些路段虽设置有护栏，但防护效果较差，亦易发生交通事故。

由于路面养护等原因，造成护栏比初始高度降低或护栏长度设置不足等（图 5-20），虽设置有护栏，但不能发挥护栏的导向功能，防护效果不佳。

由于对护栏端头安全问题重视程度不足，一般仅做简单处理或不处理，缺乏缓冲效能设施。简化的护栏端头及处置不当的不同类型护栏端头过渡段（图 5-21～图 5-23），均有引发事故的危险。

图 5-19　基础强度不足或基础松动的护栏

图 5-20　不满足最小设置长度的护栏

图 5-21　不当的护栏端头设计

图 5-22　不连续的护栏端头设计

图 5-23　不外延的护栏端头

(2)路侧标志

路侧交通标志主要功能是为公路使用者提供信息，一般设置在路侧净区范围内。但不当的标志位置的设置及标志结构、材料的选择均有可能是路侧潜在的危险物，有引发路侧交通事故的可能性，如图5-24～图5-26所示。

图5-24　已折断、倾斜的标志杆柱

图5-25　锈迹斑斑的标志杆柱

图5-26　危险的标志立柱基础

3.路侧危险地貌

(1)路侧山体

路侧山体开挖后，山体本身一般不会主动对行驶车辆造成伤害，其危险隐患主要存在于两个方面：一是由于植被茂盛遮挡视线或山体在弯道处阻挡行车视距，引发行车事故(图5-27)；二是山区公路长陡纵坡或急弯路段，易发生车辆与碰撞的事故(图5-28)。

(2)水域

路侧距离土路肩边缘3m内、常水位1.5m及以上的江河、湖泊、沟渠、沼泽等水域均为潜在的危险物，如图5-29和图5-30所示。

4.路侧杆柱(公用设施电线杆、通信杆、灯杆等)

路侧净区内存在着的一些杆柱，如公用设施杆柱，包括电线杆、通信杆、灯杆等以及标志牌立柱、桥墩等(图5-31和图5-32)，这些杆柱材质多为混凝土、钢材等。若这些杆柱距离行车道过近，特别是位于车辆冲出路外概率高的路段路侧时，且缺乏有效的防护和标志，均可能会给行车带来隐患。

图 5-27 曲线半径较小，内侧山体遮挡，视距明显不足

图 5-28 山区公路的陡坡或急弯处，易发生车辆与山体相撞事故

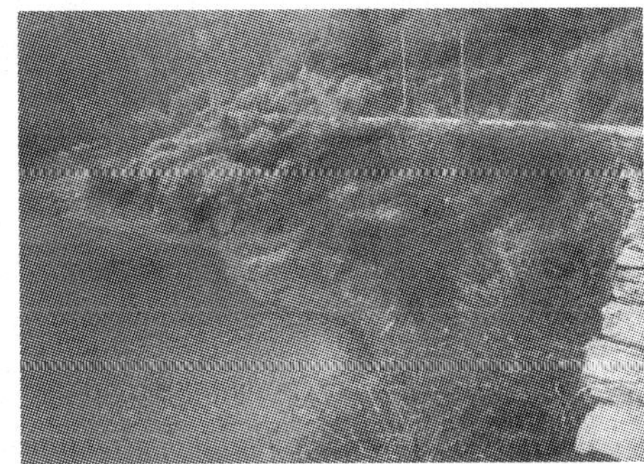

图 5-29 临江临河路段

图 5-30 坠入路侧水域的交通事故

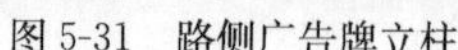

图 5-31　路侧广告牌立柱

图 5-32　路侧巨大的铁路桥墩

5. 其他路侧危险物

其他路侧危险物包括路侧树木、广告、房屋或堆积物等。

(1)行道树

为美化绿化公路环境，公路路侧种植行道树是我国常见的做法。而行道树的种植更多的是考虑绿化的要求，路侧安全问题却较少关注。因行道树的栽植不当，如行道树树种选择易倾覆、行道树栽植距行车道的距离过近、行道树的直径过大等均可能引发事故，行道树也是影响路侧安全的潜在危险物之一。

在遇到一些自然灾害(如台风、暴雨)时，一些根基薄弱、易折易倒或有病虫害的行道树往往会发生倾覆(图 5-33)，阻碍交通，甚至会砸倒车辆或行人，从而给过往车辆及行人带来一定的安全隐患。

图 5-33　倾覆的行道树

如果绿化种植不当，不符合行车视线要求和行车净空要求，就会遮挡驾驶员视线。在实际的道路绿化工程中，往往因为情况复杂而容易忽视这个问题，从而造成安全隐患，给交通安全带来负面影响，如不当的道路绿化种植会误导驾驶员正确判断前方道路的方向，从而给交通安全带来不利影响，如图 5-34 和图 5-35 所示。

图 5-34　道路分叉口过密的树木会遮挡驾驶员视线

图 5-35　路边大树遮挡住驾驶员视线

行道树如果栽植距离路肩过近，会造成驾驶员的安全视距不足，从而遮挡驾驶员的视线，引发事故，造成安全隐患。

行道树的栽植方式如果不正确的话，也会带来一定的安全隐患，如视线诱导有偏差，或者树木栽植局部地方不连续，出现缺口等(图 5-36 和图 5-37)。

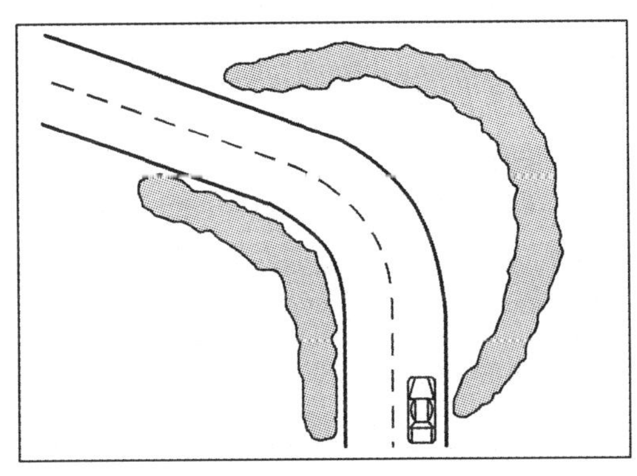

图 5-36　不良的视线诱导栽植方式

图 5-37　有缺口的栽植

研究表明，直径超过 10cm 的树木对车辆会构成威胁。靠近路肩的行道树如果过于粗壮，则有可能加重交通事故的后果，因为高大的乔木不易折断，会给撞上的车辆巨大的反作用冲量，甚至会将车辆反弹回去，再撞到其他车辆上，引起连锁反应，如图 5-38 所示。根据法国有关部门的调查，在汽车撞树的事故中造成死亡的平均几率是 10.2%，而在其他交通事故中造成死亡的几率仅为 2.9%；发生重伤的几率相应为 39.3% 与 12.7%。

路侧茂密的灌木和杂草也是潜在的路侧隐患，若灌木和杂草遮盖住了路肩(图 5-39)和路侧边沟，将导致驾驶员看不清路侧的实际状况而出现事故。

(2)路侧广告

路侧广告造成的安全隐患主要来源于以下几个方面。

路侧随意设置广告，广告牌版面过于夸张、花哨，视觉冲击力大，同时也可能严重分散驾驶员的注意力，成为诱发交通安全事故的重大隐患；有的广告牌离路肩距离过近，使车辆驶离路面时极易碰撞广告牌，同时又由于广告牌的体量大，耐撞性强，所以使车辆受到的撞击力过大，造成一定的事故，如图 5-40 所示。

图 5-38　带有明显刮蹭痕迹的距离行车道较近的过粗的行道树

图 5-39　被杂草遮盖的路肩

图 5-40　路侧大量的广告牌

图 5-41　紧靠公路的路侧房屋

(3)路侧房屋

过村镇路段两侧房屋一般较为密集，路宅不分，公路路侧净区较为狭窄，增大了事故发生的可能性和严重性，亦是干扰行车安全的隐患之一(图 5-41 和图 5-42)。

(4)路侧堆积物

路侧靠近行车道的区域临时或永久存放堆积物在过村镇路段较为常见，也是引发路侧交通事故的隐患之一，特别是当堆积物具有坚硬、粗糙、尖锐的特点时，其潜在的危害性更大(图 5-43)。

图 5-42　车辆冲入路侧房屋

图 5-43　路侧堆积物占用有限的公路宽度

第三节　路侧危险物处置措施

一、路侧安全设计理念和方法

1.路侧安全设计理念

路侧安全设计主要针对从车道外缘到道路红线边界这一区域范围进行设计。宽容的路侧净区设计理念及灵活设计理念是进行路侧安全设计应用到的核心。

宽容的路侧净区设计理念，即尽可能为驾驶员提供充分的、平缓的、无障碍的路侧区域，为冲出路外车辆提供充分的安全保证，尽可能减少事故发生或降低事故严重程度。宽容的路侧净区设计包括平缓的边坡设计、可穿越的排水设施设计、不可避免的路侧危险物(包括山体、水域、树木、杆柱等)的处理等。驶入路侧净区内的车辆一般不会在边坡上发生翻车，也不会与危险物发生碰撞，即便是不可避免的与危险物发生碰撞，仍应保证碰撞的后果最轻。

灵活的路侧安全设计理念，即公路状况和环境是千变万化的，应根据道路线形、道路环境、路侧危险程度、材料、资金状况等因地制宜，灵活进行路侧设计，适时适地采取相应的路侧安全措施。

2.路侧安全设计方法

路侧安全设计的流程是：首先，进行详细的踏勘与资料收集，在此基础上对路侧安全状况进行综合分析与判断，识别出路侧潜在的隐患和危险物类别，针对具体的路侧隐患和危险物类别研究路侧隐患处置措施和对策，提出有效的路侧安全设计实施方案。

常用的路侧危险物处置措施包括：移除，即彻底消除路侧危险物，是处置危险物最根本的方法；移位，即将不能移除的危险物移至距离行车道较远的地方，减小车辆与其碰撞的可能性；再设计，如果危险物不能移除或移位，可采取新的设计方案消除危险物或降低路侧危险物的危害程度；安全防护，即通过防护、标志等安全防护技术或措施，降低路侧危险物的危害程度。

二、路侧危险物的处置原则

对路侧危险物的处置应从预防和改善两方面入手。首先，应尽可能从技术上避免路侧危险物的存在或发生；若路侧危险物客观存在时，则应考虑将路侧危险物移除或移位，尽可能消除路侧危险；若无法消除路侧危险物，则应采取有效的设计方法或安全防护技术进行改善和改进，尽可能降低事故发生的可能性或降低事故的严重程度。

三、路侧危险物处置技术

1.路侧公路自身构造物

(1)边沟(排水沟)

首先，判断现有边沟(排水沟)带来的安全隐患，包括边沟(排水沟)到路肩外边缘的距离是否合理，边沟几何断面形式是否安全，边沟(排水沟)的深度是否超过允许范围，边沟(排水沟)是否被杂草覆盖而变得不明显，对危险的边沟(排水沟)是否进行了安全处置，如设护栏，加盖板等；然后，根据路侧边沟(排水沟)的主要隐患特点及地形环境特点，有针对性地采取相应的安全改造措施。

根据现有公路路侧边沟隐患特点，路侧边沟(排水沟)改造技术主要包括以下方面。

①在满足排水的前提下，若路侧条件许可，尽可能将边沟(排水沟)设计或改造为宽、浅的浅碟式或暗埋式边沟(图5-44和图5-45)，以增加侧向余宽，使事故车辆能够驶回主路，确保行车安全。对于沟底纵坡较缓或冲刷不严重的路段可采用土质植草边沟，减少浆砌圬工结构物，对事故车起到缓冲作用。

②对于过村镇的路段以及山区公路路侧净区空间有限的路段，边沟宜增设盖板，以增加有效的路侧净区宽度(图5-46～图5-48)。

盖板的强度要符合大型车辆承载强度要求，盖板的孔眼设计应利于排水(图5-49)，同时要考虑边沟的盖板边沟的养护，盖板应确保养护工人能够打开，以定期对盖板边沟进行清理，保证盖板式排水沟排水的有效性。

图 5-44　结合地形和路侧实际情况灵活设计的浅碟式边沟和圆滑式处理的坡脚

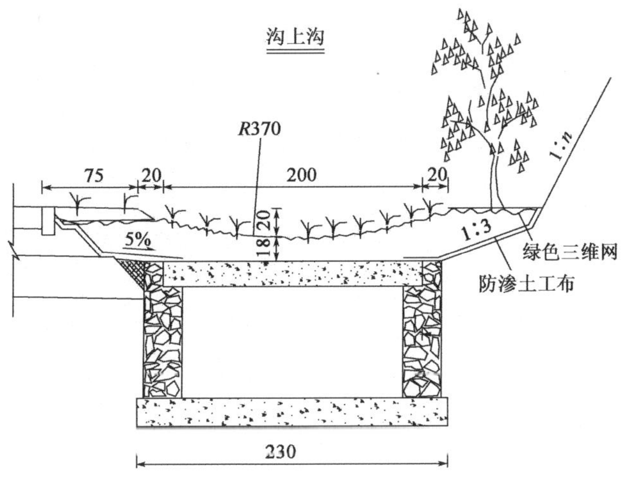

图 5-45　具有良好路侧安全性的暗埋式边沟(尺寸单位:cm)

图 5-46　加盖板的矩形边沟

图 5-47　通过边沟加盖板增加路侧净区空间

图 5-48　采用盖板式边沟的过村镇路段

图 5-49　采用狭缝形式孔眼的透水性更好的盖板式边沟

③对已有深边沟也应考虑采用盖板进行改造，降低其危险程度（图 5-50 和图 5-51）。

图 5-50　存在安全隐患的深大边沟

图 5-51　通过增加盖板和警示桩减少危险性

④对存在一定危险但不会发生严重翻车事故的边沟（排水沟），可通过在车道外侧边缘线、路肩振动带或在路肩上设置轮廓标等方式，提示和预防车辆驶入危险边沟（图 5-52）。

⑤对于路侧宽深的较危险、改造难度大、有可能发生较严重翻车事故的边沟（排水沟），可通过设置护栏进行防护（图 5-53）。

图 5-52　路幅较宽段，采用警示桩提示驾驶员注意路侧边沟

图 5-53　改造难度路段设置护栏

(2)涵洞

针对路侧涵洞隐患特点，主要采取以下措施。

①改进涵洞的设计，设置与路面或坡面齐平，并保证一定强度的篦子(图 5-54)，使其可以穿越。

②延长涵洞进出口，使之远离行车道，同时取消涵洞口帽石，如图 5-55 和图 5-56 所示，以降低车辆坠入涵洞的可能性。

③对结构物进行防护或采用反光材料予以警示或标识其轮廓。

图 5-54　设置篦子的涵洞口

图5-55　延长涵洞口，使之远离行车道，并取消帽石

(3)边坡

山区公路边坡的安全处置可分为路堤高边坡和路堑陡边坡两方面。

路堤高边坡的安全处置如下。

①有条件的地方可尽量放缓路基边坡，通常缓于1:4的边坡为可返回边坡，行车安全，驶出边坡的车辆也可返回行车道上。

②当无条件设置可返回边坡时，宜尽量将边坡放缓，并尽可能在坡脚处，为冲出路侧的车辆提供足够宽的闪避区域，以为冲出车道的车辆在遇到陡峭的路堤边坡之前能恢复到正常状态，如图 5-57 所示。

图 5-56　取消端墙和翼墙并覆盖钢制栅格的涵洞口设计

图 5-57 可返回的路堤缓边坡，无需增设其他安全设施

图 5-58 在较陡的路堤边坡增设护栏或警示柱

③对于较陡的路堤边坡，车辆一旦发生倾覆，危险性很大。因此，当车辆发生倾覆的可能性较大，且边坡不具备改建的条件时，建议根据路侧条件考虑增设护栏，也可视情况采取安装警示桩、设置轮廓标、施画车道边缘振动标线、设置路肩振动带等措施，提高行车安全性，如图 5-58 所示。

④部分等级较低、农用车辆较多的路段也可视情况设置一些简易、有效的拦挡设施，如土质拦挡（图 5-59），即在路侧较宽路段，可将堆砌的土堆作为路侧拦挡物；或在路侧危险度不高的路段，利用山区丰富的石材资源设置埋石拦挡（图 5-60），以警示和拦挡车辆；或利用废旧沥青桶（图 5-61）、汽油桶内装砂子或碎石（图 5-62）作为路侧拦挡设施。

图 5-59 简易的土质拦挡

图 5-60 埋石拦挡

路堑边坡的安全处置如下。

①首先，在设计中应尽量避免线形靠近陡峭山体，造成大面积陡边坡，对于无法避免的，应采用半山桥或其他灵活设计理念，变陡边坡为缓边坡。

②对于易风化、易发生落石、飞石的路堑陡边坡，应考虑设置主动、被动防护网（图 5-63）

等柔性防护措施，降低路侧危险物措施，要充分考虑风化落石的粒径，合理选用防护网的网径尺寸(图 5-64)。对于边坡风化碎落易堆积路段，应考虑设置挡石墙防止碎落物堆积在公路上(图 5-65)，引起次生事故，对于边坡裂隙发育、落石严重的路段，可以考虑采用棚洞方案防护(图 5-66)。同时设置各类标志警示驾驶员，如落石标志，提示驾驶员观察通过，禁停标志，严禁在此类边坡路段停车。

图 5-61 废旧汽油桶拦挡

图 5-62 砌石拦挡

图 5-63 主动、被动防护网防止落石

图 5-64 网径较小的防护网，防止风化落石

图 5-65 设置挡石墙，防止碎落物堆积公路

图 5-66 对不稳定山体设置棚洞

③山区公路可通过各式灵活、美观的矮挡墙收坡脚，放缓上边坡，提高整体稳定性；形式多样的矮墙既美观，又可引起驾驶员的注意，降低行车危险，如图 5-67～图 5-69 所示。

图 5-67　矮挡墙＋放缓上边坡＝稳定性

图 5-68　美观的矮挡墙收坡角，放缓上边坡

图 5-69　选择柔性的石笼挡墙，一举两得

(4)土路肩

为防止路表水冲刷土路肩，土路肩可采用栽砌卵石或空心混凝土预制块＋植草加固方式(图 5-70)；降雨量小、蒸发力强的地区，不适宜植草时，宜采用混凝土预制块加固方式(图 5-71)。这两种路肩方式不仅可加固路肩，同时也增加了公路侧向余宽，增加行车安全性。

图 5-70　采用"砾石＋绿化"的路肩方式

图 5-71　采用混凝土预制块加固的路肩方式

(5)路缘石

路缘石的设置应注意以下几个方面。

①尽量取消路缘石的设置。

②若需设置路缘石，则应设置为可穿越式路缘石或尽可能增加路侧净区空间。

③控制路缘石设置高度，高度不要超过 10cm，以免过高的路缘石刮擦车辆或难以穿越。

2.路侧公路安全设施

(1)路侧护栏

路侧护栏设置时应遵循以下几个原则。

第一,护栏只应在车辆撞击护栏的严重性比撞击未设防护固定危险物的严重性低的情况下才予以设置。

第二,护栏的设置应满足防撞等级要求,护栏基础应满足强度要求。

第三,注意护栏端头及不同类型护栏间的过渡段的处理。

根据路侧护栏的主要事故隐患特点,路侧护栏改造技术主要包括以下几个方面。

①关于护栏缺失路段:路侧险要、护栏缺失的路段应补充设置护栏,护栏类型及强度根据路侧实际情况加以选择。

②关于不满足防护要求的路段:现有不满足防护要求的护栏、警示墩、挡墙等需进行升级改造。在利用现有示警墩改造时,可将两个现有警示墩之间的间隙以新浇混凝土护栏连接,并将现有警示墩端面打毛,植入连接钢筋,连接钢筋与新浇混凝土护栏钢筋网绑扎,如图 5-72 所示。

图 5-72　路侧危险等级高的路段,将不具备防护能力的警示柱改设为波形梁护栏

③关于护栏端头:护栏端头若存在一定的隐患,则需对护栏端头改进设计,路侧条件允许时,护栏(或端墙)端头尽可能做外展处理(图 5-73),若外展困难,也可通过粘贴反光膜或涂刷反光漆(图 5-74)等方式加以警示。

图 5-73　采用曲线式外延隐入路侧的护栏端部

④关于护栏基础：护栏基础若强度不足，则应通过硬化路肩、锚固钢板、采用独立式水泥混凝土基础等方式对基础进行处理，保证护栏基础的强度，如图 5-75 所示。

图 5-74　涂刷反光漆的端头

图 5-75　通过加宽硬化路肩，保证护栏基础的强度

⑤关于互通类型护栏间的过渡：不同刚性护栏间若缺乏一定的过渡，建议设置一定的过渡，实现不同类型的护栏之间应进行合理连接，避免留下空当成为路侧防护的薄弱环节，如图 5-76 所示。如混凝土护栏与波形梁护栏、钢结构桥梁护栏与波形梁护栏、钢结构桥梁护栏与混凝土护栏之间的过渡段应采用有效的处理措施。

图 5-76　良好的护栏过渡段设计

⑥关于护栏设置长度：护栏长度应满足最小有效护栏长度的要求。

⑦关于护栏的维护：定期对护栏进行检查和维护，确保护栏立柱埋深、护栏有效高度、侧向土基支撑力等指标符合要求，确保紧固螺栓无缺失，确保缆索护栏的缆索张力满足要求等，保证路侧护栏的有效性。被撞击后的护栏应及时补充安装。

(2)路侧标志

标志是引发路侧事故的危险物之一。根据路侧标志隐患特点，路侧标志安全改造技术主要包括以下几个方面。

①关于标志位置：对标志设置的位置进行排查，对车辆有可能驶出路外的路段，尽可能调整标志设置的纵向位置。

②关于标志立柱：标志立柱应满足设计强度要求；标志杆立柱若距离行车道较近且位置无法改变时，经济条件许可时采用解体消能设施，以降低驶出路外车辆碰撞标志杆立柱事故的严重程度，如图5-77所示；对标志杆立柱出现倾斜、损坏、生锈等状况时，应及时修理或更换，以免出现倾覆事故。

3. 路侧危险地貌

(1)路侧山体

路侧存在山体的处置措施主要包括以下几方面。

①移除山体、孤石等路侧危险物，砍伐妨碍视距的树木(图 5-78)；若山体影响视线导致视距不良且移除困难，则需设置附着式线形诱导标(图 5-79)。

图 5-77　远离行车道的路侧交通标志

图 5-78　移除山体、孤石等路侧危险物，砍伐妨碍视距的树木

图 5-79　因山体导致的视距不良路段，可设置线形诱导标

②对潜在发生落石的山体，可视具体路段的情况采用不同方法预防事故发生，包括设置落石标志，提示驾驶员观察通过，严禁在不稳定边坡路段停车；若路侧有充分空间，且落石体积、方量不大的路段，可设置碎落台、挡墙等(图 5-80)；对不稳定的山体边坡可通过锚固、护坡等方式稳定边坡；也可通过在相应路段设置防落网、拦石网等进行防护(图 5-81)；在落石严重的路段，可以搭设棚洞(图 5-82)。

图 5-80　设置了挡墙及警告标志的山体

(2)路侧水域

首先对路侧水域的面积、深度等加以判断，分析其主要隐患特点，针对其主要隐患特点，采取相应的处置措施。

路侧存在水域的处置措施主要包括以下几方面。

①在水域前方设置警告标志，提醒驾驶员路侧危险物的存在。

②可加设轮廓标，以标识线形轮廓进行视线诱导，防止车辆尤其是夜间行驶的车辆冲出路外。

图 5-81　不稳定的山体边坡挂网防落石

图 5-82　对不稳定山体，设置棚洞

③若路侧水域过深，则宜加设护栏。

4. 路侧公用设施杆柱（电线杆、通信杆、灯杆等）

首先对路侧公用设施杆柱加以判别，包括设施杆柱的位置、杆柱的稳定性、杆柱材质等诸多方面，若存在潜在危险，则需根据潜在危险的具体情况做相应的处置或防护。

路侧公用设施杆柱的处置措施主要包括以下几个方面。

①关于杆柱的数量：鉴于杆柱的潜在的危险性，应根据实际情况尽可能少的设置设施杆柱，可通过多种缆线的联合使用，减少杆柱数量。

②关于杆柱的位置：若条件许可，杆柱尽可能远离行车道，尽可能设置在最不太可能被车撞到的地方。若杆柱位置距离行车道过近，已构成潜在的安全隐患时，在路侧区域空间充裕的情况下，可将杆柱外移（图 5-83）；过城镇公路路段，经济条件许可时可采用缆线埋入地下的方式。若杆柱既无法移植别处又无条件采用地下缆线时，建议通过采取增加杆柱纵向间距的方式，减少隐患。

另外，下坡路段、交叉口及路面变窄处等是车辆易于驶离的路段，不宜在这些路段设置杆柱。

③关于杆柱材料：条件许可时，采用易折、底座可滑动等特殊设计的可解体的杆柱，特别是当路侧空间狭窄，不具备外移或其他条件需将杆柱设置在比较靠近行车道的位置的杆柱更宜采用。

④对无法排除的潜在的路侧危险杆柱：建议进行标识，如设置警告标志、粘贴反光膜（图 5-84）或喷涂反光漆等，以警示驾驶员，减少撞击的可能性。

5. 其他路侧危险物

(1)行道树

首先应对路侧行道树的状况加以判断，包括行道树的位置，车辆易冲出路外的地方是否栽植有行道树；行道树的种类，是否易倾覆；行道树的修剪，是否遮挡了驾驶员视线；行道树的直径，是否过粗构成了潜在的危险等，同时还应考虑植株与路侧的横向距离、垂直竖向净空、栽植的安全视距等，这些也是影响交通安全的重要因素。

图 5-83 路侧空间充裕时，将紧邻行车道的杆柱外移

图 5-84 粘贴反光膜的路侧桥墩

路侧行道树的处置措施主要包括以下几个方面。

①关于行道树的种类：一般选择深根性、分枝点高、抗逆性强、耐修剪、寿命较长、病虫害少，栽培移栽成活率高，落果对行人及行车不会造成危害、便于管理的树种。不应选用有飞絮、毒毛、臭味、污染的种子或果实的树种，不宜选用浅根系易倒伏（如刺槐、垂柳等）、枝干硬脆易折断（如加拿大杨等）的树种，避免道路植物倒伏、折断影响交通安全；不宜选用生长速度过快、根系发达的树种，避免其迅速生长并且庞大的根系破坏路基路面影响交通安全。

②关于行道树栽植位置：对已有的较粗的距离行车道较近的行道树，应移位或移除；对于全部移走困难且防护花费过大的行道树，可视情况将交叉口、出入口处行道树移除。

公路设计时，要在路侧预留足够的安全空间。美国的有关资料建议，灌木与路肩边缘之间的空间不能小于 1m，细的树木与路肩间距不应小于 6m，较粗的树木不应小于 10m，这些间隔应随着设计车速的增大而增加。在不宜栽植较大树木的路侧范围内，可栽植花草和低矮灌木等柔性植物。

③关于行道树栽植的安全视距：公路绿化设计应符合行车视线的要求，在道路的交叉口视距三角形范围内和弯道转角处的树木不能影响驾驶员视线的通透性，需符合安全视距的要求。根据安全视距的计算公式进行计算和分析，可获得植物种植安全距离和道路限速的关系（图 5-85），也用以指导植物的栽植。在不同的路面条件下，植物栽植需保证视距大于一定的安全距离。

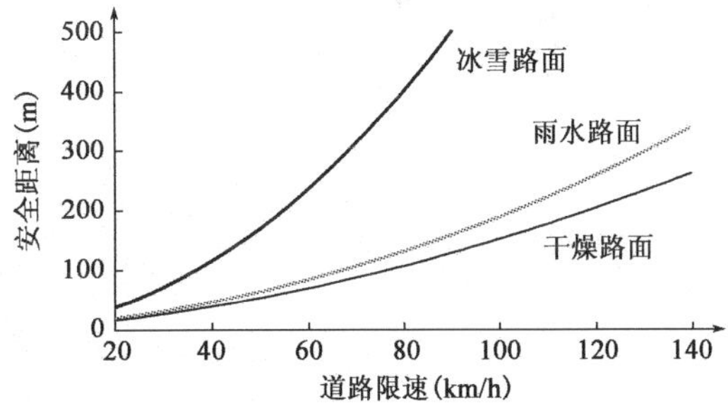

图 5-85 植物种植安全距离和道路限速的关系

④关于行道树栽植的竖向净空：除在平面上的安全视距外，还要保证竖向净空，在一定高度内，树冠不应侵占道路竖向净空。美国北卡罗莱纳州的公路植物种植指导方针建议：行车公路的竖向净空不能小于 3.7m。在道路交叉口视距三角形范围内和弯道内侧的规定范围（150m）内，不得种植高于最外侧机动车车道中线处路面高程 1m 的树木，种植的绿篱，株高要低于 70cm，以便使驾驶员看到交叉口附近的车辆行驶情况，不影响视线通透。

⑤关于行道树栽植方式：路侧单调的行车环境容易使驾驶员失去对车速的准确判断能力。

若路侧行道树整齐划一，长路段内采用一种种植方式，驾驶员视觉上易疲劳，造成注意力不集中而产生事故。因此，行道树栽植时可采用高低不同、错落有致、富有层次感的种植方式（图5-86），使路侧参照物富于变化，可尽可能避免长路段内采用同一种方式。对已建道路，可根据路侧具体绿化情况适当做一些调整，以缓解驾驶疲劳，降低车辆冲出路外的可能性。

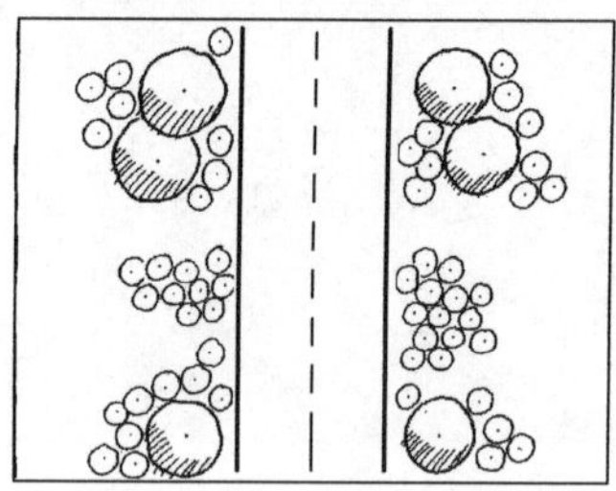

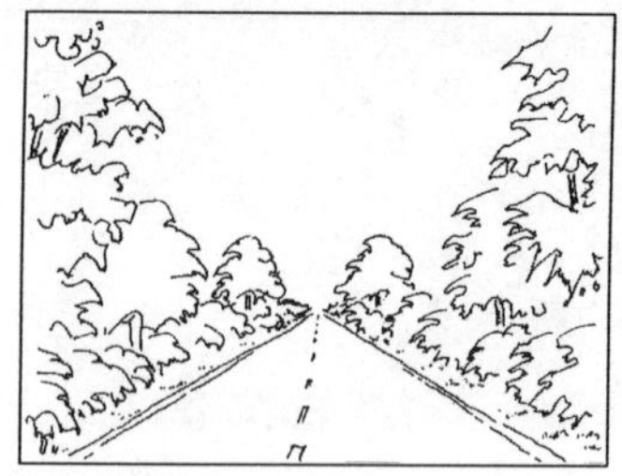

图 5-86　错落有致、富有层次的路侧绿化

⑥树枝的裁剪：需定期进行修剪和维护，以保证路侧视线的通透性，避免遮挡视线，如图5-87 所示。

图 5-87　定期修剪路侧树枝，保持路侧视线的通透

⑦对无法移位或移除的较粗树木，建议进行防护或标识，如设置警告标志、粘贴反光膜或喷涂反光漆等，以警示驾驶员，减少撞击的可能性。

图 5-88　树干刷白的行道树，可起到警示和视线诱导作用

⑧对于遮挡视线的小半径曲线处的无法移除的树木，建议设置线形诱导标（图 5-88）。

（2）路侧广告

①路侧广告的类型：路侧如果确有必要设置广告牌的话，建议广告内容应简单明了，不过于花哨或夸张的内容，以免分散驾驶员的注意力，给行车安全带来隐患。

②路侧广告牌的位置：路侧广告牌的位置设置应遵循安全、避让等原则，即应做到不遮挡驾驶员视线，不造成路侧碰撞隐患等。尤其在事故多发的危险路段，应拆除多余的标志、广告牌，使视线通透。

③路侧广告牌的管理：对于路侧广告牌的设置，不应随意乱设，应当根据当地的《城市户外广告和招牌设置管理条例》，在符合规划、确实有必要设置的地方设置相关的合法广告，而对一

些随意乱设，没有任何审批手续的广告牌，应严令拆除。在没有制订相关管理条例的城市，应尽快出台此类办法，使广告牌的设置与拆除做到有法可依。

(3)路侧房屋

当房屋等建筑物紧靠公路时，宜实施路宅分离、机非分离，设置或开辟非机动车专用车道等措施，以提高路侧的安全性，如图 5-89 所示。

(4)路侧堆积物

路侧堆积物同样亦按“移除为先、防护次之”的原则处理，其表述主要如下。

①有条件移除、移位时，可将路侧堆积物移除。

②无法采取移除、移位等措施处置时，则宜采取设置防护栏、在危险堆积物前方设置警示标志、堆积物上刷反光漆或粘贴反光膜标识其轮廓等方式，提醒驾驶员危险物的存在。

图 5-89　紧靠公路的路侧房屋

第四节　典型路段安全综合改造技术

一、隧道洞口

1. 路段特点

受地形条件所限，山区现有国道隧道口多存在线形条件差，路侧容错空间少，隧道洞内外光线反差大等特点，隧道洞口段通常为事故多发处(图 5-90)。

图 5-90　重庆 G319 隧道洞口段

2. 综合改造技术

针对隧道洞口路段线形及主要隐患特点，采用的路侧改造技术措施主要包括以下几个方面。

①进出口处的护栏尤其是进口段的护栏应进行特殊处置。当隧道进口上游和出口下游设置波形梁护栏时，应在波形梁护栏和隧道壁间设置过渡段，防止车辆正面撞向坚硬的隧道壁，发生严重事故。

图 5-91　良好的隧道洞口设计示例

②隧道进口前方一定范围内的右侧硬路肩施画斑马线或设置减速丘(图 5-91～图 5-93)、减速线,提示驾驶员在正常行驶车道内行驶、并注意控制车速,进一步提高隧道口的运行安全。

③设置限速标志。

④视情况改善隧道内照明情况,减小洞内外光线反差。

3. 实施示例

以 G319 重庆段打石场隧道(图 5-94)为例。

路段特点:隧道长 860m,隧道出口位于下坡弯道处,隧道线形包含曲线,洞内无照明和通风设施,灰尘大,能见度低,洞口前直线长 230m,洞内双向两车道,车道宽 4m×2,发生过刮蹭、对撞等事故。

图 5-92　隧道进洞口前设置了减速丘

图 5-93　隧道洞口施画折线形式的车行道边缘线

图 5-94　G319 重庆段打石场隧道

处置措施(图 5-95)如下。

(1)洞内距离洞口前后 30m 处铺设薄层铺装,洞内弯道路段两端铺设薄层铺装。

(2)隧道两端设置限速标志,限速 40km/h。

(3)完善路侧护栏与隧道连接处的过渡。

(4)完善路面隧道内路面中心线,采用黄色实线,并设置太阳能自发光的突起路标。

(5)隧道洞内壁安装太阳能自发光的附着式轮廓标。

(6)设置隧道通风设施。

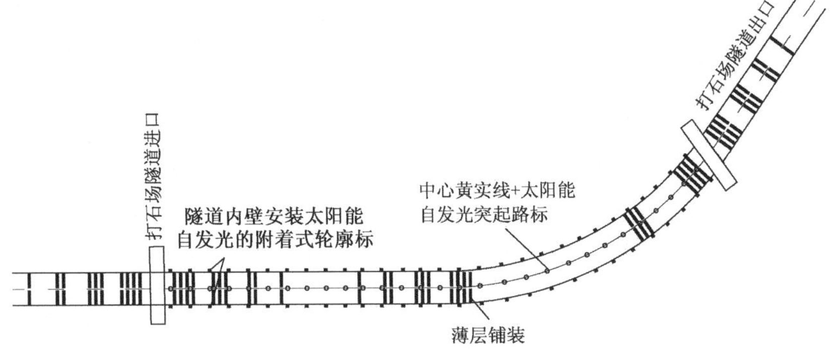

图 5-95 打石场隧道路段处置方案

二、急弯路段

1.路段特点

受山区高差大、地形复杂等条件限制,连续急弯在山区公路中较为常见。由于受道路路侧植被或山体等因素的影响,急弯路段(图 5-96 和图 5-97)多存在视距不良、道路窄等问题。

图 5-96 山区典型急弯路段

图 5-97 发生在小半径弯道处的侧翻事故

2.综合改造技术

针对急弯路段线形及主要隐患特点,采用的路侧改造技术措施主要包括以下几个方面。

(1)调整线形:调整平面线形是提高小半径弯道交通安全水平的最直接、最有效的方式,但实施难度较大,相关部门可根据事故或可能发生事故的严重程度,视情况列入大修计划。

(2)加宽路肩:条件许可时适当加宽路肩,或采用砂浆栽砌的路肩硬化方式(图 5-98)增加道路侧向净宽,提高通行安全。

图 5-98 砂浆栽砌等路肩硬化方式

图 5-99 路面拉毛处理的急弯路段

(3)采取减速措施:对路面进行处理,如拉毛(图 5-99)、薄层铺装、设置减速丘等方式增加道路摩擦因数以降低车速;在进入急弯路段前设置限速标志。

(4)增设警告、警示及线形诱导等标志:在弯道外侧设置视线诱导设施(线形诱导标、轮廓标、示警桩)(图 5-100～图 5-103)以指示或警告行驶方向的改变,引导驾驶员按照正确方向行驶。视线诱导设施可以使驾驶员在进入弯道前明确道路走向,做好进入弯道的驾驶准备,并且使驾驶员有时间采取各种措施,保障车辆安全运行。视线诱导设施设置困难时,可通过在弯道处路面上施画导向箭头进行交通引导。

图 5-100 设置连续弯道预告标志

图 5-101 进入弯道前设置弯道警告标志

(5)改善视距措施:如通过设置凸面镜、削坡、修剪树枝等方式,改善视距。

(6)设置防护设施:在对弯道外侧进行路侧危险评估的基础上,设置与车辆组成、运行速度适应的规范的路侧护栏或路侧拦挡设施(图 5-104),对失控车辆起诱导、拦挡作用。

图 5-102　施画波浪形道路边缘线

图 5-103　配合使用的弯道警告标志及路面标线

图 5-104　设置防护设施

3. 实施示例

以贵州 G210 黔南布依族苗族自治州段(以下简称“黔南段”)K2348＋900 为例。

路段特点：此路段属于弯坡组合(图 5-105)，路段纵坡 4%，路基宽度 6.7m，左侧浅边沟，右侧陡坡，受弯道内侧山体与植物的影响，视距不良。

处置措施(图 5-106)如下。

(1)此路段内侧为土质山体，因此建议“削坡”，修剪树木改善视距。

(2)在进入弯道前的路段设置薄层铺装。

(3)在进入弯道前的路段设置急弯警告标志。

(4)设置视线诱导标。

图 5-105　弯坡组合路段

三、跨线桥墩路段

1. 路段特点

跨线桥墩路段受桥梁结构物、路段坡度、视线及光线等因素影响，是事故多发路段(图 5-107)。该路段主要易产生如下的事故隐患。

(1)车辆超过跨线桥限高，发生碰撞。

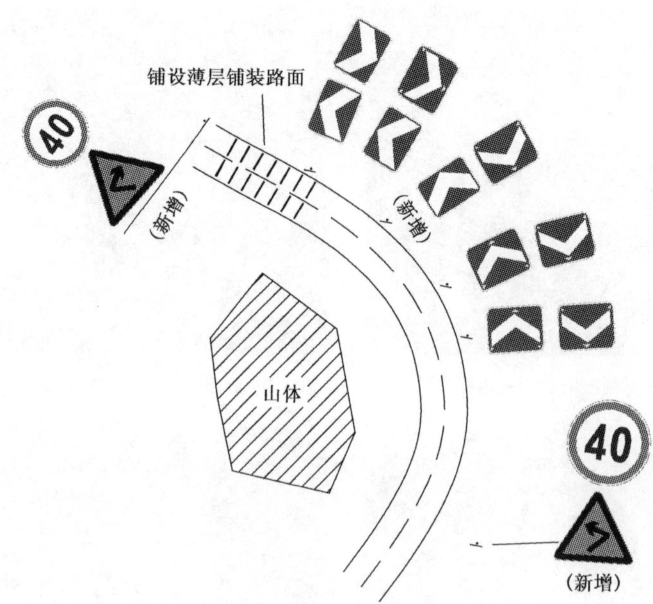

图 5-106　综合改造实施方案

图 5-107　跨线桥路段发生的事故

(2)车辆与桥墩发生碰撞,一些桥梁受跨径限制,不能采用单跨通过,在中间带设置桥墩,更增加了事故的隐患点。车辆与跨线桥墩相撞是山区跨线桥路段的主要事故,这主要是由于山区公路路基宽度较窄,跨线桥桥墩距离行车道较近引起的。

(3)跨线桥后设置平面交叉,受跨线桥视线影响,易发生车祸。

2. 综合改造技术

针对跨线桥路段存在的安全隐患,其路侧的改造技术应从以下几方面进行。

(1)针对车辆超过跨线桥高度而产生的碰撞,可通过醒目的限高标志和防撞护栏来防止事故发生。

(2)对易发车辆与桥墩相撞事故路段,主要从两个层次加以改造。

第一层次,视觉突出。首先通过对跨线桥墩柱进行警示,通过视觉突出,引起驾驶员重视,避免事故发生。

第二层次,防护。当出现由于驾驶员疏忽,使车辆冲向跨线桥墩,而产生不可避免的碰撞时，应通过设置防护措施，最大限度地减少事故的损失。

(3)应避免在跨线桥路段设置平交口，对于存在的跨线桥桥后平交口，建议采取改路的措施，使平交口远离视距受到严重影响的跨线桥区，同时宜对跨线桥路段限速，通过降低速度，减少事故隐患。

3. 实施示例

以美国加利福尼亚州（以下简称“加州”）公路为例，通过视距突出跨线桥墩，引起驾驶员重视，避免发生碰撞，如图5-108所示。

图5-108　通过各种方式突出跨线桥墩

加州公路常用的处理方式有以下几种。

(1)通过设置护栏，最大限度地减小事故发生的损失，如图5-109所示。

图5-109　跨线桥墩的护栏是最后一道防线

(2)通过对跨线桥区限速，可有效地减少事故发生的概率，如图5-110所示。

(3)通过醒目的限高标志和防护栏，能够防止超高车与跨线桥相撞。

图5-110　太阳能测速仪

四、弯坡组合路段

1. 路段特点

山区公路需要克服高差大、路侧限制较多等因素影响，连续长下坡接连续弯道及下坡接急弯等线形较为常见，加上货车车辆制动淋水，常导致路面湿滑，易发生车辆冲出路外及超高车辆侧翻等事故。

2. 综合改造技术

针对弯坡组合路段(图 5-111)的主要事故隐患，采用的路侧改造技术措施主要包括以下几个方面。

(1)完善路面标线。施画道路边缘线和中心线，在弯道路段施画中心实线；弯道外侧的车道边缘采用振动标线，以振动感提示驾驶员道路边缘。

(2)采取减速措施。对路面进行处理，如采用拉毛、薄层铺装、设置减速丘等方式，增加道路摩擦系数，以降低车速；在进入弯道路段前设置限速标志。

(3)增设警告、警示及线形诱导等标志。在弯道外侧设置视线诱导设施(线形诱导标、轮廓标、示警桩)，以指示或警告行驶方向的改变。

(4)设置路侧护栏。在弯道外侧设置与路侧险要程度相当的护栏等防护设施。

(5)设置避险车道。在连续下陡坡路段，结合车辆、路线条件等选择合适的位置，设置避险车道。

图 5-111　典型的弯坡组合路段

3. 实施示例

以云南 G108 线武定段 K3267＋600(图 5-112)为例。

路段特点：纵坡组合回头曲线线形，路面宽度较窄，重车尤其是超高车辆转弯困难，虽然视距条件较好，但是线形回头程度较大，驾驶员能识别转弯半径，但是容易对曲线长度估计不足，如果车速过高容易发生侧翻。

图 5-112　云南 G108 线弯坡组合路段

处置措施如下。

(1)下坡弯道前设置减速丘。

(2)施画道路中心线、边缘线,弯道中间设置黄色实线。

(3)弯道前补充完善向左/右急弯警告标志。

(4)曲线中部内侧加宽路面。

(5)弯道外侧设置混凝土护栏,并附着线形诱导标。

五、临崖段

1. 路段特点

受地形条件所限,山区公路常在山腰布线,从而使路线一侧傍山,一侧临崖(图 5-113),存

图 5-113　临崖路段

在线形较差、路侧险要、视距不良等问题，常成为事故多发路段。

2. 综合改造技术

针对临崖路段存在的主要安全隐患特点，采用的路侧改造技术措施主要包括以下几个方面。

(1)改善视距，为驾驶员应对安全隐患提供充足时间。

(2)加固傍山侧山体，避免路侧边坡出现危岩、落石、滑坡等危险。

(3)完善路面标线。

(4)加固或改建路侧护栏，使之达到与路侧险要程度相当的防护等级。

(5)增设警告、警示及线形诱导等标志。

3. 实施示例

以重庆 G319 线武隆—彭水段路段(图 5-114)为例。

图 5-114　重庆 G319 线临崖路段

路段特点：该临崖路段位于弯道处，半径为 200m，相对较小，无超高。该路段路基宽 12m，车道宽 3.75m×2。车速高，内侧山体侵入道路净空，视线不良，防护设施防护能力有限。车辆行驶线路接近道路中线，曾发生由于视线不良情况下超车引起的对向碰撞事故。

处置措施(图 5-115)如下。

(1)完善路面标线，弯道部分设置加宽的路面中心实线，宽度为 30m，并采用振动标线。

(2)完善弯道前方的减速丘，并按照《道路交通标志和标线》(GB 5768—2009)要求设置减速丘标志和标线，弯道两端起点处设置薄层铺装。

(3)加固或改建路侧护栏，使之达到 A 级防护等级。

(4)弯道外侧安装线形诱导标，标示道路走向。

(5)弯道两端设置急弯标志和限速标志，限速 40km/h。

(6)建议削去侵入路面部分的山体。

六、(弯道)桥梁路段

1. 路段特点

桥梁比例占路线长度比例的增大，有利于减少小半径曲线、连续弯道等不利线形，但是受地形条件所限，山区公路在弯道或接近弯道时设置桥梁较为常见，桥头引线段也往往存在相对不良的平面线形，如图 5-116 和图 5-117 所示。由于桥梁路段路侧余宽小并且较为险要，桥梁端头或弯道中间多数成为安全隐患或事故多发路段。

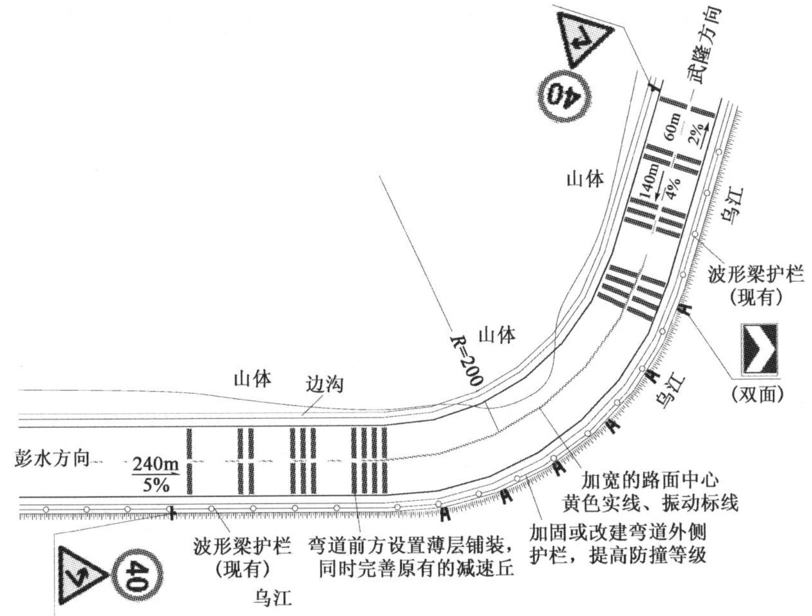

图 5-115　K2154＋100 路段处置方案

图 5-116　陡坡坡底接弯道大桥

图 5-117　反向弯路接直桥

2. 综合改造技术

针对弯道桥梁路段线形及主要隐患特点，采用的路侧改造技术措施主要包括以下几个方面。

(1)完善路面标线，在弯道路段的路面边缘线和中心线使用振动标线。

(2)完善减速设施，并按照《道路交通标志和标线》(GB 5768—2009)要求设置减速带、减速丘标志、振动标线及薄层铺装，增加路面的摩擦系数；根据线形配合设置限速标志控制车速。

(3)弯道外侧安装线形诱导标，标示道路走向。

(4)加固或改建桥梁护栏，使之达到与路侧险要程度相当的防护等级。

3. 实施示例

以重庆 G319 线武隆—彭水段 K2058＋200(图 5-118)为例。

图 5-118　重庆 G319 线 K2058＋200 处窄桥

路段特点：该路段为下坡急弯路段接窄桥，直线下坡坡度为 6%，接较小半径曲线，弯道半径为 350m，弯道后存在横断面变化，路面宽度由 9m 变化为 7m，过渡段标线引导不良，路侧危险程度很高，弯道路段由于山体遮挡，视距不良，驾驶员不能预知危险。车辆通过危险位置车速过快，减速设施设置效果不佳。该路段曾发生过坠车事故。

处置措施(图 5-119)如下。

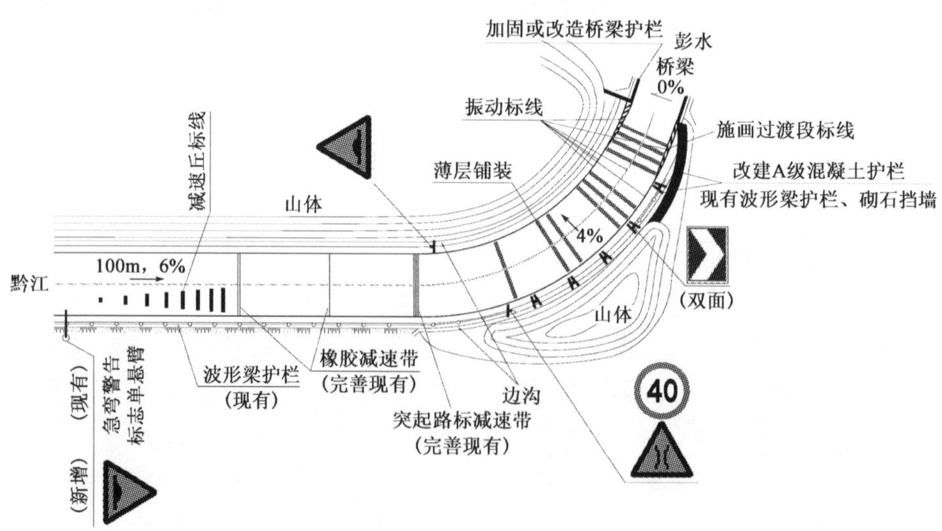

图 5-119　K2058＋200 桥梁路段处置方案

(1)完善路面标线，弯道部分路面中心实线采用振动标线，在路段和桥梁过渡段设置标线过渡段，过渡段边缘线采用振动标线。

(2)完善减速带和振动标线的设置，并按照《道路交通标志和标线》(GB 5768—2009)要求设置减速丘标志和标线。

(3)在弯道前方、窄桥两侧设置薄层铺装。

(4)窄桥两侧设置限速标志和窄桥警告标志。

(5)弯道外侧安装线形诱导标，标示道路走向。

(6)拆除桥头波形梁护栏和石砌挡墙，窄桥两端设置A级混凝土护栏，一端与桥梁护栏相连，一端外展隐入山体，混凝土护栏上标画黄黑相间的实体标记。

(7)加固或改建桥梁护栏，使之达到A级防护等级。

七、路侧干扰较大路段

1.路段特点

过村镇、学校等路侧干扰较大路段具有交通出行复杂、交通流量大、公路两侧建筑物密集、出入口过多接入主路等特点，路侧条件复杂，潜在危险物多，是事故多发路段，如图5-120所示。

图5-120　典型的过村镇等路侧干扰较大的路段

2.综合改造技术

对于交通出行复杂的城镇过境段，特别是较低等级的穿越城镇的过境公路，安全设计尤为

图 5-121　增设人行横道的过境路段

重要，这些路段的安全设计一般均需采用综合改造技术措施。

采用的路侧改造技术措施主要包括以下几个方面。

(1)条件许可时适当加宽路肩，或增设路侧人行道，以增加道路侧向净宽，提高通行安全，如图 5-121 所示。

(2)施画摩托车车道和非机动车道，实现各行其道，减少不同交通参与者之间的干扰。

(3)采取一定措施改善路侧环境，如给边沟加盖、降低边坡坡度、高填方路段安装护栏等，提供一定的缓冲空间。

(4)适当位置设置减速丘，如图 5-122 所示。

(5)增设限速标志、警告标志及必要的标线，如图5-123所示。

图 5-122　设置了减速标线和减速丘的过村镇路段

(6)采取特殊路面以控制车速，如拉毛路面、块石路面等。

(7)在路段上适当增设护栏。

(8)出入口路段，尽可能采取措施改善视距，在出入口形成一个开阔的视野，便于驾驶员采取相应措施；并设置交叉口警告、警示等标志、标线，设置减速设施。

(9)实行路宅分家，利用护栏、植物、花坛等设施将公路主线与路侧住户活动场所隔离，保障路侧居民的交通安全。

3. 实施示例

以云南 G323 线弥勒—富宁段 K1890＋800 路段(图 5-124)为例。

路段特点：此弯道附近有土路出入口 4 处，前往砚山方向弯道内侧挖方，视距不足，且入弯道前无弯道预告及村落预告标志，容易与进入公路的车辆发生事故。

处置措施如下。

(1)交叉口前设置交叉口警告标志。

(2)交叉口两侧安装示警桩，标示交叉口位置。

图 5-123　增设警告、限速标志及必要的标线

图 5-124　云南 G323 线 K1890＋800 平交口段

(3)支路上设置“减速让行”标志和标线，明确主路车辆的优先权。

(4)支路上设置减速丘，控制进入主路车辆的速度，并按照《道路交通标志和标线》(GB 5768—2009)要求设置减速丘标志。

(5)弯道适当削坡、修剪弯道处及交叉口相应影响范围内的树木，以改善视距。

第六章　山区路侧高性价比安全防护设施的开发

第一节　碰撞试验条件与评价标准

现有的《公路交通安全设施设计规范》(JTG D81—2006)、《公路安全保障工程实施技术指南》中护栏类型偏少，需要针对山区公路路侧安全需要，补充新的护栏形式。本部分研究针对当前我国山区公路实际需要，开发完成采用重力式结构的护栏(采用无基础或浅基础设计，抗倾覆能力强)、应用于桥梁段、采用轻型结构的护栏、低造价的路侧防栏和桥梁护栏端部吸能装置。

一、新型护栏的碰撞试验条件与评价标准

新型护栏的碰撞试验条件见表6-1。

新型护栏碰撞试验条件　表6-1

车　型	总质量(kg)	碰撞速度(km/h)	碰撞角度(°)	碰撞能量(kJ)
小客车	1 500	100	20	—
大型车	10 000	60	20	162.4

注：本表中碰撞角度指在车辆碰撞护栏的瞬间，车辆纵向中心线与护栏纵轴线间的夹角。

相应的评价标准主要如下。

(1)护栏应能够有效地阻挡车辆，禁止车辆以任何形式穿越、翻越、骑跨、下穿护栏。

(2)护栏应有良好的导向功能，车辆碰撞护栏的驶出角度应小于碰撞角度的60%。

(3)碰撞后车辆应保持正常的行驶姿态，不发生横转、掉头等现象。

(4)小客车车体重心处三个方向最大冲击加速度值不超过20g。

(5)桥梁护栏最大动态变形不超过50cm，混凝土护栏最大动态变形不超过10cm。

二、新型桥梁护栏端部吸能装置的碰撞试验条件与评价标准

所确定的新型桥梁护栏端部吸能装置的碰撞试验条件见表6-2。

桥梁护栏端部吸能装置碰撞试验条件　表6-2

车　型	总质量(kg)	碰撞速度(km/h)	碰撞角度(°)	碰撞能量(kJ)	碰撞点
小客车	1 500	60	0	208.3	前端

注：本表中碰撞角度指在车辆碰撞护栏的瞬间，车辆纵向中心线与护栏纵轴线间的夹角。

相应的评价标准主要如下。

(1)桥梁护栏端部吸能装置应能够有效地阻挡车辆，禁止车辆以任何形式穿越、翻越、骑

跨、下穿桥梁护栏端部吸能装置。

(2)碰撞后车辆不发生横转、掉头等现象。

(3)小客车车体重心处三个方向最大冲击加速度值不超过 $20g$。

第二节　重力式抗倾覆护栏开发

重力式护栏结构的研发是针对山区路侧条件,研发无基础或浅基础护栏,依靠护栏结构自身重力起到抗倾覆的作用,基础不发生较大位移。其难点在于,如果护栏尺寸过大,难以适用山区等级公路的窄路肩设计;而如果尺寸过小,在无基础或浅基础的情况下又难以满足依靠自身重力达到抗倾覆的要求,因此需通过有限元仿真技术分析设计合理的结构形式。

一、箱式填石护栏开发

1.结构方案

护栏结构采用箱式填石护栏墙体,采用预制施工工艺,先进行混凝土箱体预制,再进行现场填石施工。护栏迎撞面坡面形式为单坡面 11°,护栏底宽 0.7m,混凝土箱体壁厚 10cm,预制段长度 4m。预制段护栏箱体之间采用企口连接。护栏基础为嵌固式基础,嵌固深度 25cm。箱式填石护栏结构示意图如图 6-1 和图 6-2 所示。

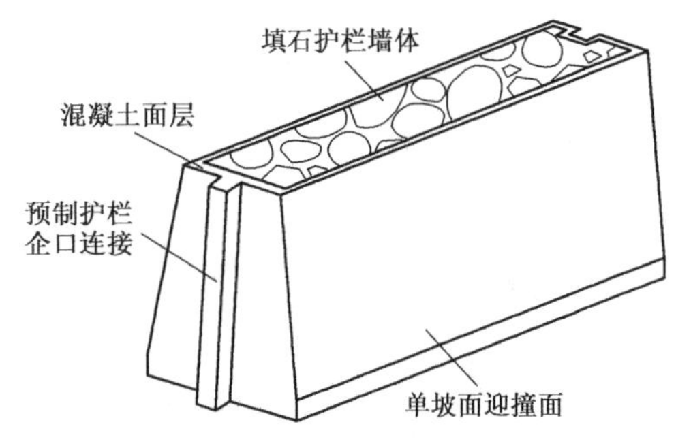

图 6-1　箱式填石护栏立体示意图

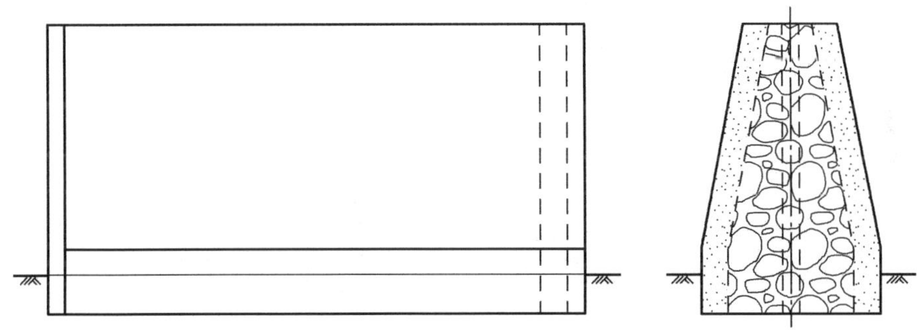

图 6-2　箱式填石护栏立面示意图

2.有限元仿真分析

方案优化阶段护栏结构强度及坡面导向性能采用有限元仿真试验验证。建立了碰撞试验仿真分析模型,主要分析护栏导向性能、车辆驶出轨迹、小客车加速度、护栏最大位移、护栏结构强度、护栏破坏情况等。

碰撞条件为:小客车车辆质量 1.5t,车速 100km/h,碰撞角度 20°;大客车车辆质量 10t,车速 60km/h,碰撞角度 20°。

(1)小客车仿真分析

小客车碰撞箱式填石护栏的有限元仿真过程如图 6-3 所示。

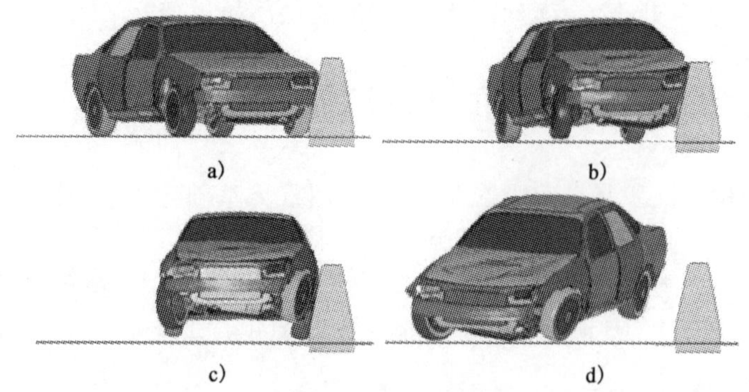

图 6-3 小客车碰撞箱式填石护栏的仿真过程

图 6-4 为 x、y、z 三方向加速度曲线，三方向最大加速度均小于 20g。

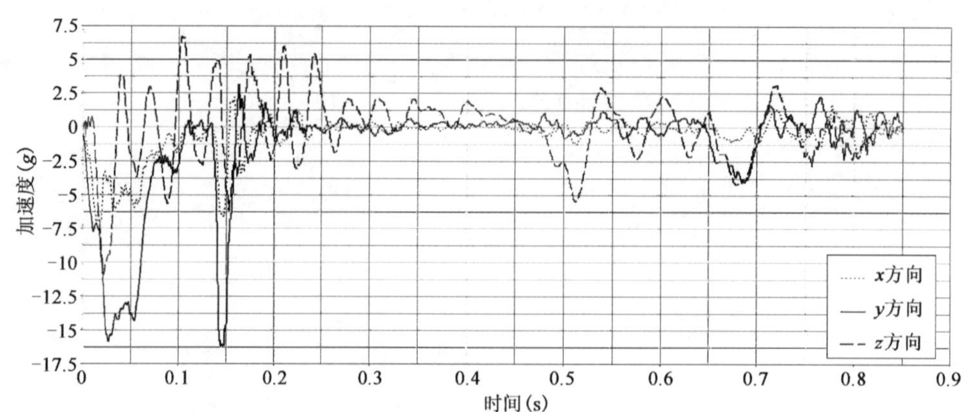

图 6-4 小客车碰撞箱式填石护栏三方向加速度曲线

图 6-5 为小客车碰撞护栏的驶出轨迹，驶出角小于驶入角的 60%。

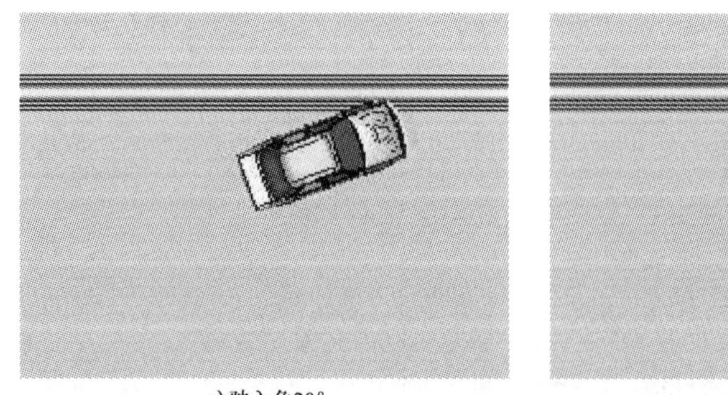

a)驶入角20°

b)驶出角9.8°

图 6-5 小客车碰撞箱式填石护栏的驶出轨迹

由仿真结果分析，箱式填石护栏能有效防护小客车并成功导向，三方向碰撞加速度均小于 20g。

(2)大客车仿真分析

大客车碰撞箱式填石护栏的有限元仿真过程如图 6-6 所示。大客车碰撞护栏的驶出轨迹如图 6-7 所示。

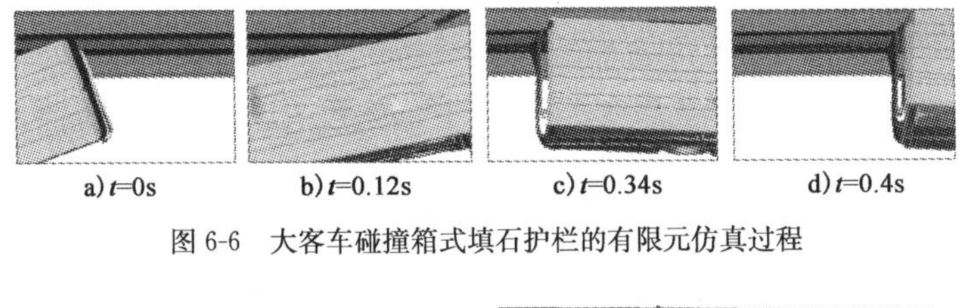

a) t=0s　b) t=0.12s　c) t=0.34s　d) t=0.4s

图 6-6 大客车碰撞箱式填石护栏的有限元仿真过程

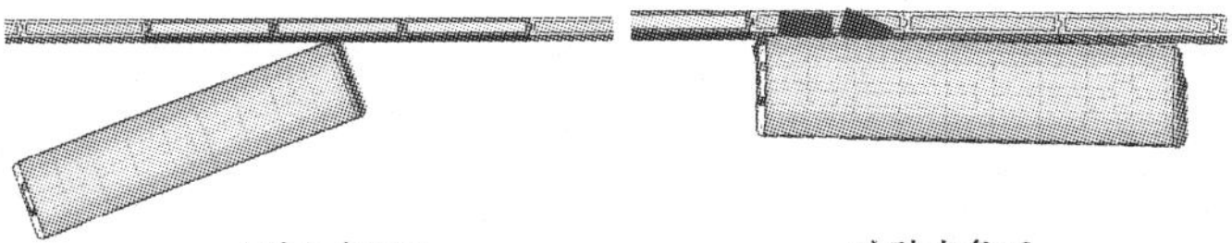

a) 驶入角20°　b) 驶出角3°

图 6-7 大客车碰撞箱式填石护栏的驶出轨迹

由仿真结果(图 6-7)可以看出,车辆运行轨迹良好,未发生侧翻或穿越、翻越护栏现象,护栏结构未发生严重破坏,碰撞区域护栏面局部有划痕及裂缝,护栏企口连接处碰撞后出现裂缝,混凝土出现少量碎裂破坏。

经过对预制工艺箱式填石护栏的小客车与大客车碰撞护栏仿真分析结果可知,护栏结构安全可靠,导向性能良好,乘员加速度小于 20g,能够达到 A 级(160kJ)的防护等级。护栏最大位移较小,护栏没有发生整体破坏,有效地阻挡了车辆,仿真结果满足护栏安全性能评价标准要求,可进一步通过实车碰撞试验进行安全性能评价。

3. 实车碰撞试验

箱式填石护栏实车碰撞试验所用护栏基础底宽 70cm,护栏箱体为预制结构,为保证护栏箱体结构的整体性,对混凝土箱体配置构造钢筋,护栏采用企口连接方式。试验护栏修建长度为 40m,试验用护栏如图 6-8 所示。

图 6-8 实车试验用箱式填石护栏

实测碰撞试验条件见表 6-3。

箱式填石护栏实车碰撞试验条件 表 6-3

车　型	总质量(kg)	碰撞速度(km/h)	碰撞角度(°)	碰撞能量(kJ)
小客车	1 514	97	20.3	—
大客车	10 023	61.1	20.5	177.05

(1)小客车碰撞试验与结果

小客车碰撞后的护栏损坏情况如图 6-9 所示。

由小客车实车碰撞试验可知,护栏能够有效地阻挡车辆,车辆未出现任何形式的穿越、翻越、骑跨护栏;护栏导向功能良好,车辆行驶姿态正常,小客车驶出角度为 6.5°,小于碰撞角度的 60%；车体加速度最大值为 15.91g，不大于 20g；护栏最大动态变形小于 50mm。小客车碰撞试验验证护栏各项指标满足评价标准要求。

(2)大客车碰撞试验与结果

大客车碰撞后护栏的破坏主要包括护栏表面擦痕或破损、企口连接处破坏及护栏墙体裂缝，分别描述如下。

大客车碰撞后护栏上的擦痕较深，造成护栏箱体表面的破损，有些刮槽的深度可达 3cm，如图 6-10 所示，但未露出护栏填石部分。

图 6-9　小客车碰撞箱式填石护栏后，护栏损坏情况

图 6-10　大客车碰撞箱式填石护栏后，护栏损坏情况

护栏箱体预制段采用企口连接，在大客车实车碰撞试验中，碰撞点约 12m 范围内的企口均有不同程度的破坏。企口连接处破坏的一般形式为：阴口一侧混凝土出现较大裂缝，阳口一侧混凝土出现碎裂破坏。

护栏墙体的破坏主要表现在护栏碰撞区域出现竖向的裂缝，裂缝宽度正面小于 2mm，背面 0.2～2mm。护栏结构未发生整体破坏。

由大客车实车碰撞试验可知，护栏能够有效地阻挡车辆，车辆未出现任何形式的穿越、翻越、骑跨护栏；护栏导向功能良好，车辆行驶姿态正常，大客车驶出角度为 5°，小于碰撞角度的 60%；护栏最大动态变形为 180mm。大客车碰撞试验表明，护栏各项指标均满足评价标准要求。

实车碰撞试验结果表明，箱式填石护栏防护等级能够达到《公路交通安全设施设计规范》(JTG D81—2006)的 A 级，防撞能力达到 160kJ，车辆加速度小于 20g。车辆运行轨迹、护栏破坏形态等各项安全性能指标均满足《高速公路护栏安全性能评价标准》(JTG/T F83-01—2004)的要求。

根据实车碰撞试验结果可知，护栏箱体预制段企口连接能够满足 160kJ 的防护要求，但局部破坏较明显，实际应用中需加强企口部分的强度，避免由于企口的破坏造成护栏整体防撞能力降低。结合修建试验用护栏的施工经验，考虑到在实际施工当中，箱体开口过小时不便于填石施工，将护栏结构迎撞面与基础底宽保持不变，非迎撞面改为竖直结构，改进后的结构增大了护栏断面面积、企口连接宽度及填石操作口宽度，对结构强度有一定的增强作用。优化后的结构示意如图 6-11 所示。

4.对优化后的箱式填石护栏进行实车碰撞试验

项目组针对优化后的箱式填石护栏进行了实车碰撞试验，试验用护栏如图 6-12 所示，实测碰撞试验条件见表 6-4。

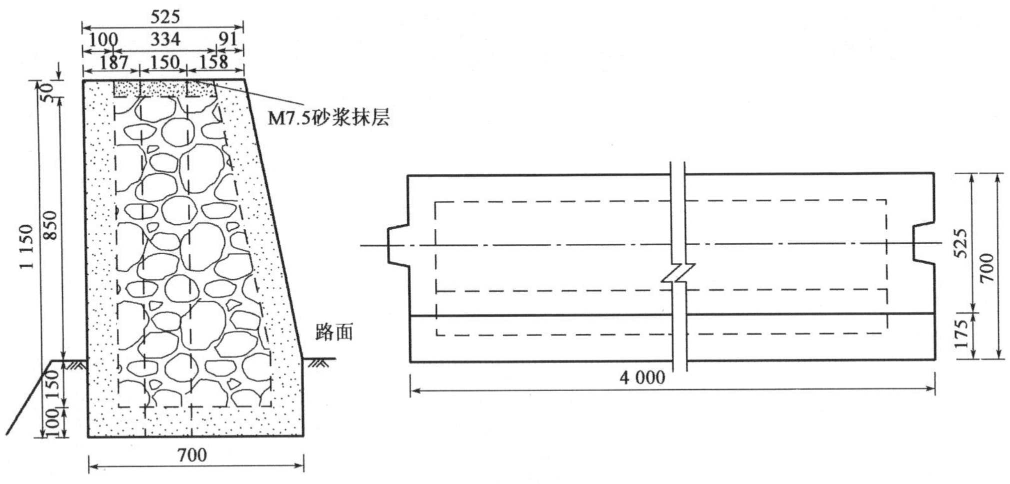

图 6-11　优化后的箱式填石护栏结构示意图(尺寸单位:mm)

图 6-12　优化后的箱式填石护栏

优化后的箱式填石护栏实车碰撞试验条件　　表 6-4

车　　型	总质量(kg)	碰撞速度(km/h)	碰撞角度(°)	碰撞能量(kJ)
小客车	1 516	98.2	18.79	—
大货车	9 892	59.96	19.66	155.3

(1)小客车碰撞试验与结果

小客车碰撞护栏后的行驶轨迹如图 6-13 所示,碰撞后护栏损坏情况如图 6-14 所示。

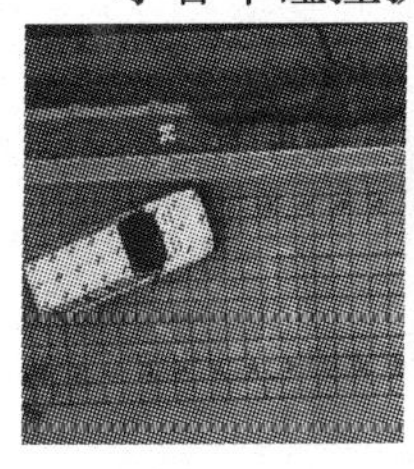

a)

b)

c)

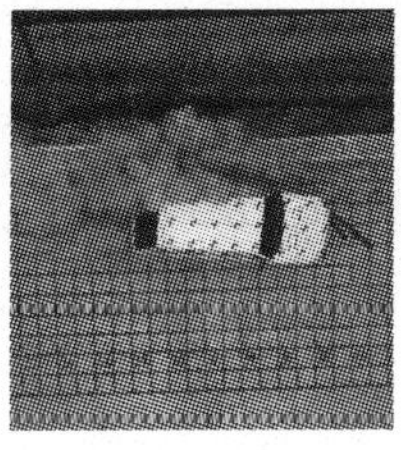

d)

e)

图 6-13　小客车碰撞优化后的箱式填石护栏的行驶轨迹

图 6-14　小客车碰撞优化后的箱式填石护栏后，护栏损坏情况

由小客车实车碰撞试验可知，护栏能够有效地阻挡车辆，车辆未出现任何形式的穿越、翻越、骑跨护栏；护栏导向功能良好，车辆行驶姿态正常，小客车驶出角度为 2.1°，小于碰撞角度的 60%；车体加速度最大值为 17.45g，不大于 20g；护栏最大动态变形小于 50mm。小客车碰撞试验验证护栏各项指标满足评价标准要求。

(2)大货车碰撞试验与结果

大货车碰撞护栏的行驶轨迹如图 6-15 所示。

a)

b)

c)
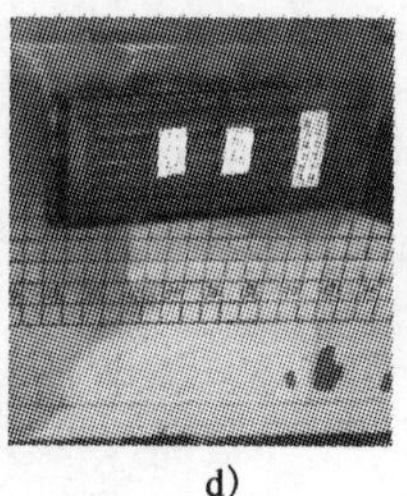
d)

e)

图 6-15　大货车碰撞优化后的箱式填石护栏的行驶轨迹

大货车碰撞后护栏的破坏主要为护栏表面擦痕或破损，详细叙述如下。

大货车碰撞后护栏上的擦痕较深，造成护栏箱体表面的破损，有些刮槽的深度达 1cm，如图 6-16 所示，但未露出护栏钢筋。

图 6-16　大货车碰撞优化后的箱式填石护栏后，护栏箱体损坏情况

由大货车实车碰撞试验可知：护栏能够有效地阻挡车辆，车辆未出现任何形式的穿越、翻越、骑跨护栏；护栏导向功能良好，车辆行驶姿态正常，大货车驶出角度为 0°，小于碰撞角度的 60%；护栏最大动态变形小于 50mm。大货车碰撞试验表明，护栏各项指标均满足评价标准要求。

实车碰撞试验结果表明，箱式填石护栏防撞等级能够达到《公路交通安全设施设计规范》(JTG D81—2006)规定的 A 级(160kJ)防护等级，车辆加速度小于 20g。车辆运行轨迹、护栏破坏形态等各项安全性能指标均满足《高速公路护栏安全性能评价标准》(JTG/T F83-01—2004)的要求。

二、延展式基础护栏开发

1. 结构方案

护栏结构采用钢筋混凝土护栏墙体，采用现场浇筑施工工艺，护栏迎撞面坡面形式为单坡面 11°，护栏地面以上基础底宽 0.3m，护栏基础采用延展式混凝土基础，厚度为 24cm，护栏基础的 50cm 延展至路缘带底部，可同时作为硬路肩，护栏与延展式基础整体浇筑，共同受力，依靠自身的重力达到防护车辆的目的。延展式基础护栏墙体每 20～30m 设置一道伸缩缝，伸缩缝处护栏采用两根 ϕ30mm 传力杆连接。延展式基础护栏结构示意如图 6-17 所示。

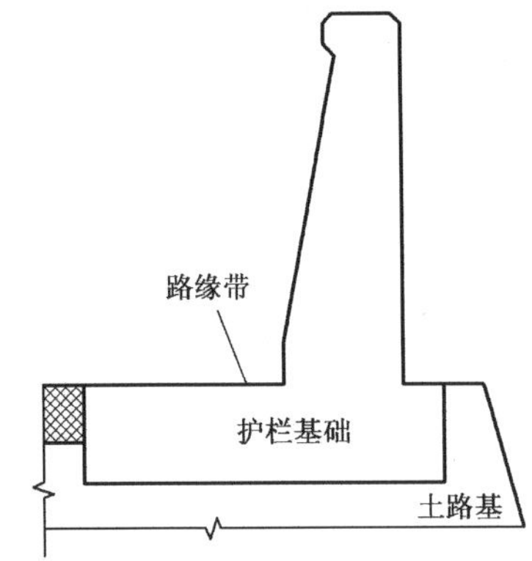

图 6-17　延展式基础护栏结构示意图

护栏结构强度验算及配筋计算见护栏结构设计报告，配筋布设详见护栏设计图纸。

2. 有限元仿真分析

方案优化阶段护栏结构强度及坡面导向性能采用有限元仿真试验验证。建立了碰撞试验仿真分析模型，主要分析护栏导向性能、车辆驶出轨迹、小客车加速度、护栏最大位移、护栏结构强度、护栏破坏情况等。

碰撞条件为：小客车车辆质量 1.5t，车速 100km/h，碰撞角度 20°；大客车车辆质量 10t，车速 60km/h，碰撞角度 20°。

(1)小客车仿真分析

小客车碰撞延展式基础护栏的有限元仿真过程如图 6-18 所示。

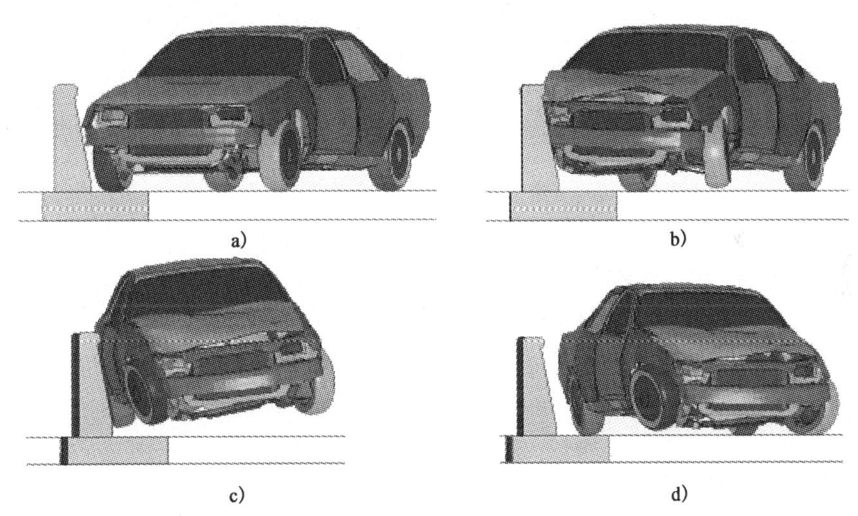

图 6-18　小客车碰撞延展式基础护栏的仿真过程

图 6-19 为 x、y、z 三方向加速度曲线，三方向最大加速度均小于 20g。

图 6-20 为小客车碰撞护栏的驶出轨迹，驶出角小于驶入角的 60%。

由小客车仿真结果分析，延展式基础护栏能有效防护小客车并成功导向，三方向碰撞加速度均小于 20g。

(2)大客车仿真分析

大客车碰撞护栏仿真过程如图 6-21 所示。

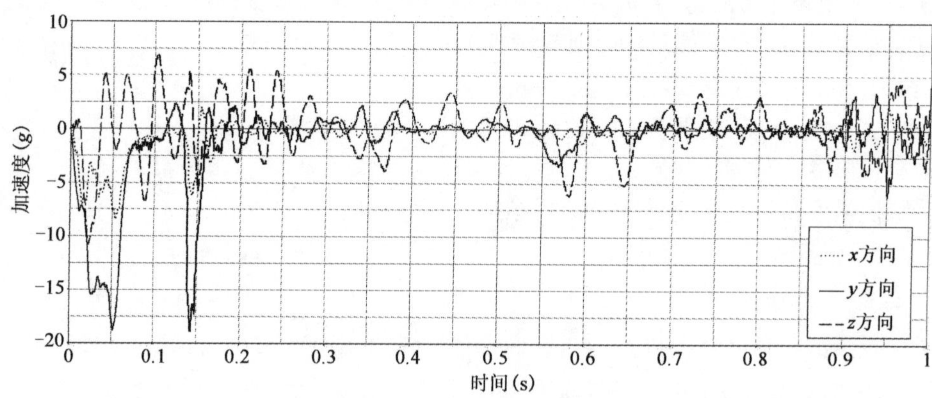

图 6-19　小客车碰撞延展式基础的三方向加速度曲线

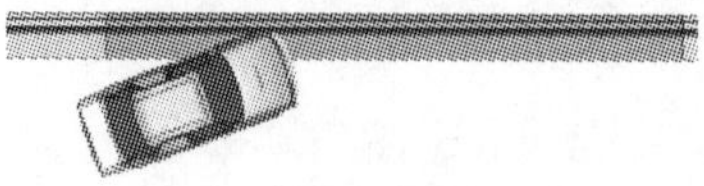

a)驶入角20° 　　b)驶出角9°

图 6-20　小客车碰撞延展式基础护栏的驶出轨迹

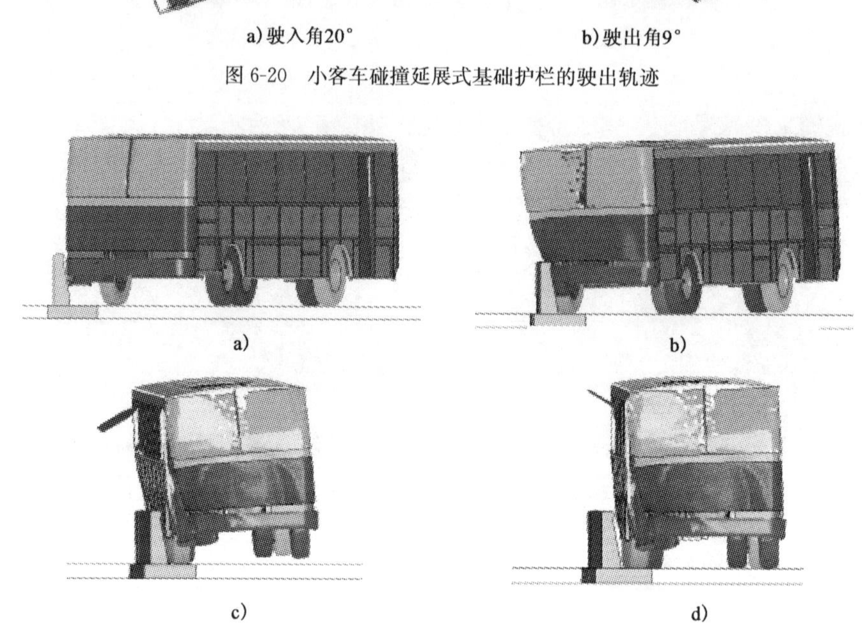

a)　　b)　　c)　　d)

图 6-21　大客车碰撞延展式基础护栏的仿真过程

图 6-22 为车辆驶出轨迹，由图 6-22 可见，护栏导向良好，车辆无翻越、穿越护栏现象，车辆驶出角度小于驶入角度的 60%。

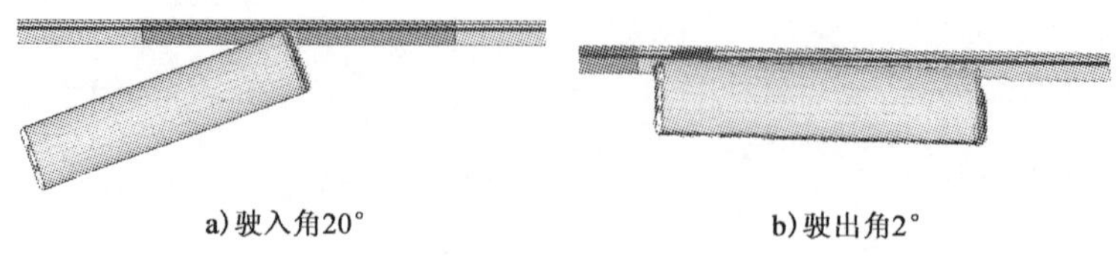

a)驶入角20°　　b)驶出角2°

图 6-22　大客车碰撞延展式基础护栏的驶出轨迹

由大客车仿真结果可知，车辆运行轨迹良好，未发生侧翻或穿越、翻越护栏现象，碰撞区域护栏迎撞面与非迎撞面均出现少量细小裂缝，局部混凝土碎裂，护栏整体结构未发生明显破坏。

经过对延展式基础护栏的小客车与大客车碰撞护栏仿真分析结果可知，护栏结构安全可靠，导向性能良好，车体加速度最大值小于 20g，能够满足 A 级(160kJ)的防护能量要求。大客车碰撞后护栏最大位移为 255mm，护栏没有发生整体破坏，有效地阻挡了车辆，仿真结果满足护栏安全性能评价标准要求，需进一步通过实车碰撞试验进行安全性能评价。

3. 实车碰撞试验

延展式基础护栏实车碰撞试验所用护栏基础底宽 90cm，地面以上护栏基础底宽 30cm，实车试验用护栏施工工艺为现浇。试验护栏修建长度为 40m，修建好的试验用护栏如图 6-23 所示。

图 6-23　实车试验用延展式基础护栏

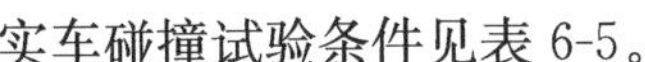

实车碰撞试验条件见表 6-5。

延展式基础护栏实车碰撞试验条件　表 6-5

车　　型	总质量(kg)	碰撞速度(km/h)	碰撞角度(°)	碰撞能量(kJ)
小客车	1 503	101	19.8	—
大客车	10 230	60.6	19.6	163.1

(1)小客车实车试验

在小客车实车碰撞试验中，小客车行驶轨迹如图 6-24 所示。

a)

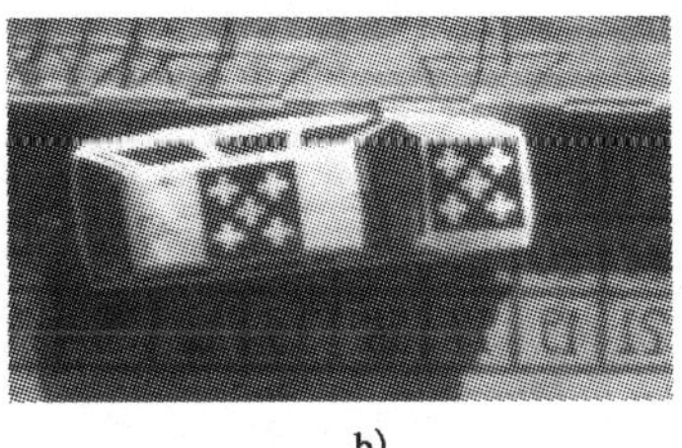

b)

c)

图 6-24　小客车碰撞延展式基础护栏后的行驶轨迹

图 6-25　小客车碰撞延展式基础护栏后，护栏损坏情况

小客车碰撞护栏后，护栏损坏情况如图 6-25 所示。

由小客车实车碰撞试验可知，护栏能够有效地阻挡车辆，车辆未出现任何形式的穿越、翻越、骑跨护栏；护栏导向功能良好，车辆行驶姿态正常，小客车驶出角度为 5.99°，小于碰撞角度的 60%；车体加速度最大值为 14.16g，满足规范规定的不大于 20g 的要求；护栏最大动态变形小于 50mm。小客车碰撞试验验证护栏各项指标满足评价标准要求。

(2)大客车实车试验

在预制工艺护栏大客车实车碰撞试验中，大客车行驶轨迹如图 6-26 所示。

a)

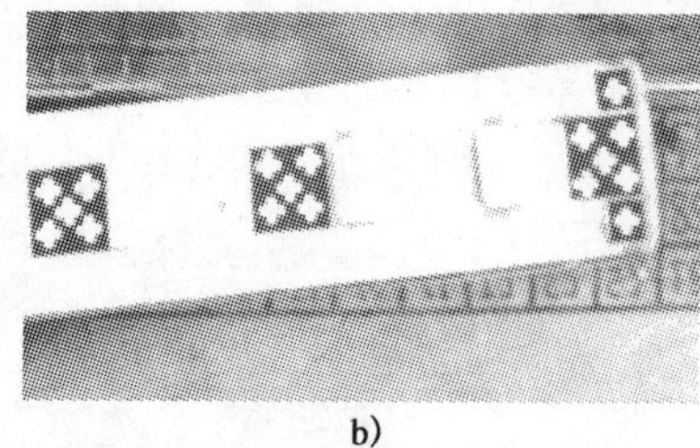
b)

c)

图 6-26 大客车碰撞延展式基础护栏的行驶轨迹

大客车碰撞延展式基础护栏后，护栏的破坏情况如图 6-27 所示。

图 6-27 大客车碰撞延展式基础护栏后，护栏的破坏情况

由大客车实车碰撞试验可知，护栏能够有效地阻挡车辆，车辆未出现任何形式的穿越、翻越、骑跨护栏；护栏导向功能良好，车辆行驶姿态正常，大客车驶出角度为 3.1°，小于碰撞角度的 60%；护栏最大动态变形小于 50mm。大客车碰撞试验表明，护栏各项指标均满足评价标准要求。

实车碰撞试验结果表明，改进型钢筋混凝土护栏的防护等级能够达到《公路交通安全设施设计规范》(JTG D81—2006)的 A 级，防撞能力达到 160kJ，车辆加速度小于 $20g$ 的要求。车辆运行轨迹、护栏破坏形态等各项安全性能指标均满足《高速公路护栏安全性能评价标准》(JTG/T F83-01—2004)的要求。

第三节　桥梁轻质防侧翻护栏开发

本节研究内容为开发一种桥梁轻质防侧翻护栏结构。桥梁轻质防侧翻护栏应用于低等级公路桥梁段，能够达到 A 级(160kJ)防护等级的新型桥梁护栏，在新型护栏设计时，需采用轻型结构及轻质材料，以达到不过度增加桥梁荷载的目的。

一、材料选取

桥梁轻质防侧翻护栏要求在满足护栏结构强度的前提下，尽可能简化结构，减少材料用量，实现护栏结构的轻质。桥梁轻质防侧翻护栏研究首先需要考虑护栏材料的选择。

混凝土、型钢、钢索以及 PVC(图 6-28)是可选用的护栏常用材料，其中混凝土材料结构笨重，显然不宜作为轻质护栏材料。从安全防护角度出发，桥梁护栏要求动态变形不超过 50cm，而钢索和 PVC 为柔性护栏材料，在 160kJ 碰撞能量下，动态变形不易控制在 1m 以内，同时，钢索和 PVC 材料受温度变化影响较大，护栏强度存在不稳定性，因此不适合作为桥梁护栏材料。

图 6-28　缆索 PVC 护栏及塑料护栏结构

型钢护栏材料成本低于 PVC 护栏，且结构强度稳定，使用时受气候、温度、环境等影响较小，在护栏选材上为轻质材料的首选。

二、结构设计

结构设计的思路是：在对目前在用的桥梁型钢护栏结构进行碰撞分析的基础上，提出轻质防侧翻护栏结构形式。

首先对现有型钢护栏采用仿真分析的方法进行碰撞分析，碰撞条件为 10t 大客车以 60km/h 的速度 20°角度碰撞。

目前在用的桥梁双波梁护栏下部结构为混凝土，上部结构为 2m 间距立柱双波梁钢护栏。有限元仿真分析结果表明，桥梁双波梁护栏不满足强度要求，不能有效防护大型车，如图 6-29 所示。

a）车辆沿护栏爬升

b）车辆骑跨在护栏上

图 6-29　大客车碰撞桥梁双波梁护栏行驶轨迹

目前在用的桥梁三波梁护栏下部结构为混凝土，上部结构为 2m 间距立柱三波梁钢护栏。经有限元仿真分析，结果表明，桥梁三波梁护栏大客车碰撞后，最大动态变形大于 500mm，不满足评价标准中对桥梁护栏最大动态变形的要求，如图 6-30 所示。

将桥梁三波梁护栏立柱间距加密为 1m，对 1m 立柱间距的桥梁三波梁护栏进行有限元仿真分析（图 6-31），结果表明，大客车碰撞后，满足 A 级防护要求。

但 1m 立柱间距的桥梁三波梁钢护栏造价过高，不适用于山区低等级公路中小桥不合适。

综合以上分析结果，考虑影响桥梁护栏结构的多种因素，本项目桥梁轻质防侧翻护栏采用钢制梁柱式结构作为桥梁护栏上部结构。护栏与桥梁连接处设计混凝土基础，通过混凝土基

a)车辆碰撞护栏

b)护栏位移

图 6-30　大客车碰撞 2m 立柱间距桥梁三波梁护栏

a)车辆碰撞护栏

b)护栏位移

图 6-31　大客车碰撞 1m 立柱间距桥梁三波梁护栏

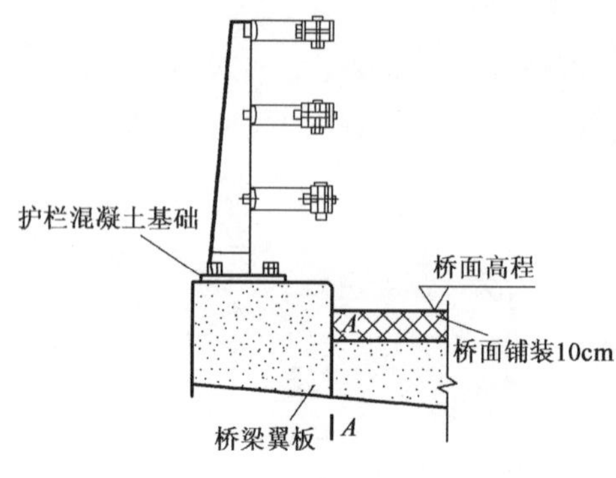

图 6-32　桥梁轻质防侧翻护栏结构示意图

础中的预埋螺栓，实现护栏基础与上部钢质护栏结构的连接，护栏上部结构采用 2m 间距 H 型立柱、三排 100mm×70mm 矩形管横梁加防阻块。结构示意图如图 6-32 所示。

在桥梁轻质防侧翻护栏结构图中，*A-A* 截面为桥梁翼缘板强度计算截面，实际设置时需要对此截面进行验算。本图中桥面铺装层厚度为 10cm，实际设置时，护栏基础相关结构尺寸应根据现场的桥面铺装厚度进行调整，但需保证混凝土基础顶面距桥面高度为 10cm。

三、有限元仿真分析

钢制梁柱式桥梁轻质防侧翻护栏碰撞条件为：小客车车辆质量 1.5t，车速 100km/h，碰撞角度 20°；大客车车辆质量 10t，车速 60km/h，碰撞角度 20°。

1. 小客车仿真分析

小客车碰撞桥梁轻质防侧翻护栏的有限元仿真过程如图 6-33 所示。

根据仿真分析结果可知，小客车车体重心处 x、y、z 方向的加速度时程曲线如图 6-34 所示，最大值分别为 16.2g、14g、9g。

图 6-35 为小客车碰撞护栏的驶出轨迹，驶出角小于驶入角的 60%。

由仿真结果分析可知，桥梁轻质防侧翻护栏能有效防护小客车并成功导向，三方向碰撞加速度均小于 20g。

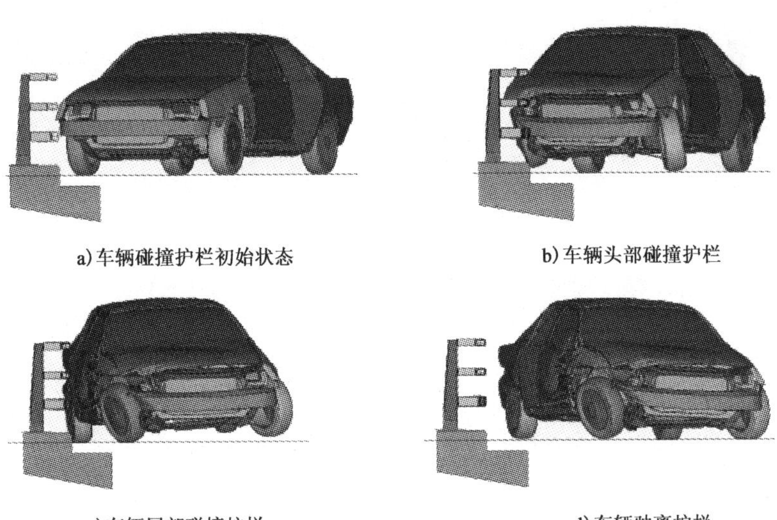

图 6-33　小客车碰撞桥梁轻质防侧翻护栏的仿真过程

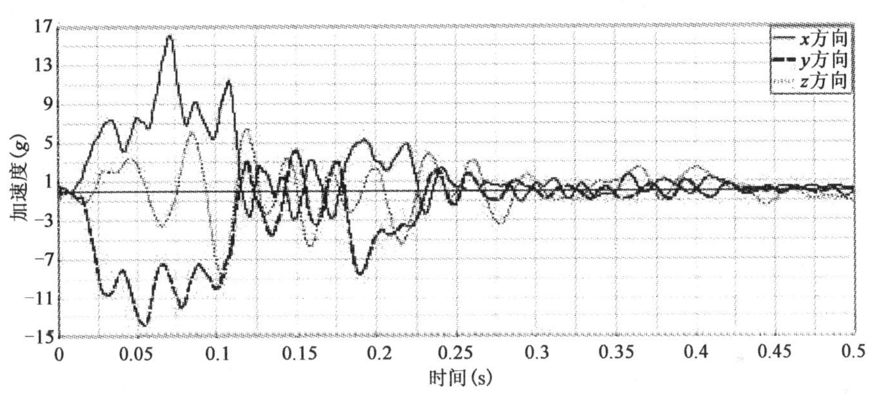

图 6-34　小客车碰撞桥梁轻质防侧翻护栏三方向加速度曲线

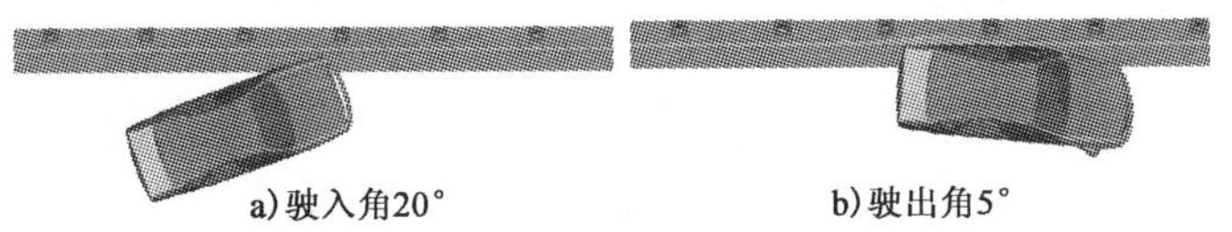

图 6-35　小客车碰撞桥梁轻质防侧翻护栏的驶出轨迹

2. 大客车仿真分析

大客车碰撞桥梁轻质防侧翻护栏有限元仿真过程如图 6-36 所示。

图 6-37 为大客车驶出轨迹，由图 6-37 可见，护栏导向良好，车辆无翻越、穿越护栏现象，车辆驶出角度小于驶入角度的 60%。

图 6-38 为有限元仿真大客车碰撞后护栏变形情况。仿真结果显示，护栏最大动态变形量为 303mm，护栏残余变形为 286mm，满足安全评价要求。

由仿真结果可以看出，车辆运行轨迹良好，未发生侧翻或穿越、翻越护栏现象，护栏结构未

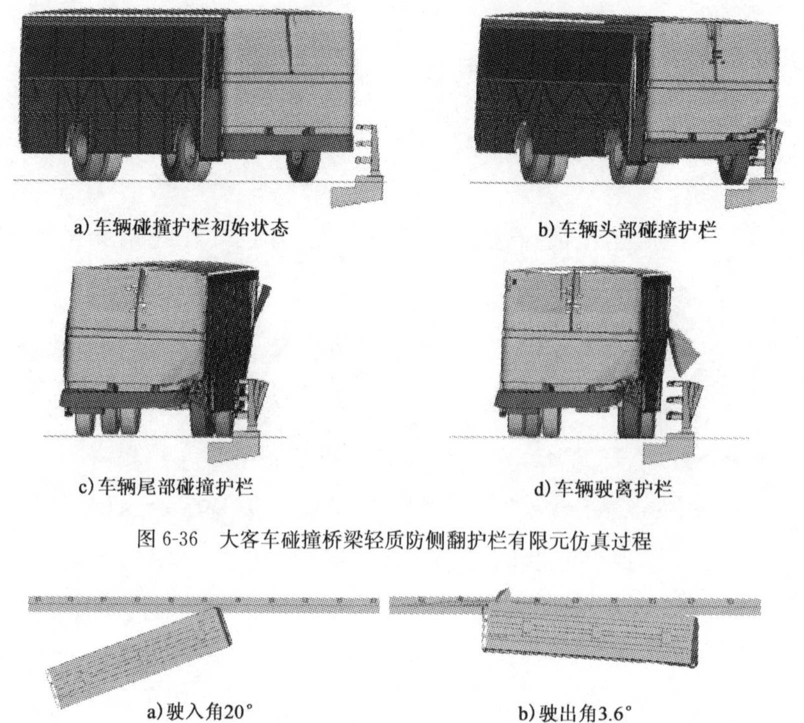

图 6-36 大客车碰撞桥梁轻质防侧翻护栏有限元仿真过程

图 6-37 大客车碰撞桥梁轻质防侧翻护栏的驶出轨迹

发生严重破坏，碰撞区域护栏立柱、横梁与防阻块变形较明显，护栏锚固螺栓与连接螺栓均未拉出或剪断。

经过对轻质桥梁防侧翻护栏的小客车与大客车碰撞护栏仿真分析结果可知，护栏结构安全可靠，导向性能良好，乘员加速度小于 20g，能够达到 A 级(160kJ)的防护等级。护栏最大位移较小，没有发生整体破坏，有效地阻挡了车辆，仿真结果满足护栏安全性能评价标准要求，需进一步通过实车碰撞试验进行安全性能评价。

四、实车碰撞试验

桥梁轻质防侧翻护栏实车碰撞试验所用护栏混凝土基础底宽 49cm，护栏上部结构为梁柱式金属结构。试验护栏修建长度为 50m，试验用桥梁轻质防侧翻护栏见图 6-39 所示。

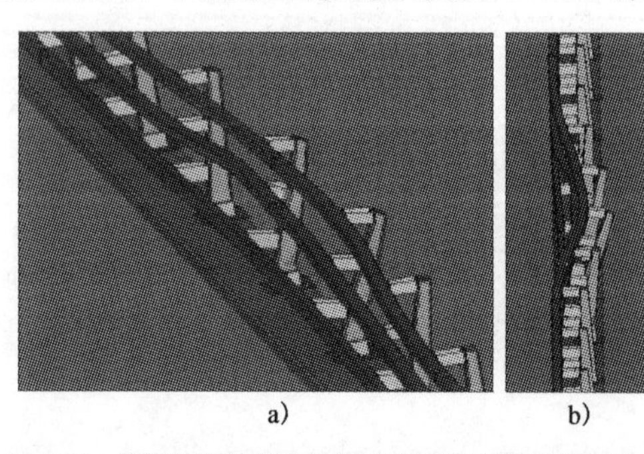

图 6-38 桥梁轻质防侧翻护栏破坏情况有限元仿真结果

图 6-39 试验用桥梁轻质防侧翻护栏

实车碰撞试验条件见表 6-6。

桥梁轻质护栏实车碰撞试验条件　　表 6-6

车　型	总质量(kg)	碰撞速度(km/h)	碰撞角度(°)	碰撞能量(kJ)
小客车	1 507	97.98	20.2	—
大客车	10 011	60.1	20.3	167.9

1. 小客车碰撞试验与结果

车辆行驶轨迹如图 6-40 所示。

a)

b)

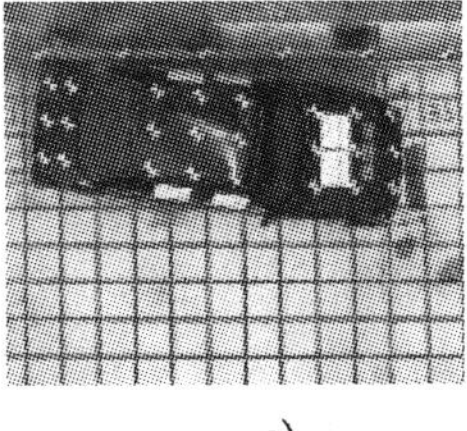
c)

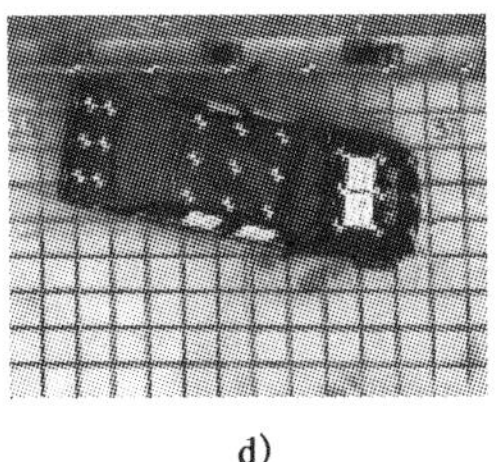
d)

图 6-40　小客车碰撞桥梁轻质防侧翻护栏的行驶轨迹

小客车驶出角度为 5.5°，护栏导向功能良好。车辆碰撞后护栏结构未损坏，碰撞区域局部有划痕，碰撞点 3.42m 范围防阻块变形，最大变形 23mm。试验后护栏损坏如图 6-41 所示。

图 6-41　小客车碰撞桥梁轻质防侧翻护栏后，护栏的损坏情况

由小客车实车碰撞试验可知，护栏能够有效地阻挡车辆，车辆未出现任何形式的穿越、翻越、骑跨护栏；护栏导向功能良好，车辆行驶姿态正常，小客车驶出角度小于碰撞角度的 60%；车体 x、y、z 三方向加速度最大值为 18.9g，不大于 20g；护栏最大动态变形为 53mm。小客车碰撞试验验证护栏各项指标满足评价标准要求。

2. 大客车碰撞试验与结果

车辆行驶轨迹如图 6-42 所示。大客车驶出角度为 6.3°，护栏导向功能良好。

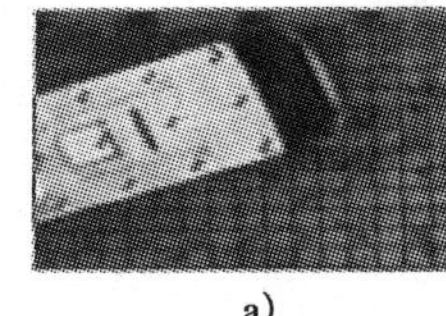
a)

b)

c)

d)

e)

图 6-42　大客车碰撞桥梁轻质防侧翻护栏的行驶轨迹

车辆碰撞后护栏整体结构未发生破坏，碰撞区域局部有划痕。试验后护栏损坏如图 6-43 所示。

由大客车实车碰撞试验可知，护栏能够有效地阻挡车辆，车辆未出现任何形式的穿越、翻

图 6-43　大客车碰撞桥梁轻质防侧翻护栏后，护栏的损坏情况

越、骑跨护栏；护栏整体结构未发生破坏；护栏导向功能良好，车辆行驶姿态正常，大客车驶出角度小于碰撞角度的 60%；护栏最大动态变形为 230mm。大客车碰撞试验验证护栏各项指标满足评价标准要求。

实车碰撞试验结果表明，桥梁轻质防侧翻护栏防护等级能够达到《公路交通安全设施设计规范》(JTG D81—2006)的 A 级，防撞能力达到 160kJ，车辆加速度小于 20g 的要求。车辆运行轨迹、护栏破坏形态等各项安全性能指标均满足《高速公路护栏安全性能评价标准》(JTG/T F83-01—2004)的要求。

第四节　低造价护栏开发

本节研究内容为开发两种低造价路侧护栏结构。低造价护栏需达到每米造价低于 200 元的经济指标，护栏结构强度需满足规范中规定的 A 级(160kJ)，碰撞加速度小于 20g 的要求。因此结构研究中应考虑示范工程应用地区的地理及环境特点，宜就地取材，减少材料运输及施工成本。低造价护栏研究的关键技术是利用造价低廉的材料或较小的护栏外形尺寸，通过合理的结构设计，使其满足防护能力要求。

一、改进型钢筋混凝土护栏开发

1. 结构方案

护栏结构为钢筋混凝土护栏墙体，迎撞面坡面形式为改进型坡面，上端设有阻爬坎，可防止小客车沿护栏坡面爬升或大型车翻越护栏。非迎撞面采用斜面，施工工艺为现场浇筑。护栏底宽 60cm，顶宽 32cm，地面以上高度 1m。基础采用嵌固式基础，嵌固深度为 15cm。钢筋混凝土护栏墙体每 20～30m 设置一道伸缩缝，伸缩缝处护栏采用两根 ϕ30mm 传力杆连接。改进型钢筋混凝土护栏结构如图 6-44 所示。

护栏结构强度验算及配筋计算见护栏结构设计报告，配筋布设详见护栏设计图纸。

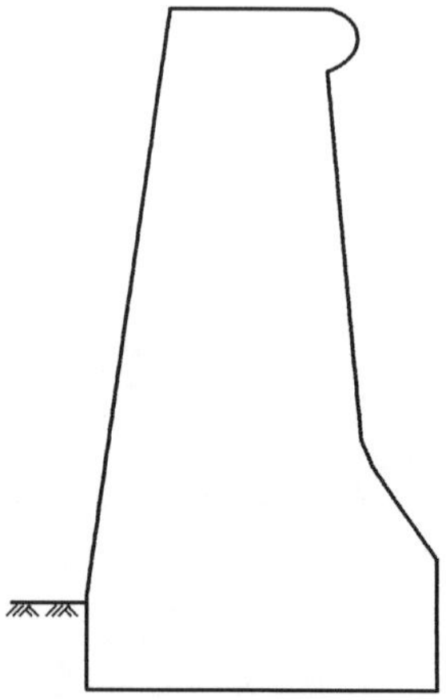

图 6-44　改进型钢筋混凝土护栏立面示意图

2. 有限元仿真分析

方案优化阶段护栏结构强度及坡面导向性能采用有限元仿真试验验证。建立了碰撞试验仿真分析模型，主要分析护栏导向性能、车辆驶出轨迹、小客车加速度、护栏最大位移、护栏结构强度、护栏破坏情况等。

碰撞条件为：小客车车辆质量 1.5t，车速 100km/h，碰撞角度 20°；大客车车辆质量 10t，车速 60km/h，碰撞角度 20°。

(1)小客车仿真分析

小客车碰撞改进型钢筋混凝土护栏的有限元仿真过程如图 6-45 所示。

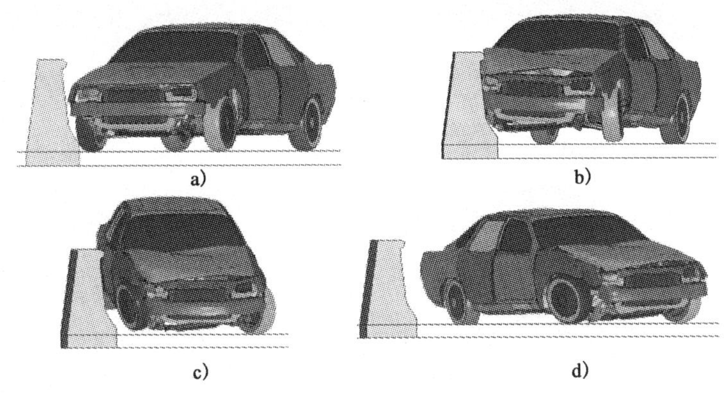

图 6-45　小客车碰撞改进型钢筋混凝土护栏仿真过程

图 6-46 为 x、y、z 三方向加速度曲线，三方向最大加速度均小于 20g。

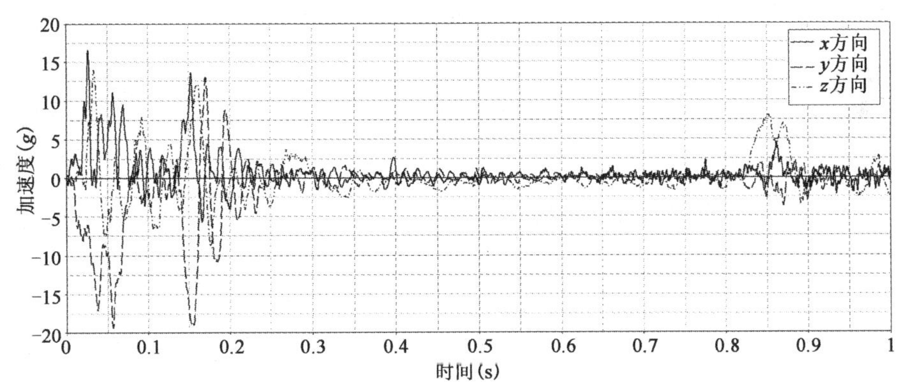

图 6-46　小客车碰撞改进型钢筋混凝土护栏三方向加速度曲线

图 6-47 为小客车碰撞护栏的驶出轨迹。

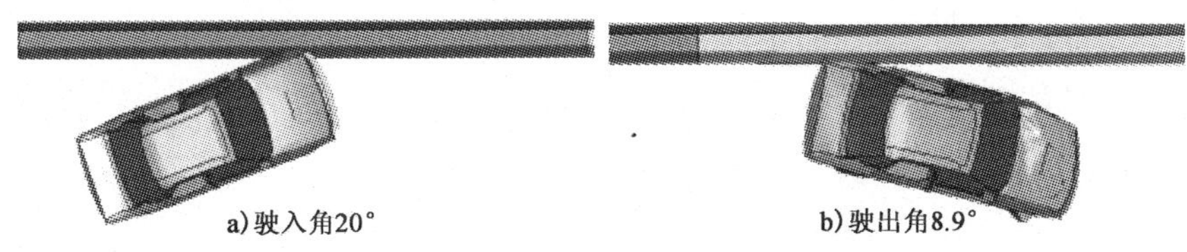

图 6-47　小客车碰撞改进型钢筋混凝土护栏的驶出轨迹

由仿真结果分析，改进型钢筋混凝土护栏能有效地防护小客车，并成功导向，三方向碰撞加速度均小于 20g。小客车碰撞护栏仿真结果各项指标均符合公路护栏安全性能评价标准的相关规定。

(2)大客车仿真分析

大客车碰撞护栏仿真过程如图 6-48 所示。

图 6-49 为大客车驶出轨迹，由图 6-49 可见，护栏导向良好，车辆无翻越、穿越护栏现象，车辆驶出角度小于驶入角度的 60%。

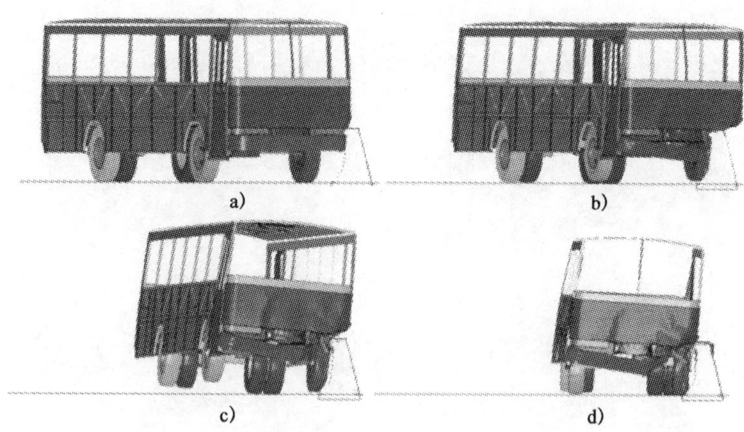

图 6-48　大客车碰撞改进型钢筋混凝土护栏的仿真过程

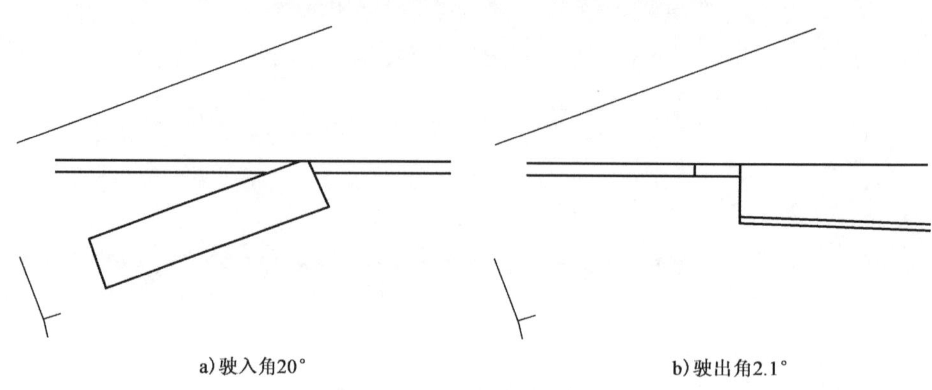

图 6-49　大客车碰撞改进型钢筋混凝土护栏的驶出轨迹

由仿真结果可以看出，车辆运行轨迹良好，未发生侧翻或穿越、翻越护栏现象，碰撞区域护栏迎撞面与非迎撞面均出现少量细小裂缝，局部混凝土碎裂，护栏整体结构未发生明显破坏。

经过对现浇工艺改进型钢筋混凝土护栏的小客车与大客车碰撞护栏仿真分析结果可知，护栏结构安全可靠，导向性能良好，车体加速度小于 20g，能够满足 A 级(160kJ)防护能量的要求。护栏最大位移较小，护栏没有发生整体破坏，有效地阻挡了车辆，仿真结果满足护栏安全性能评价标准要求，需进一步通过实车碰撞试验进行安全性能评价。

图 6-50　实车碰撞试验用改进型混凝土护栏

3. 实车碰撞试验

改进型钢筋混凝土护栏实车碰撞试验所用护栏基础底宽 60cm，实车试验用护栏施工工艺为预制。若预制工艺护栏防撞能力满足要求，则相同截面尺寸与相同结构形式的现浇工艺护栏一定满足防护等级要求。试验护栏修建长度为 40m，试验用改进型混凝土护栏见图 6-50 所示。

实车碰撞试验条件见表 6-7。

改进型钢筋混凝土护栏实车碰撞试验条件　　表 6-7

车　型	总质量(kg)	碰撞速度(km/h)	碰撞角度(°)	碰撞能量(kJ)
小客车	1 529	98.7	20.2	—
大客车	10 084	60.6	19.7	167

(1)小客车实车试验

在小客车实车碰撞试验中,小客车行驶轨迹如图 6-51 所示。

a)

b)

c)

d)

e)

图 6-51　小客车碰撞改进型钢筋混凝土护栏的行驶轨迹

小客车碰撞护栏后,护栏损坏情况如图 6-52 所示。

图 6-52　小客车碰撞改进型钢筋混凝土护栏后,护栏损坏情况

由小客车实车碰撞试验可知,护栏能够有效地阻挡车辆,车辆未出现任何形式的穿越、翻越、骑跨护栏;护栏导向功能良好,车辆行驶姿态正常,小客车驶出角度为 5.7°,小于碰撞角度的 60%;车体加速度最大值为 14.07g,满足规范规定的不大于 20g 的要求;护栏最大动态变形小于 50mm。小客车碰撞试验验证护栏各项指标满足评价标准要求。

(2)大客车实车试验

在预制工艺护栏大客车实车碰撞试验中,大客车行驶轨迹如图 6-53 所示。

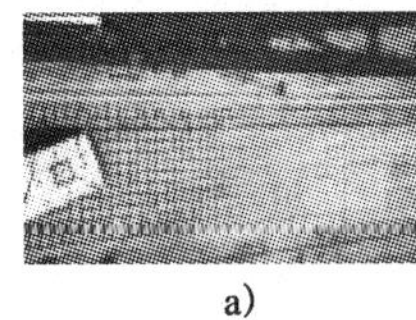
a)

b)

c)

d)

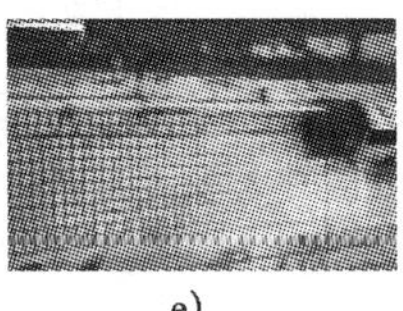
e)

图 6-53　大客车碰撞改进型钢筋混凝土护栏的行驶轨迹

大客车碰撞改进型钢筋混凝土护栏后,护栏破坏情况如图 6-54 所示。

图 6-54　大客车碰撞改进型钢筋混凝土护栏后,护栏破坏情况

由大客车实车碰撞试验可知,护栏能够有效地阻挡车辆,车辆未出现任何形式的穿越、翻越、骑跨护栏;护栏导向功能良好,车辆行驶姿态正常,大客车驶出角度为 6.3°,小于碰撞角度的 60%;护栏最大动态变形为 183mm。大客车碰撞试验表明,护栏各项指标均满足评价标准要求。

实车碰撞试验结果表明,改进型钢筋混凝土护栏防护等级能够达到《公路交通安全设施设计规范》

(JTG D81—2006)的A级,防撞能力达到160kJ,车辆加速度小于20g的要求。车辆运行轨迹、护栏破坏形态等各项安全性能指标均满足《高速公路护栏安全性能评价标准》(JTG/T F83-01—2004)的要求。

二、单坡面砌石护栏开发

1.结构方案

护栏结构采用砌石护栏墙体,外罩砂浆面层。护栏迎撞面坡面形式为单坡面11°,护栏底宽0.6m,基础采用管钢桩基础。施工工艺采用人工砌石、砂浆面层抹面,砂浆罩面50mm厚;砂浆面层每4m设置一道假缝,护栏墙体每20～30m设置一道沉降缝。单坡面砌石护栏结构示意如图6-55所示。

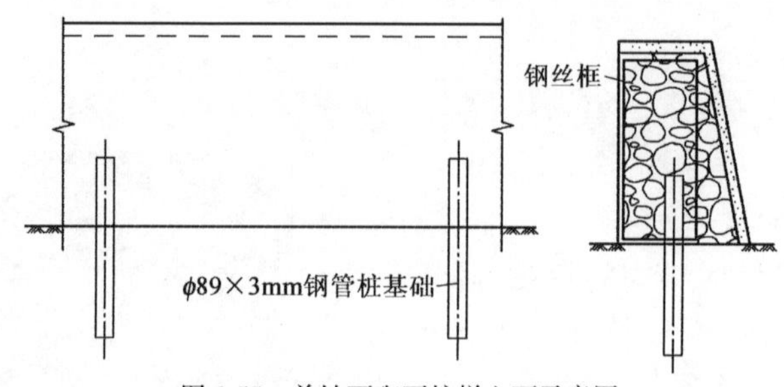

图6-55 单坡面砌石护栏立面示意图

2.有限元仿真分析

对拟定的护栏结构的强度及坡面导向性能采用有限元模拟来验证。建立了碰撞试验仿真分析模型,主要分析护栏导向性能、车辆驶出轨迹、小客车加速度、护栏最大位移、护栏结构强度、护栏破坏情况等。

碰撞条件为:小客车车辆质量1.5t,车速100km/h,碰撞角度20°;大客车车辆质量10t,车速60km/h,碰撞角度20°。

(1)小客车仿真分析

小客车碰撞单坡面砌石护栏的有限元仿真过程如图6-56所示。

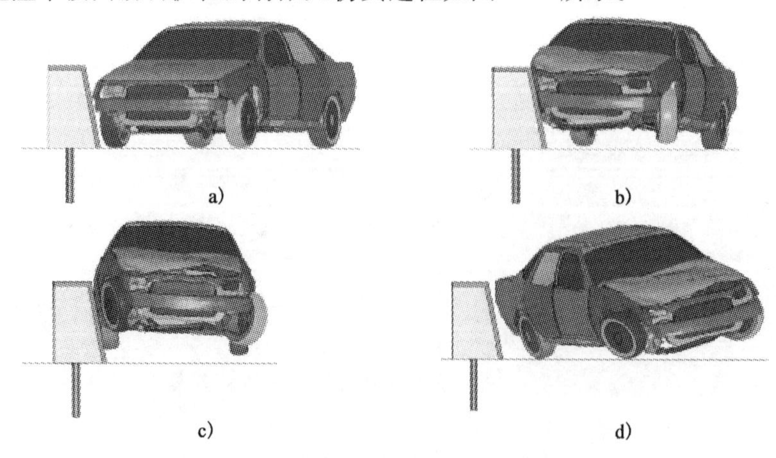

图6-56 小客车碰撞单坡面砌石护栏的仿真过程

图 6-57 为车体 x、y、z 三方向加速度曲线，三方向最大加速度均小于 $20g$。

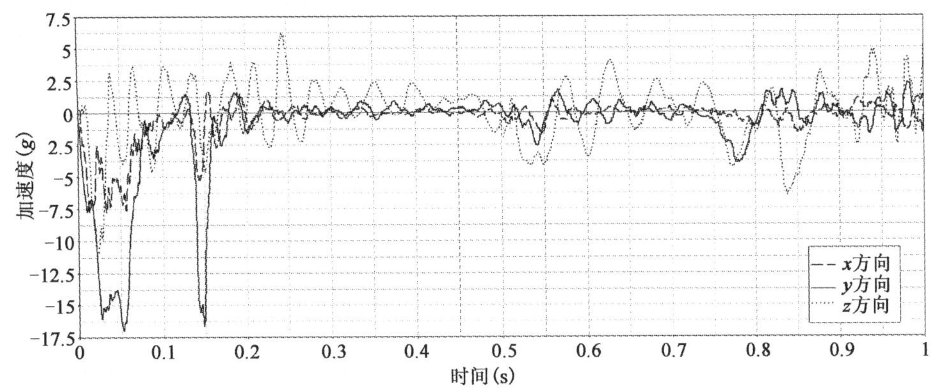

图 6-57　小客车碰撞单坡面砌石护栏三方向加速度曲线

图 6-58 为小客车碰撞护栏的驶出轨迹，驶出角小于驶入角的 60%。

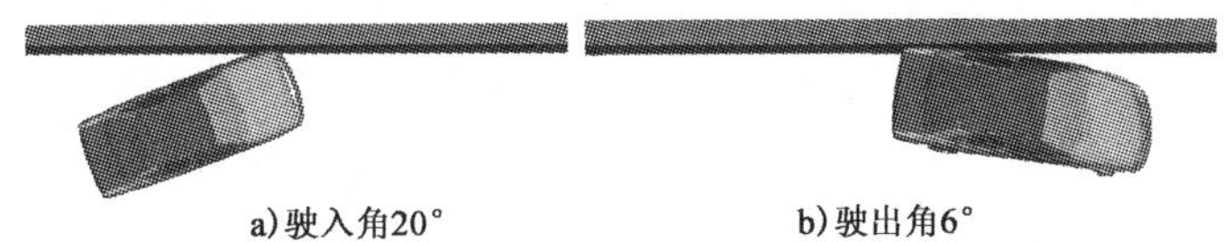

a) 驶入角20°　　b) 驶出角6°

图 6-58　小客车碰撞单坡面砌石护栏的驶出轨迹

由仿真结果分析可知，单坡面砌石护栏能有效地防护小客车，并成功导向，三方向碰撞加速度均小于 $20g$。

(2)大客车仿真分析

大客车碰撞护栏仿真过程如图 6-59 所示。

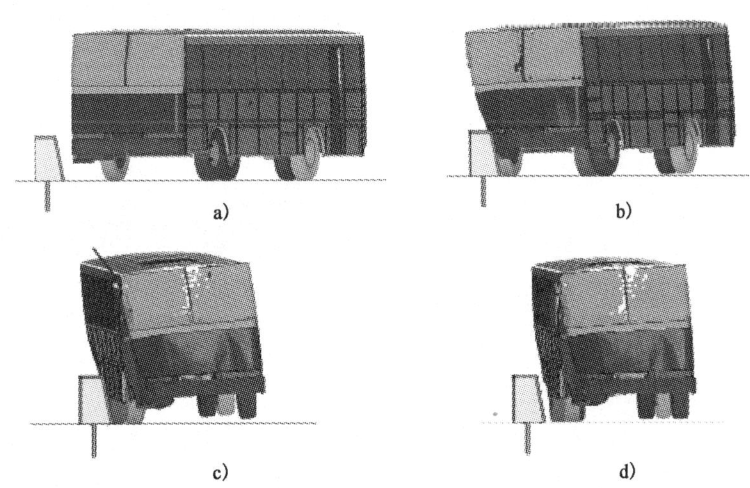

a)　b)　c)　d)

图 6-59　大客车碰撞单坡面砌石护栏的仿真过程

图 6-60 为车辆驶出轨迹，由图 6-60 可见，护栏导向良好，车辆无翻越、穿越护栏现象，车辆驶出角度小于驶入角度的 60%。

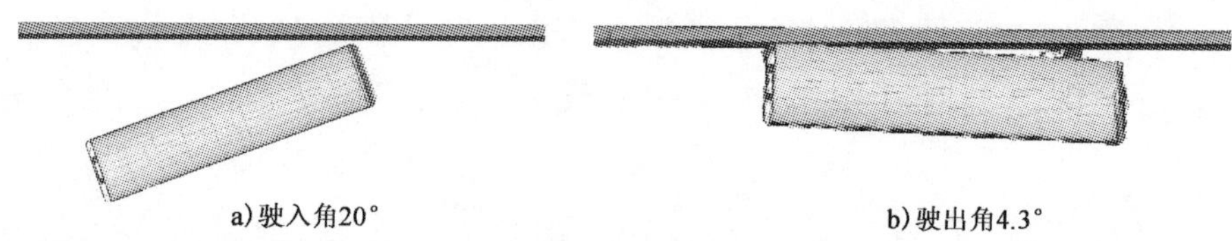

图 6-60　大客车碰撞单坡面砌石护栏的驶出轨迹

由大客车仿真结果可知，车辆运行轨迹良好，未发生侧翻或穿越、翻越护栏现象，护栏结构未发生严重破坏，仿真结果表明，护栏结构安全可靠，导向性能良好。

经过对单坡面砌石护栏的小客车与大客车碰撞护栏仿真分析结果可知，护栏结构安全可靠，导向性能良好，车体加速度小于 $20g$，能够满足 A 级（160kJ）防护能量的要求。护栏最大位移较小，护栏没有发生整体破坏，有效地阻挡了车辆，仿真结果满足护栏安全性能评价标准要求，需进一步通过实车碰撞试验进行安全性能评价。

3. 实车碰撞试验

单坡面砌石护栏实车碰撞试验所用护栏底宽 60cm，护栏基础采用 $\phi89\times3$mm 桩基础，间距 4m。试验修建护栏长度为 40m，小客车试验用单坡面砌石护栏如图 6-61 所示，大客车试验用单坡面砌石护栏如图 6-62 所示。

图 6-61　小客车试验用单坡面砌石护栏

图 6-62　大客车试验用单坡面砌石护栏

实车碰撞试验条件见表 6-8。

单坡面砌石护栏实车碰撞试验条件　　表 6-8

车　　型	总质量(kg)	碰撞速度(km/h)	碰撞角度(°)	碰撞能量(kJ)
小客车	1 516	98.01	19.5	—
大客车	9 805	61.4	19.1	166.82

(1)小客车碰撞试验与结果

在小客车实车碰撞试验中，车辆行驶轨迹如图 6-63 所示，小客车碰撞单坡面砌石护栏后，护栏损坏情况如图 6-64 所示。

由小客车实车碰撞试验可知，护栏能够有效地阻挡车辆，车辆未出现任何形式的穿越、翻越、骑跨护栏；护栏导向功能良好，车辆行驶姿态正常，小客车驶出角度为 8.05°，小于碰撞角度的 60%；车体加速度最大值为 $19.52g$，满足规范规定的不大于 $20g$ 的要求；护栏最大动态

a)

b)

c)

d)

e)

图 6-63　小客车碰撞单坡面砌石护栏行驶轨迹

变形小于 50mm。小客车碰撞试验验证护栏各项指标满足评价标准要求。

图 6-64　小客车碰撞单坡面护栏后，护栏的损坏情况

(2)大客车碰撞试验与结果

在大客车实车碰撞试验中，车辆行驶轨迹如图 6-65 所示。

车辆碰撞护栏后护栏整体结构无明显破坏，护栏表面出现裂缝、裂纹及轻微刮痕，大客车碰撞护栏后，护栏裂缝及混凝土面层破坏情况如图 6-66 所示。

由大客车实车碰撞试验可知：护栏能够有效地阻挡车辆，车辆未出现任何形式的穿越、翻越、骑跨护栏；护栏导向功能良好，车辆行驶姿态正常，大客车驶出角度为 0°，小于碰撞角度的 60%；护栏最大动态变形为 57mm。大客车碰撞试验表明，护栏各项指标均满足评价标准要求。

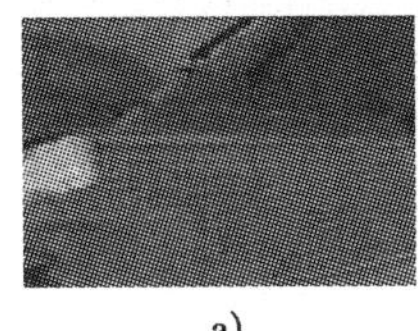
a)

b)

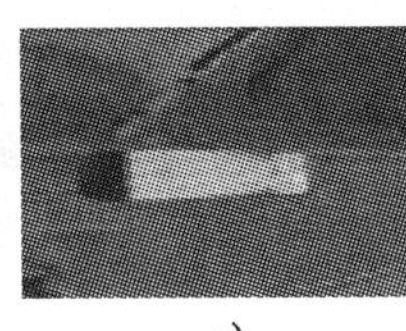
c)

d)

e)

图 6-65　大客车碰撞单坡面砌石护栏的行驶轨迹

图 6-66　大客车碰撞单坡面砌石护栏后，护栏的损坏情况

实车碰撞试验结果表明，单坡面砌石护栏防撞等级能够达到 A 级，防撞能力达到 160kJ，车辆加速度小于 20g。车辆运行轨迹、护栏破坏形态等各项安全性能指标均满足《高速公路护栏安全性能评价标准》(JTG/T F83-01—2004)的要求。

第五节　桥梁护栏端部吸能装置开发

本节研究内容为开发一种桥梁护栏端部吸能装置结构。桥梁护栏端部吸能装置是针对现有山区公路中小桥梁护栏端部的防护情况，开发一种降低车辆碰撞桥梁护栏端部事故严重程度的装置，通过该装置的变形吸收碰撞能量，进而达到减少车辆损坏程度与保护乘员生命的目的。车辆碰撞桥梁护栏端部多为正碰事故，桥梁护栏端部吸能装置研究的关键是选取合理的材料与结构形式，既能满足装置变形后有效吸收碰撞能量的作用，又能避免装置碰撞后破坏的零部件插入车体，对人员造成伤害，同时具备一定的防撞等级。

防撞垫正碰时主要是通过结构变形吸收车辆动能，结构变形吸收的能量为：

$$E=\frac{1}{2}\int_{0}^{L}k(x)x\mathrm{d}x$$

式中：x——结构变形量；

$k(x)$——结构刚度，是随变形量变化而变化的函数。

防撞垫的吸能能力由自身变形量决定，变形量越大则吸能能力越大。防撞垫的结构刚度要选择适当，刚度太大不仅限制防撞垫吸能所需的变形量，还有可能导致车辆加速度超标，若刚度太小，变形量过大，又会降低结构强度，削弱结构的防护能力。因此，防撞垫结构设计的关键在于结构刚度和变形量的合理匹配。

一、结构方案研究

采用单元构件试验方法对防撞垫的防撞性能进行研究，并对结构进行优化，单元构件试验采用台车碰撞防撞垫，分析防撞垫的吸能效果。

调整防撞垫的内叶片数、顶板数量及规格、底板结构、填充吸能材料类型等，不同结构防撞垫进行的单元构件试验结果见表 6-9。

防撞垫单元构件试验汇总表 表 6-9

防撞垫型号	碰撞速度(km/h)	台车质量(kg)	碰撞角度(°)	残留变形(mm)	结构存在问题	结构图片
C-16 型防撞垫	21.8	3 000	0.47	715	刚度过大	
C-8 型防撞垫	21.6	3 000	0.34	450	车辆爬高	
C-12 型防撞垫	20.1	3 000	0.36	240	吸能能力不足	
2C-12 型防撞垫	55.5	1 550	1.35	—	吸能能力不足	
C-12-M 型防撞垫	55.5	1 550	0.26	490	固定端立柱变形严重	

续上表

防撞垫型号	碰撞速度(km/h)	台车质量(kg)	碰撞角度(°)	残留变形(mm)	结构存在问题	结构图片
C-12-2M 型防撞垫	55.5	1 550	0.82	495	结构相对合理，刚度偏大	
C-12-3M 型防撞垫	56.4	1 550	0.55	578	结构刚度偏大	

单元构件试验显示，C-12-2M 型防撞垫和 C-12-3M 型防撞垫的吸能效果较好，结构基本合理，但两次试验的残留变形均偏大，结构还有改进的空间。比较两者的加速度曲线图（图 6-67、图 6-68）可以发现，C-12-2M 型防撞垫的加速度一直保持在一个较高的水平上，这样可以保证车辆在尽量短的时间和距离内停下来。因此，在 C-12-2M 型防撞垫的基础之上，对结构进行改进，确定为桥梁护栏端部吸能防撞垫单桶的结构方案（C-12-4M）。

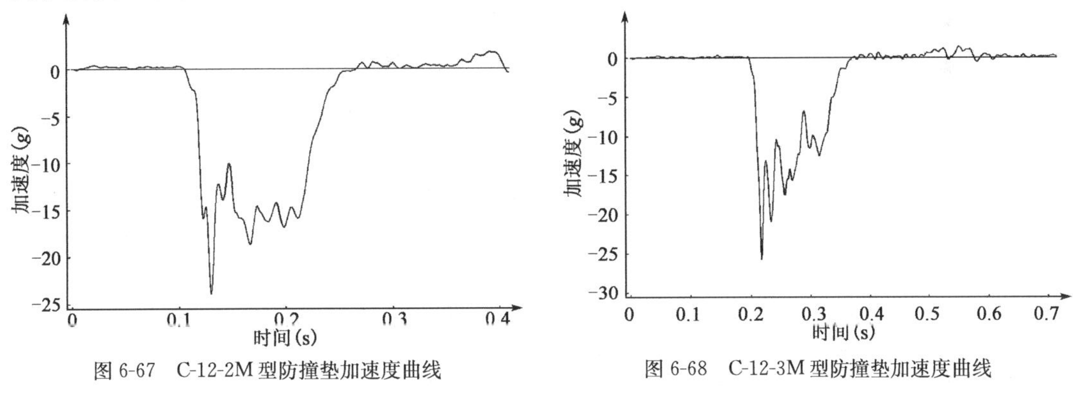

图 6-67　C-12-2M 型防撞垫加速度曲线

图 6-68　C-12-3M 型防撞垫加速度曲线

C-12-4M 型防撞垫主要做了两点改进：减少 PEP 塑料填充材料，增加变形预留空间；封顶、封底材料由钢板改为 PVC 板，如图 6-69 所示。

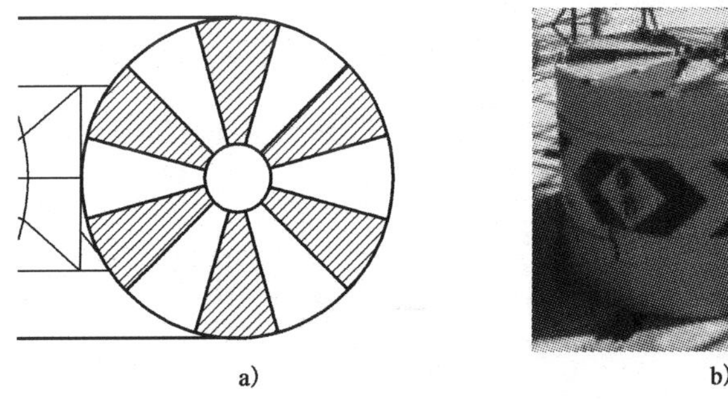

a)　　b)

图 6-69　C-12-4M 型防撞垫结构

从以上试验的变形形态来看，单个防撞垫吸能能力十分有限。防撞垫的吸能能力由自身刚度和变形量决定。假定防撞垫刚度随变形量 x 变化的函数关系为 $k(x)$，防撞垫最大变形量

为 L，则防撞垫所能吸收的总能量为 $E=\frac{1}{2}\int_{0}^{L}k(x)x\mathrm{d}x$ 。可以通过增加防撞垫变形量来保证防撞垫有足够的吸能能力。因此，桥梁护栏端部吸能装置——组合式防撞垫设计如图 6-70 所示，该装置由三个防撞垫组成，其中，防撞垫Ⅰ直径为 1.2m，防撞垫Ⅱ和防撞垫Ⅲ直径为 0.8m，组合式防撞垫总长度 1.83m，最宽处宽度 1.6m。图 6-70 中阴影部分由 PEP 塑料填充。三个桶外侧加一圈板使之成为一个整体，两侧用波形梁钢护栏板与桥梁护栏连接，同时起到导向作用。

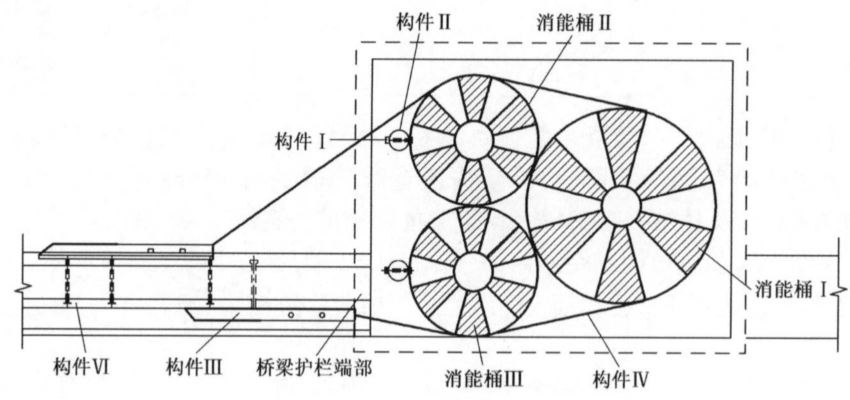

图 6-70 桥梁护栏端部吸能装置(防撞垫)布设图

该桥梁护栏端部组合式防撞垫设计防护条件为：小客车车辆质量 1.5t，车速 60km/h，碰撞角度 0°，防护等级大于 A 级(160kJ)。

二、实车碰撞试验

桥梁护栏端部组合式防撞垫实车正碰条件见表 6-10，试验用桥梁护栏端部组合式防撞垫见图 6-71，试验过程如图 6-72 所示。

桥梁端部组合式防撞垫正碰实测碰撞试验条件　　表 6-10

车　型	总质量(kg)	碰撞速度(km/h)	碰撞角度(°)	碰撞能量(kJ)	碰撞点
小客车	1 516	62.6	0.1	229.2	前端

图 6-71 实车试验用桥梁护栏端部组合式防撞垫

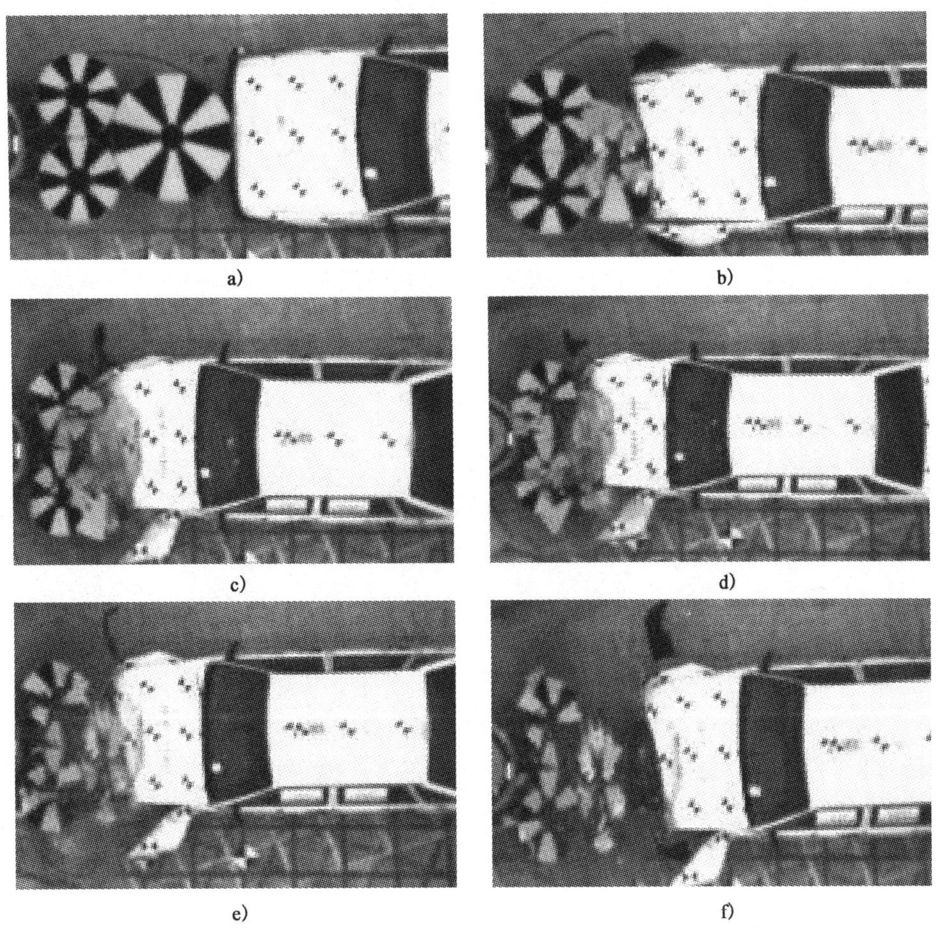

图 6-72　桥梁护栏端部防撞垫碰撞过程

试验结果表明，车辆在碰到组合式防撞垫后，动能全部转化为防撞垫变形能，致车辆停驶，车辆没有穿越、翻越、骑跨、下穿防撞垫。车辆没有发生横转、掉头。加速度最大值 18.9g，满足不大于 20g 的要求，防撞垫纵向压缩最大动态变形 1 234mm，最大残留位移 980mm。车辆碰撞后车内乘员生存空间未受到影响，没有碰撞物侵入驾驶室内及阻挡驾驶员视线。其他各项指标也均满足评价标准要求。

第六节　新型安全防护设施施工工艺及设置条件

一、新型安全防护设施施工工艺

1. 箱式填石护栏施工工艺

(1)工艺流程

①护栏箱体模板加工制作。

②绑扎、安装钢筋并检验钢筋安装质量与尺寸。

③护栏混凝土箱体预制、养护。

④场地平整，放样定位。

⑤护栏基础嵌固槽开挖、基础找平。

⑥预制箱体现场就位、安装。

⑦护栏线形调整。

⑧分层填筑片石(毛石)。

⑨护栏顶部砂浆抹面。

⑩填充护栏基础与路面的缝隙。

(2)施工注意事项

①箱式填石护栏的内箱体模板在竖直方向上可分两段加工，分段处同螺栓拼接。

②绑扎、安装钢筋并检验钢筋安装质量与尺寸。

③箱式填石护栏混凝土箱体预制时可分层进行混凝土浇筑。先支设箱体外层模板，进行箱体底部混凝土浇筑，浇筑高度为100mm，浇筑时基础底面应预埋外箱体底板与内箱体底板的连接螺栓，以保证护栏箱体四周浇筑时内箱体模板定位准确、支设稳固。

护栏箱体四周浇筑可分两层进行，首先进行第一层混凝土模板的支护，可采用辅助钢筋或木条在内、外层模板间做支撑，待模板支护完毕并检查各部分强度能够进行混凝土浇筑时，开始进行混凝土的浇筑，浇筑高度可以取为500mm(具体可根据现场及模板情况进行调整，但应保证混凝土的不同部分能得到充分振捣)，待第一层混凝土强度达到设计强度的70%以后，支设箱体内第二层模板，模板支护及混凝土浇筑同上。为避免浇筑后出现分层现象，需将前一层的表面凿毛后再进行下一层混凝土的浇筑。

在浇筑混凝土的过程中，混凝土拌和物应采用机械振捣，一般可用附着在侧模的振捣器，辅以插入式振捣器振动密实，但应避开钢筋位置。振捣时间应以拌和物停止下沉、不再冒气泡并表面泛出水泥浆为准，不应过振。在振捣过程中，应随时检查模板，如有变形或松动，应及时采取措施补救。

④护栏混凝土箱体预制完成后且强度达到70%时，方可拆模，拆模后应按照相应规范进行养护，待混凝土强度满足要求后，方可运输至示范工程路段进行现场安装。

⑤预制护栏箱体应预留吊装孔，以便于运输及现场安装。

⑥预制护栏箱体在运输过程中应注意避免边角处的损坏，安装之前应合理存放。存放场地应开阔、平坦、清洁，有一定的排水措施。摆放时水平向应留有一定间距，以便于吊装施工。

⑦护栏基础施工首先应保证场地(或道路)平整，基础需定位准确，基础需保证护栏底部填土及背部填土压实度满足《公路路基施工技术规范》(JTG F10—2006)的要求，保证护栏基础稳定性，避免护栏安装后发生不均匀沉降。对于挡墙路段，可在开挖护栏基础时，将挡墙开挖至护栏基础底面高度，待护栏施工完成后，再将护栏背部挡墙浇筑至路面高度。

⑧护栏安装应从一端逐步向前推进，护栏的线形应保证与公路的平纵线形相协调，保证护栏沿行车方向及竖直方向接缝密实、线条平顺，不得有错台现象，企口连接处缝隙不应大于10mm。

⑨填筑护栏所用毛石规格应满足毛石砌体的要求，不要用太小的石块填筑。填筑时底部先铺一层砂浆，然后填筑一层毛石，之上再每铺一层砂浆，填筑一层毛石，直至达到箱体顶面。

⑩箱式填石护栏箱体内填石完成后，顶面需用砂浆抹面，并按要求进行养护。

⑪护栏基础与路面的缝隙用沥青麻絮填充。

2. 延展式基础护栏

(1)工艺流程

①混凝土护栏模板的制作。

②场地平整，放样定位。

③护栏基础嵌固槽开挖、基础找平。

④绑扎、安装钢筋，并检验钢筋安装质量与尺寸。

⑤支设护栏模板，准备混凝土浇筑。

⑥混凝土现场浇筑及养护。

⑦拆模后，对现浇护栏表面与施工质量存在缺陷处进行修整。

(2)施工注意事项

①护栏基础施工首先应保证场地（或道路）平整，基础需定位准确，基础需保证护栏底部填土及背部填土压实度满足《公路路基施工技术规范》(JTG F10—2006)的要求，保证护栏基础的稳定性。对于挡墙路段，可在开挖护栏基础时，将挡墙开挖至护栏基础底面高度，待护栏施工完成后，再将护栏背部挡墙浇筑至路面高度。

②护栏施工用混凝土和砂浆强度等级应符合设计要求。

③现浇工艺混凝土护栏放样定位直接影响到模板的安装、护栏浇筑施工质量及护栏强度水平，因此需定位准确，确定模板安装位置及高程。

④现浇工艺护栏模板要求板面平整、接缝严密。

⑤现场浇筑混凝土护栏时，应分段支模，混凝土护栏的外形尺寸、厚度和基面高程应符合施工设计图纸要求，经检查无误后，方可进行浇筑。浇筑过程应保证施工的连续性，每段混凝土护栏必须一次浇筑完成。

⑥施工中的沉降缝和变形缝要严格按照设计要求进行设置和处理，在施工缝处采用传力杆连接，缝隙处填充泡沫板及沥青麻絮。

⑦现浇工艺混凝土护栏浇筑完成后，经过养护且混凝土强度达到设计强度的70%后，方可拆模，拆模过程中不得损坏混凝土护栏的边角。

⑧现浇工艺混凝土护栏的养护工作需严格执行相关标准规范中混凝土室外养护的规定，拆模后应定期洒水养护，可采用湿治养护或塑料薄膜养护等方法。

3. 桥梁轻质防侧翻护栏

(1)工艺流程

①护栏钢构件的加工制作。

②桥侧场地平整，放样定位，旧桥需按图纸要求拆除原有桥侧护栏（栏杆）基础。

③桥侧基础找平。

④绑扎、安装钢筋（旧桥植入钢筋），并检验钢筋安装质量与尺寸。

⑤桥梁护栏基础预埋螺栓及基础定位预埋钢板的定位安装。

⑥支设桥梁护栏混凝土基础模板，准备混凝土浇筑。

⑦桥梁护栏混凝土现场浇筑，在浇筑过程中，应及时检查并调整预埋螺栓、预埋钢板的位置。

⑧混凝土基础养护。

⑨拆模后，对桥梁护栏混凝土基础表面与施工质量存在缺陷处进行修整。

⑩安装护栏上部钢构件，并检查安装质量。

(2)施工注意事项

①护栏钢构件在加工制作时，横梁、立柱、防阻块、连接螺栓、拼接螺栓、预埋螺栓、螺母、垫片、预埋钢板等的尺寸及材料强度应严格遵循图纸设计要求。

②旧桥护栏施工时，需按图纸要求将原有桥侧护栏(栏杆)基础拆除至新型护栏基础施工所需的高度。

③绑扎、安装钢筋应定位准确，旧桥植入钢筋时，植入钢筋工艺及植筋胶的选取需满足植筋的相关规范要求。

④浇筑混凝土前，应仔细检查预埋螺栓与预埋钢板位置，检查无误后可将预埋螺栓、预埋钢板和钢筋通过辅助钢筋进行点焊固定，以保证定位准确，之后可进行混凝土浇筑。

⑤桥梁护栏混凝土基础放样定位直接影响到模板的安装、护栏基础浇筑施工质量及护栏强度水平，因此需定位准确，确定模板安装位置及高程。

⑥护栏混凝土基础模板要求板面平整、接缝严密。

⑦护栏混凝土基础施工用混凝土强度等级应符合设计要求。

⑧护栏混凝土基础浇筑完成后，经过养护且混凝土强度达到设计强度的70%后，方可拆模，拆模过程中不得损坏混凝土基础的边角。

⑨护栏混凝土基础的养护工作需严格执行相关标准规范中混凝土室外养护的规定，拆模后应定期洒水养护，可采用湿治养护或塑料薄膜养护等方法。

⑩桥梁护栏上部钢构件的安装质量直接影响到桥梁轻质防侧翻护栏的结构强度，需严格按照设计图纸的要求安装，各紧固件需安装牢固，位置正确。安装后应仔细核对各构件的安装质量。

4.改进型钢筋混凝土护栏

(1)工艺流程

工艺流程同“延展式基础护栏”。

(2)施工注意事项

施工注意事项同“延展式基础护栏”。

5.单坡面砌石护栏

(1)工艺流程

①场地平整，放样定位。

②基础打桩(或埋桩)。

③护栏端部框架定位，拉线。

④护栏底面砂浆找平。

⑤布置钢丝网并固定。

⑥砌筑片石（毛石）。

⑦砂浆抹面。

⑧护栏养护。

(2)施工注意事项

①护栏基础保持平整，基础压实度应满足《公路路基施工技术规范》(JTG F10—2006)的要求，保证护栏基础稳定性。

②桩基灌注混凝土时，必须振捣密实，并控制好桩位和垂直度，轴线偏差小于±1cm，垂直度偏差小于1cm。

③沿护栏长向钢丝网之间搭接处用铁线捆扎。钢丝网框架的固定应在两竖向网片之间加直径6mm或8mm的钢筋棍做支撑，沿护栏长向间距为每米两根，沿护栏竖直向布置为顶面、中线、底面各一根。护栏下层两网片加钢筋支撑并用铁丝连接后，竖立成无顶盖的U形槽，槽内砌完片石后顶部用铁丝连接起来（顶部的钢筋支撑与底部、中部支撑要先做好）。

④砌筑护栏所用片石规格应满足片石砌体的要求，不要用太小的石块堆砌，注意砌缝要错开，不要形成通缝。

⑤护栏砌筑应满足砌筑规范要求，砌缝砂浆要饱满，护栏砌筑完成后采用同强度等级砂浆及时抹面。护栏砌筑时，先在底面上铺筑3～5cm厚的砂浆层；砌筑方法为先砌一层钢丝网外部的石头，再砌一层网内部的石头，然后铺一层砂浆，再砌筑一层。砌筑时钢丝网内外的砌筑高度尽量保持一致。对于非迎撞面，为避免砌筑时钢丝网漏浆，可贴着钢丝网先布石块。砌筑过程中钢丝网有少量外鼓属正常现象，可适当控制，但不应影响钢丝网整体强度，不应出现网的断开、破裂现象。

⑥砌石护栏墙体砌筑完成后，迎撞面及非迎撞面均需用砂浆抹面。砌筑前可用钢筋、木条或竹条做好护栏两端的框架，施工时在框架上拉上线。由下往上砌筑时，每砌筑一层，线往上挪一定高度，由此来控制迎撞面的斜面及非迎撞面的直面的水平（顺直）度。

⑦施工中的沉降缝和变形缝要严格按照设计要求进行设置和处理，每25～40m设置一道沉降缝，沉降缝宽度为2～3cm，沉降缝设在距立柱1m的位置上。沉降缝处两段护栏应在地面以上60cm处沿行车方向设置一根传力杆，传力杆使用直径28mm钢棒，外加直径35mm、壁厚1mm的套管，施工中套管应准确定位。缝隙处填充泡沫板及沥青麻絮。

6.桥梁护栏端部组合式防撞垫

(1)工艺流程

①桥梁护栏端部组合式防撞垫钢构件、塑料构件的加工制作。

②桥梁护栏端部场地平整，放样定位。

③绑扎、安装桥梁护栏端部组合式防撞垫基础的钢筋，预埋钢管，并检验钢筋、钢管的安装质量与尺寸。

④支设桥梁护栏端部组合式防撞垫混凝土基础模板，准备混凝土浇筑。

⑤防撞垫混凝土基础现场浇筑，浇筑过程中，应及时检查并调整预埋钢管的位置。

⑥防撞垫混凝土基础养护。

⑦拆模后，对防撞垫混凝土基础表面与施工质量存在缺陷处进行修整。

⑧安装桥梁护栏端部组合式防撞垫上部构件，并检查安装质量。

(2)施工注意事项

①组合式防撞垫各构件在加工制作时,构件尺寸及材料强度应严格遵循图纸设计要求。组合式防撞垫加工时,消能桶Ⅰ、Ⅱ的内、外桶必须采用整板弯卷成形;消能桶Ⅰ接缝、消能桶Ⅱ接缝、消能桶与隔板及构件Ⅰ的连接可采用螺栓连接;各个构件上的螺孔,必须定位正确,螺孔壁应光滑、无毛刺。

②组合式防撞垫的构件表面应均匀、光滑、连续,无肉眼可分辨的小孔、坑洞、裂隙、脱皮及其他有害缺陷。允许有不大于公称厚度 20%的轻微凹痕、突起、压痕和擦伤。

③所有金属构件均应先采用热浸镀锌的方法进行防腐处理,并符合《高速交通工程钢构件防腐技术条件》(GB/T 18226—2000)的规定,镀锌完毕后,防撞垫的所有金属构件表面应再进行涂塑处理,但紧固件除外。表面缺陷在涂塑前可采用修磨方法清理,切断面及安装孔不允许有卷沿、飞边和严重毛刺。

④绑扎、安装钢筋及预埋钢管应定位准确。

⑤浇筑混凝土前,应仔细检查钢筋及预埋钢管位置,检查无误后方可进行混凝土基础浇筑。

⑥组合式防撞垫混凝土基础施工用混凝土强度等级应符合设计要求。

⑦组合式防撞垫混凝土基础浇筑完成后,经过养护使混凝土强度达到设计强度的 70%后,方可拆模,拆模过程中不得损坏混凝土基础的边角。

⑧组合式防撞垫混凝土基础的养护工作需严格执行相关标准规范中混凝土室外养护的规定,拆模后应定期洒水养护,可采用湿治养护或塑料薄膜养护等方法。

⑨组合式防撞垫上部构件的定位及安装质量直接影响到桥梁护栏端部吸能装置的结构强度及吸能效果,施工时基础应定位准确,消能桶、连接构件之间应连接牢固,消能桶内填充物的填充量应严格执行设计图纸材料量的要求。安装后应仔细核对各构件的安装质量。

⑩组合式防撞垫应与桥梁护栏可靠连接,以保证桥梁护栏端部防护的连续性及有效性。

⑪组合式防撞垫反光膜的色度性能、光度性能、耐候性、耐盐雾腐蚀性能、耐溶剂性能、抗冲击、耐弯曲、抗高低温性能应符合《公路交通标志反光膜》(GB/T 18833—2002)的要求。

二、新型安全防护设施适用范围及设置条件

1. 箱式填石护栏

箱式填石护栏设计防撞能力 160kJ,护栏采用嵌固式基础,依靠护栏箱体与箱内填石的自重抵抗失控车辆碰撞力。箱式填石护栏适用于山区低等级公路路肩宽度大于 90cm 的危险路段,预制箱体工艺可减少混凝土运输造成的材料损耗与环境污染,毛石材料便于石料丰富的山区就地取材,箱内填石法与企口连接施工工艺简便,可不断路施工。护栏最小设置长度为 52m。

2. 延展式基础护栏

延展式基础护栏设计防撞能力 160kJ,护栏路面以上基础底宽 30cm,从节约土地资源、减少占用路基宽度的角度体现出护栏的“资源节约型”设计理念。护栏上部结构与底部延展式基础协同受力,依靠自身的重力抵抗失控车辆碰撞力,延展式基础还可作为行车路面使用。延展

式基础护栏适用于山区低等级公路路肩宽度大于 50cm 的危险路段，此种护栏结构可有效减少占用路基础宽度，节约土地资源。护栏最小设置长度为 67m。

3. 桥梁轻质防侧翻护栏

桥梁轻质防侧翻护栏设计防撞能力 160kJ，适用于山区低等级公路中小桥、桥梁翼缘板 *A-A* 截面(图 6-32)单位长度所能承受弯矩不小于 20.6kN·m 的情况。该桥梁护栏采用了材料轻质与结构轻质的设计理念，护栏不过分增加桥梁荷载。

4. 改进型钢筋混凝土护栏

改进型钢筋混凝土护栏设计防撞能力 160kJ，适用于山区低等级公路路肩宽度大于 80cm 的危险路段，护栏采用嵌固式基础，且基础埋深较浅，施工工艺简单。护栏钢筋用量少，每延米材料费低于 200 元，造价较低。护栏结构美观大方，可用于对景观要求较高的山区公路。护栏最小设置长度为 65m。

5. 单坡面砌石护栏

单坡面砌石护栏设计防撞能力 160kJ，适用于山区低等级公路土路肩宽度大于 60cm 的危险路段。护栏每延米材料费低于 200 元，造价较低。石材结构便于就地取材，减少材料与运输成本，有利于资源节约和环境保护。护栏最小设置长度为 30m。

6. 桥梁护栏端部组合式防撞垫

组合式防撞垫防撞能力达到 229kJ，可防护 1.5t 小客车以 60km/h 的速度、0°的碰撞角度进行碰撞。适用于山区低等级公路中小桥桥梁护栏端部未设置任何防护设施的危险路段，能有效吸收碰撞能量，防止车辆碰撞桥梁护栏端部时由于车辆变形过大或碰撞加速度过大而导致的车辆与乘员的伤害，降低事故严重程度。

第七章　现有安全防护设施安全性能验证

国际上普遍认为，实车碰撞试验是确定安全防护设施安全性能的直接和最可靠手段。我国以往的研究已对部分现有安全防护设施结构进行了实车碰撞实验验证，结合已有研究成果，并考虑山区公路实际应用条件，本章对 14 种安全设施的安全性能进行验证，如表 7-1 所示。

验证的安全设施参数　　表 7-1

<table>
<tr><th>编号</th><th>类别</th><th colspan="2">标准防护等级</th><th>结构形式</th><th>验证条件</th></tr>
<tr><td>1</td><td rowspan="7">路基段护栏</td><td colspan="2">B 级波形梁护栏</td><td>4m 立柱间距，114mm 立柱，3mm 板厚，托架</td><td>B 级大车
B 级小车</td></tr>
<tr><td>2</td><td colspan="2">旧规范 JTJ 074—94 版 S 级波形梁护栏</td><td>2m 立柱间距，114mm 立柱，3mm 板厚，托架、防阻块</td><td>A 级大车
A 级小车</td></tr>
<tr><td>3</td><td colspan="2">SB 级三波形梁</td><td>2m 立柱间距，130mm 立柱，4mm 板厚，防阻块</td><td>SB 级大车
SB 级小车</td></tr>
<tr><td>4</td><td colspan="2">Am 级组合型波形梁护栏</td><td>2m 立柱间距，140mm 立柱，4mm 板厚，横隔梁</td><td>A 级大车
A 级小车</td></tr>
<tr><td>5</td><td colspan="2">波形梁护栏地锚式端头</td><td>2m 立柱间距，140mm 立柱，4mm 板厚</td><td>A 级小车</td></tr>
<tr><td>6</td><td colspan="2">波形梁护栏外展圆式端头</td><td>2m 立柱间距，140mm 立柱，4mm 板厚</td><td>A 级小车</td></tr>
<tr><td>7</td><td colspan="2">三角地带护栏及防撞桶布设</td><td>中央分隔带波形梁护栏端头，3 个防撞桶</td><td>A 级大车
A 级小车</td></tr>
<tr><td>8</td><td rowspan="5">桥梁护栏</td><td rowspan="3">金属护栏</td><td>B 级</td><td>$H \geqslant 90$cm，$G \geqslant 10$cm，立柱间距 $\leqslant 2$m</td><td>B 级大车</td></tr>
<tr><td>9</td><td>SB 级</td><td>$H \geqslant 100$cm，$G \geqslant 5$cm，立柱间距 $\leqslant 2$m</td><td>SB 级大车
SB 级小车</td></tr>
<tr><td>10</td><td>SA 级</td><td>$H \geqslant 125$cm，$G \geqslant 5$cm，立柱间距 $\leqslant 1.5$m</td><td>SA 级大车
SA 级小车</td></tr>
<tr><td>11</td><td rowspan="2">混凝土护栏</td><td>SB 级 F 型</td><td>$H=90$cm</td><td>SB 级大车
SB 级小车</td></tr>
<tr><td>12</td><td>SB 级单坡型</td><td>$H=90$cm</td><td>SB 级大车
SB 级小车</td></tr>
<tr><td>13</td><td rowspan="2">护栏过渡段</td><td colspan="2">BT-1</td><td>SB 级桥梁钢筋混凝土护栏与 A 级路基波形梁护栏过渡段</td><td>SB 级大车
SB 级小车</td></tr>
<tr><td>14</td><td colspan="2">BT-2</td><td>SB 级桥梁钢筋混凝土护栏与 A 级路基波形梁护栏过渡段</td><td>SB 级大车
SB 级小车</td></tr>
</table>

第一节　试 验 设 备

(1)实车碰撞牵引轨道(图7-1):全长400m的全封闭牵引轨道,车辆通过轨道固定装置,由两台340kW电机牵引钢索,实现车辆在固定前进方向上的均匀加速,速度控制误差在±2%范围内。试验室拥有宽度60m、长度60m的封闭侧碰、翻滚碰撞广场和宽度100m、长度150m的开放式公路护栏碰撞广场。

图7-1　实车碰撞试验牵引轨道及设备

(2)高分辨率数字高速摄像机:每一次碰撞试验场地配置4台高分辨率数字高速摄像机(图7-2),型号包括IDTY5、N3以及PhantomV9.1型摄像机,具体参数如下。

①高达2 352×1 728分辨率的色彩。

②全分辨率状态下速率可达1 000fps。

③低分辨率状态下速率可达39 000fps。

④1 280×1 024@1 000帧图像。

⑤能承受100G的冲击。

⑥高达16GB的内存。

高速摄像机主要作用是记录试验过程中车辆与护栏碰撞的全过程,分析车辆运行轨迹、车辆运行状态、护栏最大动态变形量等指标。

图7-2　高速摄像机

(3)试验假人(图 7-3):小型客车在试验中使用 HYBIRD Ⅲ型 50%分位男性假人。试验过程中,在试验假人头部安装 3 个单轴加速度传感器,胸部安装 1 个位移传感器,左右腿分别安装 1 个力传感器。主要用于测试碰撞试验中乘员风险指标,包括试验假人头部 HPC、胸部 THPC、腿部 FPC 指标。

(4)车载数据采集系统(图 7-4):试验使用 DTS G5 96 通道数据采集系统,主要用于采集车体三方向加速度以及试验假人的所有试验数据。在一般情况下,数据采集频率设定为 10 000 样本/s,可有效记录各项数据,为后期数据处理和乘员风险分析提供可靠数据保障。

图 7-3 HYBIRD Ⅲ型试验假人

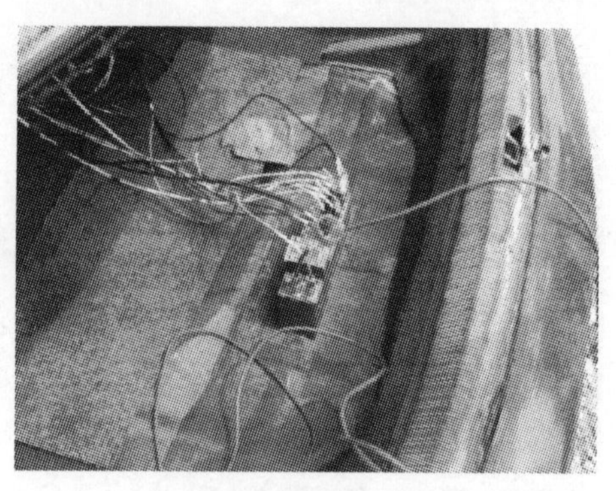

图 7-4 数据采集系统

图 7-5 三维场景碰撞试验信息精确采集系统

(5)三维场景碰撞试验信息精确采集系统(图 7-5):为提高本试验项目的数据准确度和可靠性,配备 3Dlaser 三维场景碰撞试验信息精确采集系统,主要用于采集试验前以及试验后的车辆和护栏的二维或三维图像信息。

(6)测速仪(图 7-6):配备 NC200 测速仪、橡胶气压管检测器,主要用于测试车辆碰撞前的驶入和驶出速度,用来测试精确试验条件,计算试验碰撞能量,分析试验是否满足预期目的。

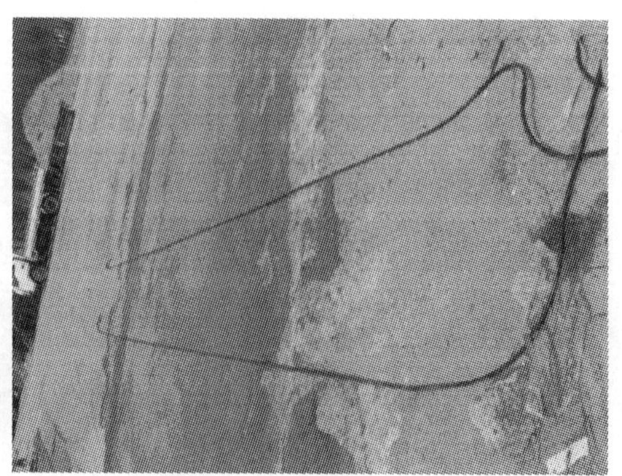

图 7-6 测速仪

第二节　B 级波形梁护栏

一、试验条件

旧规范《高速公路交通安全设施设计及施工技术规范》(JTJ 074—94)中的 A 级护栏更新到新规范《公路交通安全设施设计规范》(JTG D81—2006)中，成为 B 级护栏。在 2006 年版标准发布实施前，该型护栏在国内使用最为普遍。

试验护栏结构与《公路交通安全设施设计规范》(JTG D81—2006)中所给出的 B 级路侧波形梁钢护栏(防阻块型)结构一致，如图 7-7 所示。

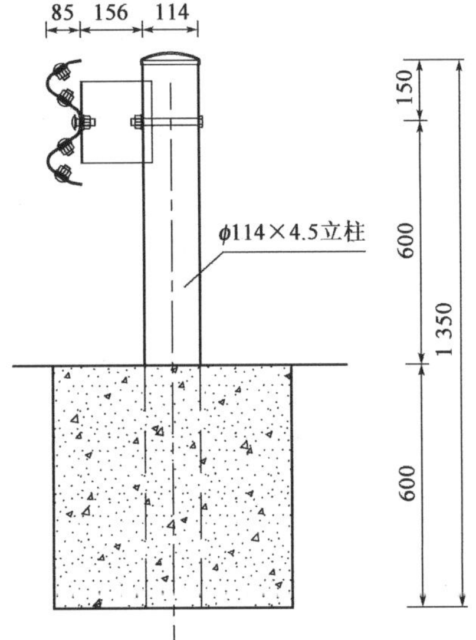

图 7-7　B 级路侧波形梁钢护栏图(尺寸单位：mm)

护栏系统由护栏板(4 320mm×310mm×85mm×3mm)、立柱(φ114mm×1 350mm×4.5mm)、防阻块(196mm×178mm×200mm×3mm)及紧固件组成，护栏立柱埋入方式为混凝土基础式，埋入深度为 60cm，横梁中心高度为 60cm，立柱间距为 4m。验证试验所用护栏样品的结构规格和原材料性能均符合《公路交通安全设施设计规范》(JTG D81—2006)和《公路波形梁钢护栏》(JT/T 281—2007)的规定。

对B级路侧波形梁钢护栏(防阻块型)进行B级货车(10t,40km/h,20°)的实车碰撞试验验证,试验条件如表7-2所示。

B级路侧波形梁护栏大货车试验条件 表7-2

<table>
<tr><td colspan="5">试验描述:货车(KJZC-R-09D)</td></tr>
<tr><td>护栏名称</td><td colspan="2">B级路侧波形梁钢护栏(防阻块型)</td><td>试验段长度</td><td>60m(30跨)</td></tr>
<tr><td>碰撞条件</td><td colspan="2">货车(10t,40km/h,20°)</td><td>试验等级</td><td>B级</td></tr>
<tr><td>试验依据</td><td colspan="2">JTG/T F83-01—2004,MASH 2009,BS EN 1317</td><td>试验时间</td><td>2012年03月15日</td></tr>
<tr><td>试验场地</td><td colspan="4">公路交通试验场:沥青路面</td></tr>
<tr><td rowspan="4">试验条件</td><td>车辆自重</td><td>实际碰撞速度</td><td>实际碰撞角度</td><td>牵引方式</td></tr>
<tr><td>3.946t</td><td>40.9km/h</td><td>20°</td><td>坡道式</td></tr>
<tr><td>车辆总重</td><td>温度</td><td>湿度</td><td>风力</td></tr>
<tr><td>9.988t</td><td>7℃,晴</td><td>25%</td><td>7.2km/h,不定</td></tr>
<tr><td>试验前车辆情况</td><td colspan="2">车辆名称:解放
车辆状态:军绿货车、各系统完备、车身状况良好、门窗齐全</td><td colspan="2">其他:车厢配载并固定</td></tr>
</table>

二、试验结果及分析

依据我国JTG/T F83-01—2004护栏评价体系对实车碰撞试验结果进行判定,判定结果如表7-3所示。

依据JTG/T F83-01—2004对B级路侧波形梁护栏安全防护性能的判定 表7-3

<table>
<tr><td colspan="5">试验报告:检测依据JTG/T F83-01—2004</td></tr>
<tr><td colspan="2" rowspan="2">试验项目</td><td rowspan="2">技术要求</td><td colspan="2">试验结果</td></tr>
<tr><td>试验值</td><td>单项结论</td></tr>
<tr><td rowspan="4">防护性能</td><td>小型车</td><td rowspan="2">护栏应能够有效地阻挡车辆,并对车辆进行正确导向,车辆不得以任何形式穿越、翻越、骑跨、下穿护栏</td><td>—</td><td>—</td></tr>
<tr><td>客车</td><td>符合要求</td><td>合格</td></tr>
<tr><td>小型车</td><td rowspan="2">在碰撞过程中护栏可以在可预期的情况下变形,但脱离组件、碰撞碎片(护栏碎片)或其他护栏上的碰撞物不能侵入驾驶室内及阻挡驾驶员的视线</td><td>—</td><td>—</td></tr>
<tr><td>客车</td><td>符合要求</td><td>合格</td></tr>
<tr><td rowspan="6">乘员风险(小型车)</td><td rowspan="3">假人</td><td>假人头部性能指标 HPC≤1 000</td><td>—</td><td>—</td></tr>
<tr><td>假人胸部性能指标 THPC≤75mm</td><td>—</td><td>—</td></tr>
<tr><td>假人腿部性能指标 FPC≤10kN</td><td>—</td><td>—</td></tr>
<tr><td rowspan="3">车体</td><td>x轴10ms间隔平均值的最大值 $a_x \leq 20g$</td><td>—</td><td>—</td></tr>
<tr><td>y轴10ms间隔平均值的最大值 $a_y \leq 20g$</td><td>—</td><td>—</td></tr>
<tr><td>z轴10ms间隔平均值的最大值 $a_z \leq 20g$</td><td>—</td><td>—</td></tr>
</table>

续上表

试验报告:检测依据 JTG/T F83-01—2004				
试 验 项 目		技 术 要 求	试 验 结 果	
			试验值	单项结论
驶出角度	小型车	车辆碰撞后驶出角度不大于碰撞角度的 60%	—	—
	客车		65.5%	不合格
车辆运行轨迹	小型车	碰撞后在距离实际碰撞点 20m 区域内,试验车辆的任何部位不得越过 2.2m+车宽(m)+0.16 车长(m)	—	—
	客车		不符合要求	不合格
车辆运行状态	小型车	碰撞后车辆应保持正常行驶姿态,可以有适当的摇晃、倾斜,但不得发生横转、调头、翻车等现象	—	—
	客车		符合要求	合格
护栏最大动态变形量	小型车	≤100cm	—	—
	客车		90cm	合格

B 级路侧波形梁钢护栏共进行了 1 次客车实车碰撞试验。经实车碰撞试验验证,B 级路侧波形梁钢护栏在 B 级的碰撞条件下能够对客车进行防护,引导车辆驶出护栏。但试验结果表明,试验车辆驶出护栏角度为 13.1°,不符合我国交通行业标准《高速公路护栏安全性能评价标准》(JTG F83-01—2004)要求驶出角度不大于碰撞角度 60%的规定,其车辆运行轨迹也超出标准中所规定的限制宽度。

经分析,车辆驶出角度稍大于标准上限 1.1°,为试验车辆原因引起,与护栏结构本身关系较小,可判定 B 级结构波形梁钢护栏安全防护性能基本合格。

第三节　旧规范 JTJ 074—94 版 S 级波形梁路侧护栏

S 级路侧两波形梁钢护栏(托架型和防阻块型)是旧规范《高速公路交通安全设施设计及施工技术规范》(JTJ 074—94)推荐的结构,与该规范中所规定的 A 级波形梁刚护栏结构相比,其结构上主要区别为:A 级波形梁护栏立柱间距为 4m,而 S 级波形梁护栏立柱间距为 2m。在 JTJ 074—94 规范中规定“S 级护栏属于加强型,适合用于路侧特别危险的路段使用”,其设计条件为:10t,80km/h,15°。

在《公路交通安全设施设计规范》(JTG D81—2006)标准发布实施前,该形式波形梁钢护栏在国内使用较为普遍,2006 年之前修建的高速公路、一级公路以及城市快速路的路侧危险路段使用该种护栏。为验证该种形式是否符合现行规范防撞等级的要求,按照现行规范高速公路路侧护栏最低防撞等级 A 级进行实车碰撞试验。

试验所用 S 级波形梁钢护栏样品的结构规格和原材料性能均符合旧规范《高速公路交通安全设施设计及施工技术规范》(JTJ 074—94)和旧规范《高速公路波形梁钢护栏》(JT/T 281—95)的规定。

一、托架型S级波形梁路侧护栏

1. 试验条件

托架型S级波形梁路侧护栏结构如图7-8所示。

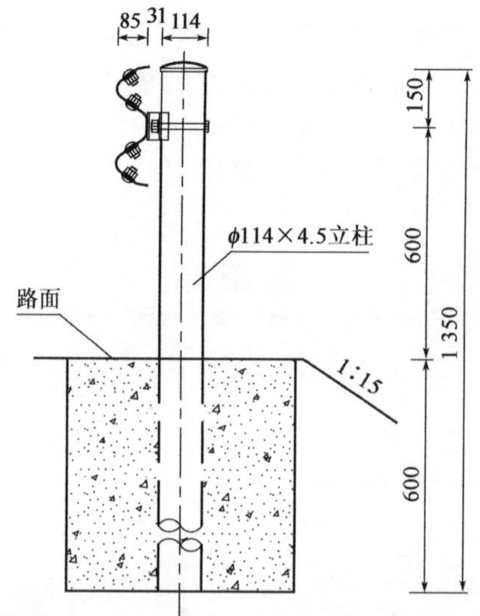

图7-8　托架型S级路侧波形梁钢护栏(尺寸单位:mm)

护栏系统由护栏板(4 320mm×310mm×85mm×3mm)、立柱(ϕ114mm×1 350mm×4.5mm)、托架及紧固件组成,护栏立柱埋入方式为混凝土基础式,埋入深度为60cm,横梁中心高度为60cm,立柱间距为2m。

依据我国交通行业标准《公路护栏安全性评价标准》(送审稿),对S级路侧波形梁钢护栏(托架型)进行A级货车(10t,60km/h,20°)和小客车(1.5t,100km/h,20°)的实车碰撞试验验证,试验车辆状况如图7-9和图7-10所示。

其他试验条件如表7-4和表7-5所示。

2. 试验结果及分析

(1)小客车碰撞。

车辆碰撞后左前轮脱离、前保险杠脱离、前风窗玻璃裂纹,与护栏碰撞后,顺利导向驶出(图7-11)。

图 7-9　托架型 S 级路侧波形梁护栏小客车试验车辆

图 7-10　托架型 S 级路侧波形梁护栏大货车试验车辆

碰撞点在 11 号立柱(20m)处，碰撞后护栏残留静态变形量 55cm，护栏变形区域长度 8m，与车辆接触长度 7m；3 根立柱折弯变形，后 2 根立柱上的托架撕裂，如图 7-12 所示。

托架型 S 级路侧波形梁护栏小客车试验条件　表 7-4

试验描述：小客车(KJZC-R-21C)				
护栏名称	S 级路侧波形梁钢护栏(托架型)		试验段长度	60m(30 跨)
碰撞条件	小型车(1.5t,100km/h,20°)		试验等级	A 级
试验依据	JTG/T F83-01　2004,MASH 2009,BS EN 1317		试验时间	2012 年 02 月 21 日
试验场地	公路交通试验场：沥青路面			
试验条件	车辆自重	实际碰撞速度	实际碰撞角度	牵引方式
	1.337t	100km/h	20°	坡道式
	车辆总重	温度	湿度	风力
	1.471t	3℃，晴	33%	7.2km/h，不定
试验前车辆情况	车辆名称：丰田皇冠 2.8L 车辆状态：黑色三厢轿车、各系统完备、车身状况良好、门窗齐全		其他：车内配载平固定	

托架型 S 级路侧波形梁护栏大货车试验条件　　表 7-5

试验描述:货车(KJZC-R-21C)				
护栏名称	S级路侧波形梁钢护栏(托架型)		试验段长度	60m(30 跨)
碰撞条件	货车(10t,60km/h,20°)		试验等级	A 级
试验依据	JTG/T F83-01—2004,MASH 2009,BS EN 1317		试验时间	2012 年 02 月 07 日
试验场地	公路交通试验场:沥青路面			
试验条件	车辆自重	实际碰撞速度	实际碰撞角度	牵引方式
	—	61.27km/h	20°	坡道式
	车辆总重	温度	湿度	风力
	10.0t	3℃,雾霭	45%	7.2km/h,西北偏北风
试验前车辆情况	车辆名称:解放 车辆状态:军绿货车、各系统完备、车身状况良好、门窗齐全		其他:车厢配载并固定	

图 7-11　与托架型 S 级路侧波形梁护栏碰撞后的小客车

图 7-12　小客车碰撞后的托架型 S 级路侧波形梁护栏

(2)货车碰撞。

车辆左前轮胎爆胎,保险杠变形,车辆与护栏碰撞后未导向,冲出护栏后翻车,如图 7-13 所示。

图 7-13　与托架型 S 级路侧波形梁护栏碰撞后的大货车

碰撞点在 6 号板起始端(20m 处),6 号板末端断裂(拼接螺孔处);11～18 号立柱倾斜;13～15 号、16～18 号立柱上的托架与立柱脱离;6～9 号板变形;6 号板前部波纹展开,末端断裂;7、8 号板折弯卷曲,9 号板略变形。大货车碰撞后的托架型 S 级路侧波形梁护栏如图 7-14 所示。

图 7-14　大货车碰撞后的托架型 S 级路侧波形梁护栏

(3)试验结果。

分别依据我国 JTG/T F83-01—2004、美国 MASH 2009、欧盟 BS EN 1317 护栏评价体系对实车碰撞试验结果进行判定,判定结果如表 7-6～表 7-8 所示。

依据 JTG/T F83-01—2004 对托架型 S 级路侧波形梁护栏安全防护性能的判定 表 7-6

试验项目		技术要求	试验结果	
			试验值	单项结论
防护性能	小型车	护栏应能够有效地阻挡车辆，并对车辆进行正确导向，车辆不得以任何形式穿越、翻越、骑跨、下穿护栏	符合要求	合格
	货车		不符合要求	不合格
	小型车	在碰撞过程中，护栏可以在可预期的情况下变形，但脱离组件、碰撞碎片（护栏碎片）或其他护栏上的碰撞物不能侵入驾驶室内及阻挡驾驶员的视线	符合要求	合格
	货车		符合要求	合格
乘员风险（小型车）	假人	假人头部性能指标 HPC≤1 000	—	—
		假人胸部性能指标 THPC≤75mm	—	—
		假人腿部性能指标 FPC≤10kN	—	—
	车体	x 轴 10ms 间隔平均值的最大值 $a_x \leqslant 20g$	19.2g	合格
		y 轴 10ms 间隔平均值的最大值 $a_y \leqslant 20g$	40.2g	不合格
		z 轴 10ms 间隔平均值的最大值 $a_z \leqslant 20g$	7.6g	合格
驶出角度	小型车	车辆碰撞后，驶出角度不大于碰撞角度的 60%	88.5%	不合格
	货车		—	—
车辆运行轨迹	小型车	碰撞后，在距离实际碰撞点 20m 区域内，试验车辆的任何部位不得越过 2.2m＋车宽(m)＋0.16 车长(m)	符合要求	合格
	货车		—	—
车辆运行状态	小型车	碰撞后，车辆应保持正常行驶姿态，可以有适当的摇晃、倾斜，但不得出现横转、调头、翻车等现象	符合要求	合格
	货车		不符合要求	不合格
护栏最大动态变形量	小型车	≤100cm		合格
	货车		—	—

依据 MASH 2009 对托架型 S 级路侧波形梁护栏安全防护性能的判定 表 7-7

评价要素	评价标准		试验结果	
			试验值	单项结论
适宜的护栏结构	小型车	被测护栏必须始终阻挡试验车辆，并改变其行驶方向或引导车辆在可控范围内停止；试验车辆不得穿透、骑跨或者越过护栏，但允许护栏在规定范围内的横向变形弯曲	符合要求	合格
	货车		不符合要求	不合格
	小型车	被测护栏必须在一种可预期的方式下脱离、断裂和弯曲变形	符合要求	合格
	货车		符合要求	合格
	小型车	合格护栏的性能要求是： 1. 改变试验车辆行驶方向。 2. 使试验车辆在控制范围内穿透。 3. 使试验车辆在控制范围内停止	符合要求	合格
	货车		不符合要求	不合格

续上表

评价要素	评价标准		试验结果	
			试验值	单项结论
乘员保护	小型车	脱离组件、碰撞碎片或其他护栏上的碰撞残移物都不得穿透乘员车厢或具有穿透乘员车厢的趋势，也不得威胁到过往车辆、行人和在工作区内工作的人员的安全。车厢内向变形、侵入不应超过允许的范围值	符合要求	合格
	货车		符合要求	合格
	小型车	脱离组件、碰撞碎片、其他护栏上的碰撞残移物都不得阻挡驾驶员的视线或使驾驶员失去对车辆的控制	符合要求	合格
	货车		符合要求	合格
	小型车	试验车辆在碰撞过程中和碰撞之后都必须保持正立状态，最大侧翻或倾斜角度不能超过75°	符合要求	合格
	货车		—	—
	小型车	乘员碰撞速度应满足：纵向和横向OIV≤12.2m/s	横向：5.0m/s 纵向：5.8m/s	合格
	小型车	乘员骑乘加速度应满足：纵向和横向ORA≤20.49g	横向：19.2g 纵向：40.1g	不合格
试验车辆碰撞轨迹	小型车	试验车辆的驶出角度小于碰撞角度的60%，驶出角度的测量应在试验车辆刚好脱离开被测护栏的时刻	88.5%	不合格
	货车		—	—
	小型车	允许试验车辆的运行轨迹超出护栏长度	符合要求	合格
	货车		—	—

依据BS EN 1317对托架型S级路侧波形梁护栏安全防护性能的判定　　表7-8

评价要素	评价标准		试验结果	
			试验值	单项结论
护栏状况	小型车	1.护栏能阻挡车辆并导向，而护栏板不能被冲断。 2.护栏的主要部件不能脱落，护栏的部件不能穿入乘员仓及脱落伤人。 3.护栏立柱应符合安全护栏的设计准则	符合要求	合格
	货车		不符合要求	不合格
试验车辆状况	小型车	1.试验车辆的重心不能越过变形护栏的中心线。 2.试验车辆在碰撞过程中及碰撞后，应保持正常行驶状态。 3.试验车辆的运行轨迹在碰撞距离B内不能越过与护栏距离为(A+车宽+车长×0.16)的平行线。其中，轿车：A=2.2m，B=10m；其他试验车辆：A=4.4m，B=20m	符合要求	合格
	货车		不符合要求	不合格
碰撞的剧烈程度	小型车	B级：ASI≤1.4；THIV≤33km/h；PHD≤20g	ASI：1.12 THIV：27.5km/h PHD：41.1g	不合格

续上表

<table>
<tr><th rowspan="2" colspan="2">评价要素</th><th rowspan="2">评价标准</th><th colspan="2">试验结果</th></tr>
<tr><th>试验值</th><th>单项结论</th></tr>
<tr><td rowspan="2">车体乘员仓状况</td><td>小型车</td><td rowspan="2">车体乘员仓在碰撞前和碰撞后，应记录车体变形指数 VCDI(Vehicle Cockpit Deformation Index)</td><td>—</td><td>—</td></tr>
<tr><td>货车</td><td>—</td><td>—</td></tr>
<tr><td rowspan="2">护栏变形状况</td><td>小型车</td><td rowspan="2">护栏最大动态变形量 D 及响应宽度 W。
响应宽度 W 是车体或护栏在碰撞过程中最内到最外缘的最大动态距离。W 根据变形大小分为 8 个等级</td><td rowspan="2" colspan="2">—</td></tr>
<tr><td>货车</td></tr>
</table>

依据 JTG/T F83-01—2004 判定，碰撞试验结果中货车冲出护栏，不符合我国交通行业标准《高速公路护栏安全性能评价标准》(JTG/T F83-01—2004)中“护栏应能够有效地阻挡车辆，并对车辆进行正确导向，车辆不得以任何形式穿越、翻越、骑跨、下穿护栏”的要求。此外，车体 x 方向指标不符合上述要求。

依据 MASH 2009 判定，碰撞试验结果中货车冲出护栏不符合美国《公路设施安全性评估推荐标准程序》(MASH 2009)中“试验车辆不得穿透、骑跨或者越过护栏，但允许护栏在规定范围内的横向变形弯曲”的要求。此外，乘员骑乘加速度 OIV(x 方向)指标不符合上述要求。

依据 BS EN 1317 判定，碰撞试验结果中货车冲出护栏不符合《道路防护系统》(BS EN 1317)中“护栏能阻挡车辆并导向，而护栏板不能被冲断”的要求。此外，碰撞剧烈程度中 THIV 指标不符合上述要求。

二、防阻块型 S 级波形梁路侧护栏

1. 试验条件

防阻块型 S 级波形梁路侧护栏结构如图 7-15 所示。

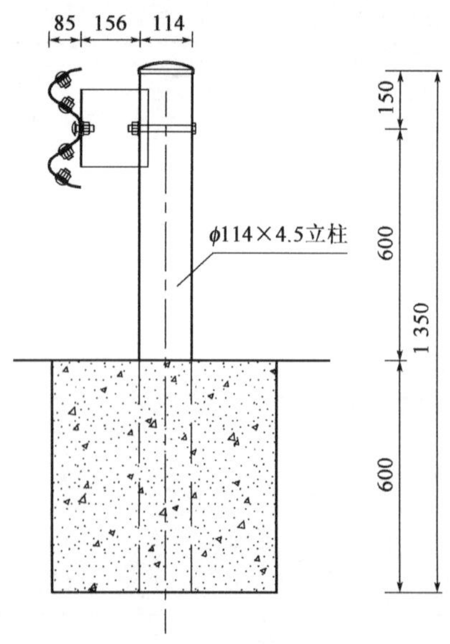

图 7-15 防阻块型 S 级路侧波形梁钢护栏(尺寸单位:mm)

试验段护栏由护栏板(4 320mm×310mm×85mm×3mm)、立柱(φ114mm×1 350mm×4.5mm)、防阻块(196mm×178mm×200mm×3mm)及紧固件组成。试验段护栏立柱埋置于混凝土基础中，混凝土基础尺寸为 60cm×60cm×60cm。

依据我国交通行业标准《公路护栏安全性评价标准》(送审稿)，对 S 级路侧波形梁钢护栏(托架型)进行 A 级货车(10t，60km/h，20°)和小客车(1.5t，100km/h，20°)的实车碰撞试验验证，试验车辆状况如图 7-16 和图 7-17 所示。

其他试验条件见表 7-9 表 7-10。

图 7-16　防阻块型 S 级路侧波形梁护栏小客车试验车辆

图 7-17　防阻块型 S 级路侧波形梁护栏大货车试验车辆

2. 试验结果及分析

(1)小客车碰撞。

车辆碰撞后左前轮脱离(阻绊于 13 号立柱处)、前保险杠脱离，与护栏碰撞后，顺利导向驶出，如图 7-18 所示。

防阻块型 S 级路侧波形梁护栏小客车试验条件　　表 7-9

试验描述:小客车(KJZC-R-21B)				
护栏名称	S 级路侧波形梁钢护栏(防阻块型)		试验段长度	60m(30 跨)
碰撞条件	小型车(1.5t,100km/h,20°)		试验等级	A 级
试验依据	JTG/T F83-01—2004,MASH 2009,BS EN 1317		试验时间	2012 年 02 月 14 日
试验场地	公路交通试验场:沥青路面			
试验条件	车辆自重	实际碰撞速度	实际碰撞角度	牵引方式
	1.199t	98.4km/h	20°	坡道式
	车辆总重	温度	湿度	风力
	1.464t	5℃,雾霭	13%	21.6km/h,北风
试验前车辆情况	车辆名称:标志 505 车辆状态:黑色三厢轿车、各系统完备、车身状况良好、门窗齐全		其他:车内配载平固定	

防阻块型 S 级路侧波形梁护栏大货车试验条件　　表 7-10

<table>
<tr><td colspan="5">试验描述：货车(KJZC-R-21B)</td></tr>
<tr><td>护栏名称</td><td colspan="2">S 级路侧波形梁钢护栏(防阻块型)</td><td>试验段长度</td><td>60m(30 跨)</td></tr>
<tr><td>碰撞条件</td><td colspan="2">货车(10t,60km/h,20°)</td><td>试验等级</td><td>A 级</td></tr>
<tr><td>试验依据</td><td colspan="2">JTG/T F83-01—2004,MASH 2009,BS EN 1317</td><td>试验时间</td><td>2012 年 02 月 07 日</td></tr>
<tr><td>试验场地</td><td colspan="4">公路交通试验场：沥青路面</td></tr>
<tr><td rowspan="4">试验条件</td><td>车辆自重</td><td>实际碰撞速度</td><td>实际碰撞角度</td><td>牵引方式</td></tr>
<tr><td>3.79t</td><td>59.6km/h</td><td>20°</td><td>坡道式</td></tr>
<tr><td>车辆总重</td><td>温度</td><td>湿度</td><td>风力</td></tr>
<tr><td>9.94t</td><td>−5℃,晴</td><td>20%</td><td>32.4km/h,西北偏北风</td></tr>
<tr><td>试验前车辆情况</td><td colspan="2">车辆名称：东风
车辆状态：军绿货车、各系统完备、车身状况良好、门窗齐全</td><td colspan="2">其他：车厢配载并固定</td></tr>
</table>

图 7-18　与防阻块型 S 级路侧波形梁护栏碰撞后的小客车

碰撞点在 11 号立柱(20m)处，碰撞后护栏残留静态变形量 59.5cm，11～13 号立柱倾斜；5～7号板变形；11～14 号防阻块变形，如图 7-19 所示。

图 7-19　小客车碰撞后的防阻块型 S 级路侧波形梁护栏

(2)货车碰撞。

车辆左前轮胎爆胎，保险杠变形，车辆与护栏碰撞后未导向，冲出护栏后翻车，如图 7-20 所示。

碰撞点在 6 号板起始端(20m 处)，12～16 号立柱倾斜；6～8 号板变形；1～18 号立柱上的防阻块变形，如图 7-21 所示。

图 7-20　与防阻块型 S 级路侧波形梁护栏碰撞后的大货车

图 7-21　大货车碰撞后的防阻块型 S 级路侧波形梁护栏

(3)试验结果。

分别依据我国 JTG/T F83-01—2004、美国 MASH 2009、欧盟 BS EN 1317 护栏评价体系对实车碰撞试验结果进行判定，判定结果如表 7-11～表 7-13 所示。

依据 JTG/T F83-01—2004 对防阻块型 S 级路侧波形梁护栏安全防护性能的判定　表 7-11

<table>
<tr><th colspan="2" rowspan="2">试验项目</th><th rowspan="2">技术要求</th><th colspan="2">试验结果</th></tr>
<tr><th>试验值</th><th>单项结论</th></tr>
<tr><td rowspan="4">防护性能</td><td>小型车</td><td rowspan="2">护栏应能够有效地阻挡车辆，并对车辆进行正确导向，车辆不得以任何形式穿越、翻越、骑跨、下穿护栏</td><td>符合要求</td><td>合格</td></tr>
<tr><td>货车</td><td>不符合要求</td><td>不合格</td></tr>
<tr><td>小型车</td><td rowspan="2">在碰撞过程中，护栏可以在可预期的情况下变形，但脱离组件、碰撞碎片（护栏碎片）或其他护栏上的碰撞物不能侵入驾驶室内及阻挡驾驶员的视线</td><td>符合要求</td><td>合格</td></tr>
<tr><td>货车</td><td>符合要求</td><td>合格</td></tr>
</table>

续上表

试验项目		技术要求	试验结果	
			试验值	单项结论
乘员风险(小型车)	假人	假人头部性能指标 HPC≤1 000	—	—
		假人胸部性能指标 THPC≤75mm	—	—
		假人腿部性能指标 FPC≤10kN	—	—
	车体	x 轴 10ms 间隔平均值的最大值 a_x≤20g	10.4g	合格
		y 轴 10ms 间隔平均值的最大值 a_y≤20g	15.2g	合格
		z 轴 10ms 间隔平均值的最大值 a_z≤20g	6.2g	合格
驶出角度	小型车	车辆碰撞后,驶出角度不大于碰撞角度的 60%	62%	不合格
	货车		—	—
车辆运行轨迹	小型车	碰撞后,在距离实际碰撞点 20m 区域内,试验车辆的任何部位不得越过 2.2m+车宽(m)+0.16 车长(m)	符合要求	合格
	货车		—	—
车辆运行状态	小型车	碰撞后,车辆应保持正常行驶姿态,可以有适当的摇晃、倾斜,但不得发生横转、调头、翻车等现象	符合要求	合格
	货车		—	—
护栏最大动态变形量	小型车	≤100cm		合格
	货车		—	—

依据 MASH 2009 对防阻块型 S 级路侧波形梁护栏安全防护性能的判定 表 7-12

试验报告:检测依据 MASH 2009				
评价要素	评价标准		试验结果	
			试验值	单项结论
适宜的护栏结构	小型车	被测护栏必须始终阻挡试验车辆并改变其行驶方向或引导车辆在可控范围内停止;试验车辆不得穿透、骑跨或者越过护栏,但允许护栏在规定范围内的横向变形弯曲	符合要求	合格
	货车		不符合要求	不合格
	小型车	被测护栏必须在一种可预期的方式下脱离、断裂和弯曲变形	符合要求	合格
	货车		符合要求	合格
	小型车	合格护栏的性能要求是: 1.改变试验车辆行驶方向。 2.使试验车辆在控制范围内穿透。 3.使试验车辆在控制范围内停止	符合要求	合格
	货车		不符合要求	不合格
乘员保护	小型车	脱离组件、碰撞碎片或其他护栏上的碰撞残移物都不得穿透乘员车厢或具有穿透乘员车厢的趋势,也不得威胁到过往车辆、行人和在工作区内工作的人员的安全。车厢内向变形、侵入应不超过允许的范围值	符合要求	合格
	货车		符合要求	合格

续上表

试验报告:检测依据 MASH 2009				
评价要素	评 价 标 准		试 验 结 果	
			试验值	单项结论
乘员保护	小型车	脱离组件、碰撞碎片、其他护栏上的碰撞残移物都不得阻挡驾驶员的视线或使驾驶员失去对车辆的控制	符合要求	合格
	货车		符合要求	合格
	小型车	试验车辆在碰撞过程中和碰撞之后,都必须保持正立状态,最大侧翻或倾斜角度不能超过 75°	符合要求	合格
	货车		—	—
	小型车	乘员碰撞速度应满足:纵向和横向 OIV≤12.2m/s	横向:5.4m/s 纵向:3.9m/s	合格
	小型车	乘员骑乘加速度应满足:纵向和横向 ORA≤20.49g	横向:8.6g 纵向:15.4g	不合格
试验车辆碰撞轨迹	小型车	试验车辆的驶出角度小于碰撞角度的 60%,驶出角度的测量应在试验车辆刚好脱离开被测护栏的时刻	62%	不合格
	货车		—	—
	小型车	允许试验车辆的运行轨迹超出护栏长度	符合要求	合格
	货车		—	—

依据 BS EN 1317 对防阻块型 S 级路侧波形梁护栏安全防护性能的判定　表 7-13

试验报告:检测依据 BS EN 1317				
评价要素	评 价 标 准		试 验 结 果	
			试验值	单项结论
护栏状况	小型车	1. 护栏能阻挡车辆并导向,而护栏板不能被冲断。 2. 护栏的主要部件不能脱落,护栏的部件不能穿入乘员仓及脱落伤人。 3. 护栏立柱应符合安全护栏的设计准则	符合要求	合格
	货车		不符合要求	不合格
试验车辆状况	小型车	1. 试验车辆的重心不能越过变形护栏的中心线。 2. 试验车辆在碰撞过程中及碰撞后,应保持正常行驶状态。 3. 试验车辆的运行轨迹在碰撞距离 B 内不能越过与护栏距离为(A+车宽+车长×0.16)的平行线。其中,轿车:A=2.2m,B=10m;其他试验车辆:A=4.4m,B=20m	符合要求	合格
	货车		不符合要求	不合格
碰撞的剧烈程度	小型车	A 级:ASI≤1.0;THIV≤33km/h;PHD≤20g	ASI:0.98 THIV:24.0km/h PHD:15.9g	合格

续上表

试验报告:检测依据 BS EN 1317				
评价要素	评价标准		试验结果	
			试验值	单项结论
车体乘员仓状况	小型车	车体乘员仓在碰撞前和碰撞后,应记录车体变形指数 VCDI(Vehicle Cockpit Deformation Index)	—	—
	货车		—	—
护栏变形状况	小型车	护栏最大动态变形量 D 及响应宽度 W。 响应宽度 W 是车体或护栏在碰撞过程中最内到最外缘的最大动态距离。W 根据变形大小分为 8 个等级	—	
	货车			

依据 JTG/T F83-01—2004 判定,碰撞试验结果中货车冲出护栏,不符合我国交通行业标准《高速公路护栏安全性能评价标准》(JTG/T F83-01—2004)中"护栏应能够有效地阻挡车辆,并对车辆进行正确导向,车辆不得以任何形式穿越、翻越、骑跨、下穿护栏"的要求。

依据 MASH 2009 判定,碰撞试验结果中货车冲出护栏不符合美国《公路设施安全性评估推荐标准程序》(MASH 2009)中"试验车辆不得穿透、骑跨或者越过护栏,但允许护栏在规定范围内的横向变形弯曲"的要求。

依据 BS EN 1317 判定,碰撞试验结果中货车冲出护栏不符合《道路防护系统》(BS EN 1317)中"护栏能阻挡车辆并导向,而护栏板不能被冲断"的要求。

鉴于旧规范 JTJ 074—94 规定的 S 级波形梁路侧护栏在 JTG D81—2006 规范中已经不再使用,故本研究未对其进行结构改进研究和验证,实际应用中的 S 级护栏,如需改进,可拆除旧护栏,直接设置新的达到 A 级标准的波形梁钢护栏。

第四节 SB 级三波形梁钢护栏

一、试验条件

SB 级路侧三波形梁钢护栏是我国高速公路应用较多的一种路基护栏形式。本次试验所用 SB 级波形梁钢护栏样品的结构规格和原材料性能均符合《公路交通安全设施设计规范》(JTG D81—2006)和《公路波形梁钢护栏》(JT/T 281—2007)的规定。试验护栏结构图如图 7-22 所示。

各项试验条件如表 7-14 所示。

二、试验结果及分析

各项试验结果如表 7-15 所示。

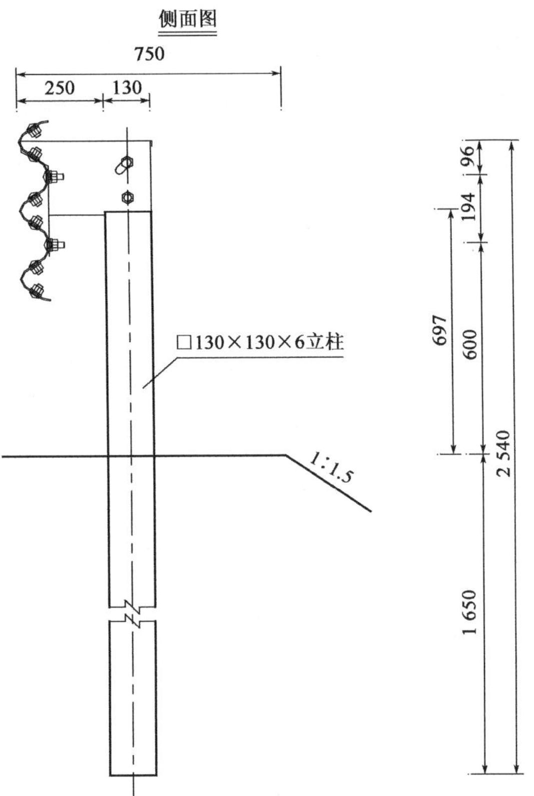

图 7-22　SB 级路侧三波形梁钢护栏构造图(尺寸单位:mm)

SB 级三波形梁护栏碰撞试验条件　　表 7-14

试验描述:小客车(KJZC-R-04c)				
护栏名称	SB 级路侧三波形梁钢护栏		试验段长度	52m(26 跨)
碰撞条件	小客车(1.5t,100km/h,20°)		试验等级	SB 级
试验依据	JTG/T F83-01—2004,MASH 2009,BS EN 1317		试验时间	2010 年 11 月 22 日
试验场地	公路交通试验场:沥青路面			
试验条件	车辆自重	实际碰撞速度	实际碰撞角度	牵引方式
	1.21t	99.13km/h	20°	卷扬机牵引
	车辆总重	温度	湿度	风力
	1.42t	7℃,雾霭	25%	10.8km/h,北风
试验前车辆情况	车辆名称:大宇赛手 车辆状态:紫色三厢轿车、手动挡、各系统完备、车身状况良好、门窗齐全		其他:安装试验假人驾驶员(男)、副驾驶(女)	
试验前护栏情况	护栏基础形式	土基打入式	立柱打入深度	1 650mm
	立柱总长度	2 540mm	立柱间距	2m

续上表

<table>
<tr><td colspan="3">试验描述：小客车（KJZC-R-04c）</td></tr>
<tr><td>试验前护栏情况</td><td colspan="2">护栏基本描述：
1. 横梁（三波板）中心高度697mm；立柱外边缘距路肩250mm，边坡深810mm，边坡宽1 320mm，边坡坡度1∶1.5。
2. 在KJZC-R-04b（大客车）试验后对护栏进行修复；更换4块（16m）护栏板及相应立柱。
3. SB级路侧波形梁钢护栏由三波波形梁钢板（506mm×85mm×4mm）、立柱（□130mm×130mm×6mm）和防阻块（300mm×200mm×290mm×4.5mm）等组成；护栏起始端固定于混凝土墩上</td></tr>
<tr><td>试验后车辆情况</td><td>车辆驶出角度：11.6°
车辆损坏情况：车辆右前叶子板飞出，前机盖弹开，右前轮爆胎。右侧刮蹭变形，右前车门打开，前风挡开裂，前保险杠松脱。其余门窗无变形，假人完好</td><td>车辆状态：车辆碰撞后顺利导向驶出，小半径向左转弯，冲撞场地左侧护栏后停止</td></tr>
<tr><td>试验后护栏情况</td><td colspan="2">碰撞点：距起始端14m（第8号立柱）　护栏残留静态变形量：30cm
护栏基本描述：
1. 4～6号板变形；8～10号立柱基础开裂；9、10号防阻块焊缝开裂。
2. 8～10号柱明显倾斜：8号柱倾斜角度为 $\sin^{-1}(11/89)=7.1°$；9号柱倾斜角度为 $\sin^{-1}(18/89)=11.7°$、10号柱倾斜角度为 $\sin^{-1}(14/89)=9.1°$。
3. 护栏整体与车辆接触长度4m。
4. 护栏响应变形长度12m</td></tr>
</table>

<table>
<tr><td colspan="5">试验描述：大客车（KJZC-R-04b）</td></tr>
<tr><td>护栏名称</td><td colspan="2">SB级路侧三波形梁钢护栏</td><td>试验段长度</td><td>52m（26跨）</td></tr>
<tr><td>碰撞条件</td><td colspan="2">大客车（10t，80km/h，20°）</td><td>试验等级</td><td>SB级</td></tr>
<tr><td>试验依据</td><td colspan="2">JTG/T F83-01—2004，MASH 2009，BS EN 1317</td><td>试验时间</td><td>2010年11月09日</td></tr>
<tr><td>试验场地</td><td colspan="4">公路交通试验场：沥青路面</td></tr>
<tr><td rowspan="4">试验条件</td><td>车辆自重</td><td>实际碰撞速度</td><td>实际碰撞角度</td><td>牵引方式</td></tr>
<tr><td>7.4t</td><td>79.97km/h</td><td>20°</td><td>卷扬机牵引</td></tr>
<tr><td>车辆总重</td><td>温度</td><td>湿度</td><td>风力</td></tr>
<tr><td>9.5t</td><td>8℃，晴</td><td>32%</td><td>3.6km/h</td></tr>
<tr><td>试验前车辆情况</td><td colspan="2">车辆名称：中国上饶
车辆状态：车辆准乘38人、驾驶员风窗玻璃缺失，前脸盖缺失；其余各系统完备、车身状况良好、门窗齐全</td><td colspan="2">其他：无</td></tr>
<tr><td rowspan="3">试验前护栏情况</td><td>护栏基础形式</td><td>土基打入式</td><td>立柱埋入深度</td><td>1 650mm</td></tr>
<tr><td>立柱总长度</td><td>2 540mm</td><td>立柱间距</td><td>2m</td></tr>
<tr><td colspan="4">护栏基本描述：
1. 使用三波波形梁钢板（506mm×85mm×4mm）、立柱（□130mm×130mm×6mm）和防阻块（300mm×200mm×290mm×4.5mm）。
2. 护栏横梁中心高度平均值为670mm；立柱间距平均值为2 001mm；立柱外边缘距离路肩边线距离平均值为250mm；边沟深度810mm、宽度1 320mm，边坡坡度1∶1.5。
3. 护栏行车方向起始端由钢丝绳锚固于混凝土墩上</td></tr>
</table>

续上表

试验描述:大客车(KJZC-R-04b)		
试验后车辆情况	车辆驶出角度:5.3° 车辆损坏情况:车辆前脸破损、前风窗玻璃及右侧玻璃破碎,其余完好	车辆状态:车体右前保险杠与护栏碰撞,顺利导向驶出,右侧与护栏刮蹭,尾部右侧与护栏碰撞
试验后护栏情况	碰撞点:行车方向第4块板0.5m处(12.5m) 护栏残留静态变形量:90cm 护栏基本描述: 1.6~11号立柱倾斜:6号立柱横向位移距离为40cm;7号立柱横向位移距离为70cm;8号立柱横向位移距离为90cm;9号立柱横向位移距离为79cm;10号立柱横向位移距离为60cm;11号立柱横向位移距离为40cm。 2.护栏残留静态变形长度为14m。 3.10号立柱根部断裂。 4.6~11号立柱基础破坏。 5.其余构件完好	

SB级三波形梁护栏碰撞试验结果 表7-15

试验报告:检测依据 JTG/T F83-01—2004				
试验项目		技术要求	试验结果	
			试验值	单项结论
防护性能	小客车	护栏应能够有效地阻挡车辆,并对车辆进行正确导向,车辆不得以任何形式穿越、翻越、骑跨、下穿护栏	符合要求	合格
	货车		符合要求	合格
	小客车	在碰撞过程中,护栏可以在可预期的情况下变形,但脱离组件、碰撞碎片(护栏碎片)或其他护栏上的碰撞物不能侵入驾驶室内及阻挡驾驶员的视线	符合要求	合格
	货车		符合要求	合格
乘员风险(小型车)	假人	假人头部性能指标 HPC≤1 000	43.0	合格
		假人胸部性能指标 THPC≤75mm	—	—
		假人腿部性能指标 FPC≤10kN	0.73	合格
	车体	x 轴 10ms 间隔平均值的最大值 $a_x \leq 20g$	10.0	合格
		y 轴 10ms 间隔平均值的最大值 $a_y \leq 20g$	11.3	合格
		z 轴 10ms 间隔平均值的最大值 $a_z \leq 20g$	8.6	合格
驶出角度	小客车	车辆碰撞后,驶出角度不大于碰撞角度的60%(12°)	11.6°	合格
	货车		5.3°	合格
车辆运行轨迹	小客车	碰撞后,在距离实际碰撞点20m区域内,试验车辆的任何部位不得越过2.2m+车宽(m)+0.16车长(m)	符合要求	合格
	货车		符合要求	合格
车辆运行状态	小客车	碰撞后,车辆应保持正常行驶姿态,可以有适当的摇晃、倾斜,但不得发生横转、调头、翻车等现象	符合要求	合格
	货车		符合要求	合格
护栏最大动态变形量	小客车	≤1 000mm	300mm	合格
	货车		950mm	合格

续上表

试验报告:检测依据 MASH 2009				
评价要素	评价标准		试验结果	
			试验值	单项结论
适宜的护栏结构	小客车	被测护栏必须始终阻挡试验车辆并改变其行驶方向或引导车辆在可控范围内停止;试验车辆不得穿透、骑跨或者越过护栏,但允许护栏在规定范围内的横向变形弯曲	符合要求	合格
	货车		符合要求	合格
	小客车	被测护栏必须在一种可预期的方式下脱离、断裂和弯曲变形	符合要求	合格
	货车		符合要求	合格
	小客车	合格护栏的性能要求是: 1.改变试验车辆行驶方向。 2.使试验车辆在控制范围内穿透。 3.使试验车辆在控制范围内停止	符合要求	合格
	货车		符合要求	合格
乘员保护	小客车	脱离组件、碰撞碎片或其他护栏上的碰撞残移物都不得穿透乘员车厢或具有穿透乘员车厢的趋势,也不得威胁到过往车辆、行人和在工作区内工作的人员的安全。车厢内向变形、侵入应不超过允许的范围值	—	—
	货车		—	—
	小客车	脱离组件、碰撞碎片、其他护栏上的碰撞残移物都不得阻挡驾驶员的视线或使驾驶员失去对车辆的控制	符合要求	合格
	货车		符合要求	合格
	小客车	试验车辆在碰撞过程中和碰撞之后都必须保持正立状态,最大侧翻或倾斜角度不能超过 75°	符合要求	合格
	货车		符合要求	合格
	小客车	乘员碰撞速度应满足:纵向和横向 OIV≤12.2m/s	横向:0.8m/s 纵向:0.4m/s	合格
	小客车	乘员骑乘加速度应满足:纵向和横向 ORA≤20.49g	横向:9.5g 纵向:−11.0g	合格
试验车辆碰撞轨迹	小客车	试验车辆的驶出角度小于碰撞角度的 60%,驶出角度的测量应在试验车辆刚好脱离开被测护栏的时刻	11.6°	合格
	货车		5.3°	合格
	小客车	允许试验车辆的运行轨迹超出护栏长度	符合要求	合格
	货车		符合要求	合格

续上表

试验报告：检测依据 BS EN 1317				
评价要素	评价标准		试验结果	
			试验值	单项结论
护栏状况	小客车	1. 护栏能阻挡车辆并导向，而护栏板不能被冲断。 2. 护栏的主要部件不能脱落，护栏的部件不能穿入乘员仓及脱落伤人。 3. 护栏立柱应符合安全护栏的设计准则	符合要求	合格
	货车		符合要求	合格
试验车辆状况	小客车	1. 试验车辆的重心不能越过变形护栏的中心线。 2. 试验车辆在碰撞过程中及碰撞后，应保持正常行驶状态。 3. 试验车辆的运行轨迹在碰撞距离 B 内不能越过与护栏距离为(A＋车宽＋车长×0.16)的平行线。其中，轿车：A＝2.2m，B＝10m；其他试验车辆：A＝4.4m，B＝20m	符合要求	合格
	货车		符合要求	合格
碰撞的剧烈程度	小客车	A 级：ASI≤1.0；THIV≤33km/h；PHD≤20g	ASI：0.96 THIV：3.1km/h PHD：13.9g	合格
车体乘员仓状况	小客车	车体乘员仓在碰撞前和碰撞后，应记录车体变形指数 VCDI(Vehicle Cockpit Deformation Index)	—	—
	货车		—	—
护栏变形状况	小客车	护栏最大动态变形量 D 及响应宽度 W。 响应宽度 W 是车体或护栏在碰撞过程中最内到最外缘的最大动态距离。W 根据变形大小分为 8 个等级	D＝1.4m W5	
	货车		D＝0.4m W1	

依据我国交通行业标准《高速公路护栏安全性能评价标准》(JTG/T F83-01—2004)，经实车碰撞试验验证，SB 级路侧三波形梁钢护栏在 SB 级的碰撞条件下，大客车(10t，80km/h，20°)和小客车(1.5t，100km/h，20°)碰撞后，护栏防护性能、乘员风险、驶出角度、车辆运行轨迹、车辆运行状态、护栏最大动态变形量等试验项目均符合 JTG/T F83-01—2004 标准的要求。

依据美国《公路设施安全性评估推荐标准程序》(MASH 2009)，经实车碰撞试验验证，SB 级路侧三波形梁钢护栏在 SB 级的碰撞条件下，对小客车(1.5t，100km/h，20°)和大客车(10t，80km/h，20°)具有良好的导向作用，试验车辆与护栏发生碰撞后未发生穿越、翻越、骑跨护栏的现象，护栏结构和车辆运行轨迹均符合 MASH 2009 的相关规定。成员保护性能指标中“车厢内向变形、侵入应不超过允许的范围值”一项的要求，因车厢内部变形数据无法获得，同时使用试验车辆不同，试验结果不做判定。

依据欧盟标准《道路防护系统》(BS EN 1317)，经实车碰撞试验验证，SB 级路侧三波形梁钢护栏在 SB 级的碰撞条件下，对小客车(1.5t，100km/h，20°)和大客车(10t，80km/h，20°)具有良好的导向作用,试验车辆与护栏发生碰撞后未发生穿越、翻越、骑跨护栏的现象。护栏及试验车辆的状况以及护栏变形状况等性能指标均符合 BS EN1317 的要求。其中车体乘员仓状况因数据无法获得,同时使用试验车辆不同,试验结果不做判定。

第五节　Am 级组合型波形梁护栏

一、试验条件

Am 级组合型中央分隔带波形梁钢护栏在我国高速公路应用较为普遍,适用于中央分隔带宽度小于 2m 的路段,通过横隔梁将两个方向的双波形梁刚护栏板连接起来。本次实车碰撞试验采用的护栏与《公路交通安全设施设计规范》(JTG D81—2006)中所列护栏结构形式一致。试验护栏结构图如图 7-23 所示。

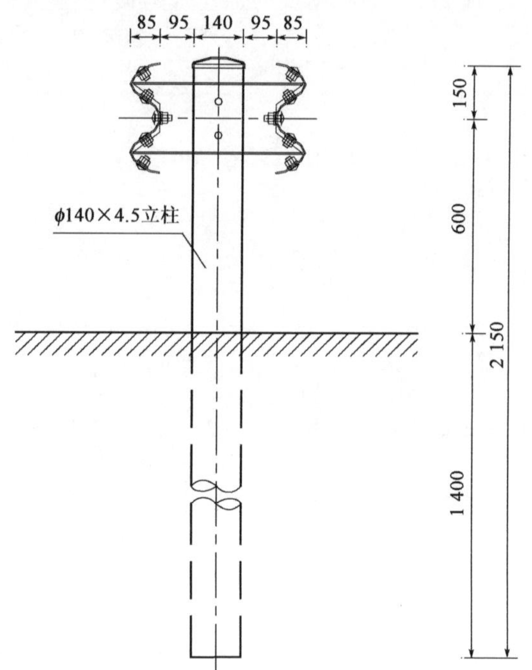

图 7-23　Am 级组合型波形梁护栏构造图(尺寸单位:mm)

各项试验条件如表 7-16 所示。

Am 级组合型波形梁护栏碰撞试验条件　　表 7-16

试验描述:小客车(KJZC-R-01a)			
护栏名称	Am 级组合型中央分隔带波形梁钢护栏	试验段长度	52m(26 跨)
碰撞条件	小客车(1.5t,100km/h,20°)	试验等级	Am 级
试验依据	JTG/T F83-01—2004,MASH 2009,BS EN 1317	试验时间	2010 年 07 月 09 日

续上表

<table>
<tr><td colspan="5">试验描述：小客车(KJZC-R-01a)</td></tr>
<tr><td>试验场地</td><td colspan="4">公路交通试验场：沥青路面</td></tr>
<tr><td rowspan="4">试验条件</td><td>车辆自重</td><td>实际碰撞速度</td><td>实际碰撞角度</td><td>牵引方式</td></tr>
<tr><td>1.37t</td><td>100.98km/h</td><td>20°</td><td>卷扬机牵引</td></tr>
<tr><td>车辆总重</td><td>温度</td><td>湿度</td><td>风力</td></tr>
<tr><td>1.48t</td><td>29℃，晴</td><td>—</td><td>9km/h，南风</td></tr>
<tr><td>试验前车辆情况</td><td colspan="2">车辆名称：Nissan
车辆状态：银色轿车、各系统完备、车身状况良好、门窗齐全</td><td colspan="2">其他：安装试验假人驾驶员(男)、副驾驶(女)</td></tr>
<tr><td rowspan="3">试验前护栏情况</td><td>护栏基础形式</td><td>标准土壤路基打入式</td><td>立柱埋入深度</td><td>1 400mm</td></tr>
<tr><td>横梁中心高度</td><td>600mm</td><td>立柱间距</td><td>2m</td></tr>
<tr><td colspan="4">护栏基本描述：
1. Am级中央分隔带组合型波形梁钢护栏由二波形梁钢板2(310mm×85mm×4mm)、立柱(φ140mm×4.5mm)、横隔梁(480mm×200mm×50mm×4.5mm)和螺栓(M16×35-8.8级、M16×45-8.8级、M16×170-4.8级)组成，符合JTG/T D81—2006规定。
2. 护栏整体未镀锌</td></tr>
<tr><td>试验后车辆情况</td><td colspan="2">车辆驶出角度：3.7°
车辆损坏情况：右前轮爆胎脱落、右后轮爆胎、右前侧挡窗玻璃破裂</td><td colspan="2">车辆状态：车辆无侧翻或翻滚，顺利导向驶出碰撞点</td></tr>
<tr><td>试验后护栏情况</td><td colspan="4">碰撞点：行车方向12、13号立柱位置(22m)　　护栏残留静态变形量：300mm
护栏基本描述：
1. 碰撞点11～13号立柱倾斜：11号立柱倾斜角度为$\tan^{-1}(100/750)=7.6°$；12号立柱倾斜角度为$\tan^{-1}(300/750)=21.8°$；13号立柱倾斜角度为$\tan^{-1}(90/750)=6.8°$。
2. 护栏残留静态变形长度为6.76m</td></tr>
<tr><td colspan="5">试验描述：大型车(KJZC-R-01b)</td></tr>
<tr><td>护栏名称</td><td colspan="2">Am级组合型中央分隔带波形梁钢护栏</td><td>试验段长度</td><td>52m(26跨)</td></tr>
<tr><td>碰撞条件</td><td colspan="2">大客车(10t，60km/h，20°)</td><td>试验等级</td><td>Am级</td></tr>
<tr><td>试验依据</td><td colspan="2">JTG/T F83-01—2004，MASH 2009，BS EN 1317</td><td>试验时间</td><td>2010年07月15日</td></tr>
<tr><td>试验场地</td><td colspan="4">公路交通试验场：沥青路面</td></tr>
<tr><td rowspan="4">试验条件</td><td>车辆自重</td><td>实际碰撞速度</td><td>实际碰撞角度</td><td>牵引方式</td></tr>
<tr><td>7.68t</td><td>60.5km/h</td><td>20°</td><td>卷扬机牵引</td></tr>
<tr><td>车辆总重</td><td>温度</td><td>湿度</td><td>风力</td></tr>
<tr><td>9.68t</td><td>32℃，晴</td><td>—</td><td>7.2km/h，南风</td></tr>
<tr><td>试验前车辆情况</td><td colspan="2">车辆名称：黄海客车
车辆状态：各系统完备、车身状况良好、门窗齐全</td><td colspan="2">其他：无</td></tr>
<tr><td rowspan="2">试验前护栏情况</td><td>护栏基础形式</td><td>标准土壤路基打入式</td><td>立柱埋入深度</td><td>1 400mm</td></tr>
<tr><td>横梁中心高度</td><td>600mm</td><td>立柱间距</td><td>2m</td></tr>
</table>

续上表

<table>
<tr><td colspan="3">试验描述：大型车(KJZC-R-01b)</td></tr>
<tr><td>试验前护栏情况</td><td colspan="2">护栏基本描述：
1. Am级中央分隔带组合型波形梁钢护栏由二波形梁钢板2(310mm×85mm×4mm)、立柱(φ140mm×4.5mm)、横隔梁(480mm×200mm×50mm×4.5mm)和螺栓(M16×35-8.8级、M16×45-8.8级、M16×170-4.8级)组成，符合JTG/T D81—2006规定。
2. 护栏整体未镀锌</td></tr>
<tr><td>试验后车辆情况</td><td>车辆驶出角度：1.9°
车辆损坏情况：顺护栏方向驶出，车辆右前部位略有破损</td><td>车辆状态：车辆无侧翻或翻滚，顺利导向驶出碰撞点</td></tr>
<tr><td>试验后护栏情况</td><td colspan="2">碰撞点：行车方向第11号立柱位置(20m)　　护栏残留静态变形量：730mm
护栏基本描述：
1. 碰撞点9～14号立柱倾斜：9号立柱倾斜角度为 $\sin^{-1}(80/990)=4.6°$；11号立柱倾斜角度为 $\cos^{-1}(434/965)=26.7°$；12号立柱倾斜角度为 $\cos^{-1}(695/960)=46.4°$；13号立柱倾斜角度为 $\cos^{-1}(460/947)=29.1°$；14号立柱倾斜角度为 $\cos^{-1}(95/798)=6.8°$。
2. 护栏残留静态变形长度为14m</td></tr>
</table>

二、试验结果及分析

各项试验结果如表7-17所示。

Am级组合型波形梁护栏碰撞试验结果 表7-17

<table>
<tr><td colspan="5">试验报告：检测依据JTG/T F83-01—2004</td></tr>
<tr><td colspan="2" rowspan="2">试验项目</td><td rowspan="2">技术要求</td><td colspan="2">试验结果</td></tr>
<tr><td>试验值</td><td>单项结论</td></tr>
<tr><td rowspan="4">防护性能</td><td>小客车</td><td rowspan="2">护栏应能够有效地阻挡车辆，并对车辆进行正确导向，车辆不得以任何形式穿越、翻越、骑跨、下穿护栏</td><td>符合要求</td><td>合格</td></tr>
<tr><td>大型车</td><td>符合要求</td><td>合格</td></tr>
<tr><td>小客车</td><td rowspan="2">在碰撞过程中，护栏可以在可预期的情况下变形，但脱离组件、碰撞碎片(护栏碎片)或其他护栏上的碰撞物不能侵入驾驶室内及阻挡驾驶员的视线</td><td>符合要求</td><td>合格</td></tr>
<tr><td>大型车</td><td>符合要求</td><td>合格</td></tr>
<tr><td rowspan="6">乘员风险(小型车)</td><td rowspan="3">假人</td><td>假人头部性能指标HPC≤1 000</td><td>92.6</td><td>合格</td></tr>
<tr><td>假人胸部性能指标THPC≤75mm</td><td>26.1mm</td><td>合格</td></tr>
<tr><td>假人腿部性能指标FPC≤10kN</td><td>0.9kN</td><td>合格</td></tr>
<tr><td rowspan="3">车体</td><td>x轴10ms间隔平均值的最大值 $a_x \leq 20g$</td><td>29.3g</td><td>不合格</td></tr>
<tr><td>y轴10ms间隔平均值的最大值 $a_y \leq 20g$</td><td>3.3g</td><td>合格</td></tr>
<tr><td>z轴10ms间隔平均值的最大值 $a_z \leq 20g$</td><td>8.2g</td><td>合格</td></tr>
<tr><td rowspan="2">驶出角度</td><td>小客车</td><td rowspan="2">车辆碰撞后驶出角度不大于碰撞角度的60%</td><td>18.5%</td><td>合格</td></tr>
<tr><td>大型车</td><td>9.5%</td><td>合格</td></tr>
</table>

续上表

试验报告:检测依据 JTG/T F83-01—2004				
试 验 项 目		技 术 要 求	试 验 结 果	
			试验值	单项结论
驶出速度	小客车	车辆碰撞后驶出速度不小于 70%	81%	合格
	大型车		符合要求	合格
车辆运行轨迹	小客车	碰撞后,在距离实际碰撞点 20m 区域内,试验车辆的任何部位不得越过 2.2m+车宽(m)+0.16 车长(m)	符合要求	合格
	大型车		符合要求	合格
车辆运行状态	小客车	碰撞后,车辆应保持正常行驶姿态,可以有适当的摇晃、倾斜,但不得发生横转、调头、翻车等现象	符合要求	合格
	大型车		符合要求	合格
护栏最大动态变形量	小客车	≤1 000mm	300mm	合格
	大型车		730mm	合格
试验报告:检测依据 MASH 2009				
评价要素		评 价 标 准	试 验 结 果	
			试验值	单项结论
适宜的护栏结构	小客车	被测护栏必须始终阻挡试验车辆并改变其行驶方向或引导车辆在可控范围内停止;试验车辆不得穿透、骑跨或者越过护栏,但允许护栏在规定范围内的横向变形弯曲	符合要求	合格
	大型车		符合要求	合格
	小客车	被测护栏必须在一种可预期的方式下脱离、断裂和弯曲变形	符合要求	合格
	大型车		符合要求	合格
	小客车	合格护栏的性能要求是: 1.改变试验车辆行驶方向。 2.使试验车辆在控制范围内穿透。 3.使试验车辆在控制范围内停止	符合要求	合格
	大型车		符合要求	合格
乘员保护	小客车	脱离组件、碰撞碎片或其他护栏上的碰撞残移物都不得穿透乘员车厢或具有穿透乘员车厢的趋势,也不得威胁到过往车辆、行人和在工作区内工作的人员的安全。车厢内向变形、侵入应不超过允许的范围值	—	—
	大型车		—	—
	小客车	脱离组件、碰撞碎片、其他护栏上的碰撞残移物都不得阻挡驾驶员的视线或使驾驶员失去对车辆的控制	符合要求	合格
	大型车		符合要求	合格
	小客车	试验车辆在碰撞过程中和碰撞之后都必须保持正立状态,最大侧翻或倾斜角度不能超过 75°	符合要求	合格
	大型车		符合要求	合格
	小客车	乘员碰撞速度应满足:纵向和横向 OIV≤12.2m/s	横向:5.3m/s 纵向:0.1m/s	合格
	小客车	乘员骑乘加速度应满足:纵向和横向 ORA≤20.49g	横向:10.7g 纵向:0.3g	合格

续上表

试验报告:检测依据 MASH 2009				
评 价 要 素	评 价 标 准		试 验 结 果	
			试验值	单项结论
试验车辆碰撞轨迹	小客车	试验车辆的驶出角度小于碰撞角度的 60%,驶出角度的测量应在试验车辆刚好脱离开被测护栏的时刻	符合要求	合格
	大型车		符合要求	合格
	小客车	允许试验车辆的运行轨迹超出护栏长度	符合要求	合格
	大型车		符合要求	合格
试验报告:检测依据 BS EN 1317				
评 价 要 素	评 价 标 准		试 验 结 果	
			试验值	单项结论
护栏状况	小客车	1. 护栏能阻挡车辆并导向,而护栏板不能被冲断。 2. 护栏的主要部件不能脱落,护栏的部件不能穿入乘员仓及脱落伤人。 3. 护栏立柱应符合安全护栏的设计准则	符合要求	合格
	大型车		符合要求	合格
试验车辆状况	小客车	1. 试验车辆的重心不能越过变形护栏的中心线。 2. 试验车辆在碰撞过程中及碰撞后,应保持正常行驶状态。 3. 试验车辆的运行轨迹在碰撞距离 B 内不能越过与护栏距离为(A+车宽+车长×0.16)的平行线。其中,轿车:A=2.2m,B=10m;其他试验车辆:A=4.4m,B=20m	符合要求	合格
	大型车		符合要求	合格
碰撞的剧烈程度	小客车	A 级:ASI≤1.4;THIV≤33km/h;PHD≤20g	ASI:1.36 THIV:38.7km/h PHD:3.3g	不合格
车体乘员仓状况	小客车	车体乘员仓在碰撞前和碰撞后,进行记录车体变形指数 VCDI(Vehicle Cockpit Deformation Index)	—	—
	大型车		—	—
护栏变形状况	小客车	护栏最大动态变形量 D 及响应宽度 W。 响应宽度 W 是车体或护栏在碰撞过程中最内到最外缘的最大动态距离。W 根据变形大小分为 8 个等级	D=0.30m W2(0.60m)	
	大型车		D=0.73m W3(1.00m)	

依据我国交通行业标准《高速公路护栏安全性能评价标准》(JTG/T F83-01—2004),经实车碰撞试验验证,Am 级组合型中央分隔带波形梁钢护栏在 Am 级的碰撞条件下,对小客车(1.5t,100km/h,20°)和大客车(10t,60km/h,20°)具有良好的导向作用,试验车辆与护栏发生碰撞后未发生穿越、翻越、骑跨护栏的现象。

护栏的防护性能、驶出角度、车辆运行轨迹、车辆运行状态、护栏最大动态变形量等性能指标均符合 JTG/T F83-01—2004 的要求。

其中,乘员风险中的车体 x 方向加速度 10ms 间隔平均值的最大值一项性能指标不符合 JTG/T F83-01—2004 的要求。

依据美国《公路设施安全性评估推荐标准程序》(MASH 2009),经实车碰撞试验验证,Am 级组合型中央分隔带波形梁钢护栏在 Am 级的碰撞条件下,对小客车(1.5t,100km/h,20°)和大客车(10t,60km/h,20°)具有良好的导向作用,试验车辆与护栏发生碰撞后未发生穿越、翻越、骑跨护栏的现象。护栏的结构适宜性、成员保护、试验车辆碰撞轨迹等性能指标均符合 MASH 2009 的要求。

依据欧盟标准《道路防护系统》(BS EN 1317),经实车碰撞试验验证,Am 级组合型中央分隔带波形梁钢护栏在 Am 级的碰撞条件下,对小客车(1.5t,100km/h,20°)和大客车(10t,60km/h,20°)具有良好的导向作用,试验车辆与护栏发生碰撞后未发生穿越、翻越、骑跨护栏的现象。

护栏及试验车辆的状况以及护栏变形状况等性能指标均符合 BS EN 1317 的要求。

其中碰撞的剧烈程度中的 PHD(Post-impact Head Deceleration:碰撞后头部减速度)一项指标不符合 BS EN 1317 的要求。

第六节　波形梁护栏地锚式端头

一、试验条件

外展地锚式端头是一种应用于护栏起始端或结束端的防护设施,是波形梁护栏的一部分。本次试验外展地锚式端头样品按照《公路交通安全设施设计细则》(JTG/T D81—2006)的要求进行加工和施工。实车碰撞试验以 1.5t 小客车、碰撞速度 80km/h、碰撞角度 0°试验条件进行了实车碰撞安全防护验证,其中正碰能量为 370kJ。

各项试验条件如表 7-18 所示。试验护栏结构图如图 7-24 所示。

波形梁护栏地锚式端头碰撞试验条件　　表 7-18

试验描述:小客车(KJZC-R-12)				
护栏端头	外展地锚式端头		护栏长度	37.5m
碰撞条件	小客车(1.5t,80km/h,0°)		试验等级	370kJ
试验依据	JTG/T F83-01—2004		试验时间	2011 年 08 月 30 日
试验场地	公路交通试验场:沥青路面			
试验条件	车辆自重	实际碰撞速度	实际碰撞角度	牵引方式
	1.23t	80km/h	0°	坡道式
	车辆总重	温度	湿度	风力
	1.48t	30℃,晴	58%	3.6km/h,不定
试验前车辆情况	车辆名称:奥迪 100 车辆状态:黑色三厢轿车、各系统完备、车身状况良好、门窗齐全		其他:未安装试验假人	

续上表

<table>
<tr><td colspan="5">试验描述：小客车(KJZC-R-12)</td></tr>
<tr><td rowspan="3">试验前护栏情况</td><td>护栏基础型式</td><td>混凝土</td><td>立柱打入深度</td><td>见基本描述</td></tr>
<tr><td>立柱总长度</td><td>见图 7-24</td><td>立柱间距</td><td>2m×6+4m×6</td></tr>
<tr><td colspan="4">护栏基本描述：
1. 根据 JTG/T D81—2006 进行护栏加工和施工。
2. 前 3 根立柱埋入深度 80cm，其余 10 根埋入 60cm。
3. 护栏表面喷锌</td></tr>
<tr><td>试验后车辆情况</td><td colspan="2">车辆驶出角度：11.9°
车辆损坏情况：右前轮及右前侧刮蹭；其余部分完好</td><td colspan="2">车辆状态：碰撞后顺利导向，驶出护栏</td></tr>
<tr><td>试验后护栏情况</td><td colspan="4">碰撞点：护栏端头起始端
护栏基本描述：
1. 护栏与车辆刮蹭长度 2m。
2. 护栏无明显变形</td></tr>
</table>

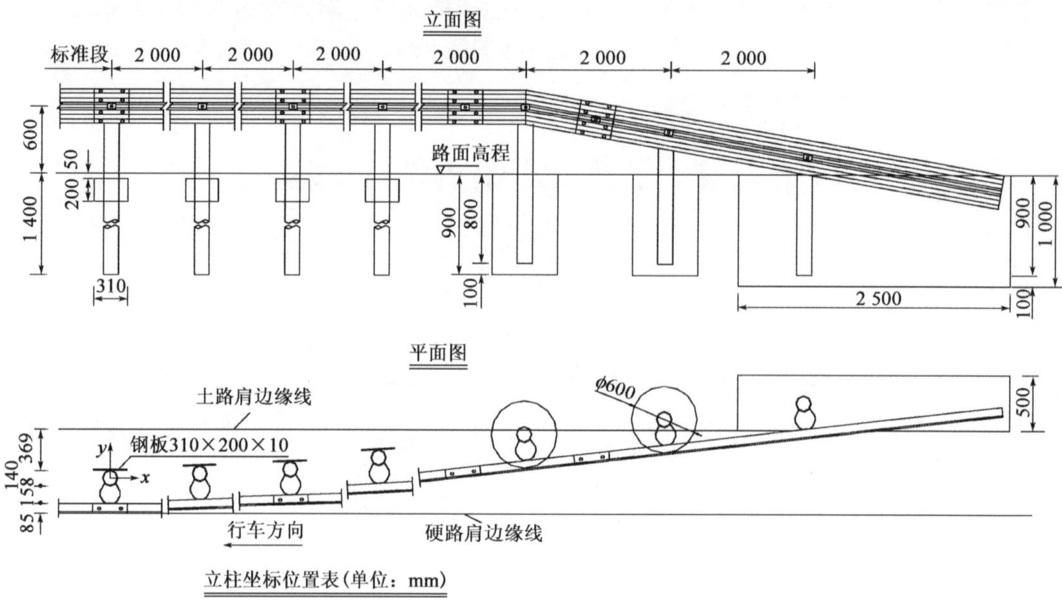

x	0	2 000	4 000	6 000	8 000	10 000	12 000
y	0	21	83	188	333	521	750

图 7-24　波形梁护栏地锚式端头构造图(尺寸单位：mm)

二、试验结果及分析

各项试验结果如表 7-19 所示。

波形梁护栏地锚式端头碰撞试验结果　　表 7-19

试验报告：检测依据 JTG/T F83-01—2004				
评价要素	评价标准		试验结果	
			试验值	单项结论
防护性能	小客车	护栏应能够有效地阻挡车辆，并对车辆进行正确导向，车辆不得以任何形式穿越、翻越、骑跨、下穿护栏	—	—
	小客车	在碰撞过程中，护栏可以在可预期的情况下变形，但脱离组件、碰撞碎片（护栏碎片）或其他护栏上的碰撞物不能侵入驾驶室内及阻挡驾驶员的视线	符合要求	合格
乘员风险（小客车）	假人	假人头部性能指标 HPC≤1 000	—	—
		假人胸部性能指标 THPC≤75mm	—	—
		假人腿部性能指标 FPC≤10kN	—	—
	车体	x 轴 10ms 间隔平均值的最大值 $a_x \leqslant 20g$	1.7g	合格
		y 轴 10ms 间隔平均值的最大值 $a_y \leqslant 20g$	4.4g	合格
		z 轴 10ms 间隔平均值的最大值 $a_z \leqslant 20g$	2.8g	合格
驶出角度	小客车	车辆碰撞后驶出角度不大于碰撞角度的 60%	—	—
车辆运行轨迹	小客车	碰撞后，在距离实际碰撞点 20m 区域内，试验车辆的任何部位不得越过 2.2m＋车宽(m)＋0.16 车长(m)	—	—
车辆运行状态	小客车	碰撞后，车辆应保持正常行驶姿态，可以有适当的摇晃、倾斜，但不得发生横转、调头、翻车等现象	符合要求	合格
护栏最大动态变形量	小客车	≤1 000mm	—	—

对外展地锚式端头进行了 1 次小客车（KJZC-R-12）实车碰撞试验。经实车碰撞试验验证，外展地锚式端头在 1.5t、80km/h、0°的碰撞条件下对小客车损伤较小，小型与护栏端头碰撞后顺利导向驶出碰撞点。

依据我国交通行业标准《高速公路护栏安全性能评价标准》（JTG/T F83-01—2004），经实车碰撞试验验证，外展圆头式端头在 1.5t、80km/h、0°的碰撞条件下，小客车（1.5t，100km/h，20°）碰撞后，乘员风险和车辆运行状态试验项目均符合 JTG/T F83-01—2004 标准的要求。

第七节　波形梁护栏外展圆式端头

一、试验条件

外展圆头式端头是一种应用于护栏起始端或结束端的防护设施，是波形梁护栏的一部分。本次试验外展圆头式端头样品按照《公路交通安全设施设计细则》(JTG/T D81—2006)的要求进行加工和施工。实车碰撞试验以 1.5t 小客车、碰撞速度 80km/h、碰撞角度 0°试验条件进行了实车碰撞安全防护验证，碰撞能量为 370kJ。试验护栏结构图如图 7-25 所示。

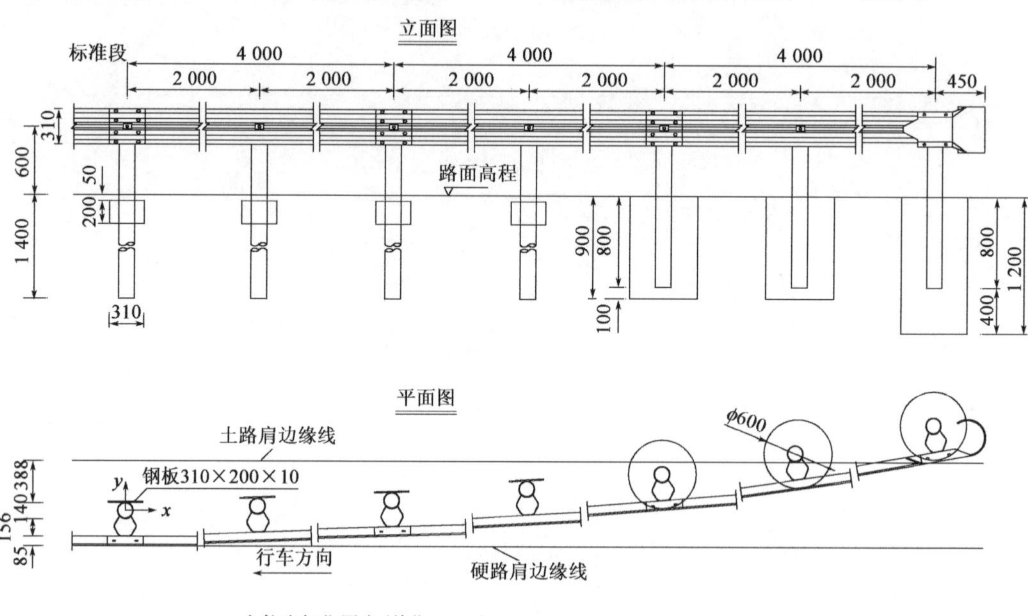

立柱坐标位置表(单位：mm)

x	0	2 000	4 000	6 000	8 000	10 000	12 000
y	0	21	83	188	333	521	750

图 7-25　波形梁护栏外展圆式端头构造图(尺寸单位：mm)

各项试验条件如表 7-20 所示。

波形梁护栏外展圆式端头碰撞试验条件　　表 7-20

<table>
<tr><td colspan="5">试验描述:小客车(KJZC-R-11)</td></tr>
<tr><td>护栏端头</td><td colspan="2">外展圆头式端头</td><td>护栏长度</td><td>12m 外展端头段+24m 标准段=36m</td></tr>
<tr><td>碰撞条件</td><td colspan="2">小客车(1.5t,80km/h,0°)</td><td>试验等级</td><td>370kJ</td></tr>
<tr><td>试验依据</td><td colspan="2">JTG/T F83-01—2004</td><td>试验时间</td><td>2011 年 08 月 23 日</td></tr>
<tr><td>试验场地</td><td colspan="4">公路交通试验场:沥青路面</td></tr>
<tr><td rowspan="4">试验条件</td><td>车辆自重</td><td>实际碰撞速度</td><td>实际碰撞角度</td><td>牵引方式</td></tr>
<tr><td>1.22t</td><td>80km/h</td><td>0°</td><td>坡道式</td></tr>
<tr><td>车辆总重</td><td>温度</td><td>湿度</td><td>风力</td></tr>
<tr><td>1.5t</td><td>31℃,晴</td><td>45%</td><td>3.6km/h,不定</td></tr>
<tr><td>试验前车辆情况</td><td colspan="2">车辆名称:大宇
车辆状态:黑色三厢轿车、各系统完备、车身状况良好、门窗齐全</td><td colspan="2">其他:未安装试验假人</td></tr>
<tr><td rowspan="3">试验前护栏情况</td><td>护栏基础形式</td><td>土基打入式</td><td>立柱打入深度</td><td>见基本描述</td></tr>
<tr><td>立柱总长度</td><td>见图 7-25</td><td>立柱间距</td><td>2m×6+4m×6</td></tr>
<tr><td colspan="4">护栏基本描述:
1.按照 JTG/T D81—2006 图纸进行施工。
2.前 3 根立柱埋入深度 80cm,其余 10 根埋入深度 60cm。
3.护栏表面喷锌处理</td></tr>
<tr><td>试验后车辆情况</td><td colspan="2">车辆损坏情况:右前侧车身顺坏严重;保险杠碎裂</td><td colspan="2">车辆状态:与端头碰撞后掉头甩尾</td></tr>
<tr><td>试验后护栏情况</td><td colspan="4">碰撞点:护栏端头起始端
护栏基本描述:
1.起始端 1 号立柱倾斜后角度为 $\cos^{-1}(15/70)=78°$。
2.起始端 2 号立柱上防阻块焊缝开裂。
3.1～8 号立柱上防阻块变形。
4.圆弧形端头变形</td></tr>
</table>

二、试验结果及分析

各项试验结果如表 7-21 所示。

波形梁护栏外展圆式端头碰撞试验结果　　表 7-21

<table>
<tr><td colspan="5">试验报告:检测依据 JTG/T F83-01—2004</td></tr>
<tr><td rowspan="2">评 价 要 素</td><td rowspan="2" colspan="2">评 价 标 准</td><td colspan="2">试 验 结 果</td></tr>
<tr><td>试验值</td><td>单项结论</td></tr>
<tr><td rowspan="2">防护性能</td><td>小客车</td><td>护栏应能够有效地阻挡车辆,并对车辆进行正确导向,车辆不得以任何形式穿越、翻越、骑跨、下穿护栏</td><td>—</td><td>—</td></tr>
<tr><td>小客车</td><td>在碰撞过程中,护栏可以在可预期的情况下变形,但脱离组件、碰撞碎片(护栏碎片)或其他护栏上的碰撞物不能侵入驾驶室内及阻挡驾驶员的视线</td><td>符合要求</td><td>合格</td></tr>
</table>

续上表

试验报告:检测依据 JTG/T F83-01—2004				
评价要素	评价标准		试验结果	
			试验值	单项结论
乘员风险(小客车)	假人	假人头部性能指标 HPC≤1 000	—	—
		假人胸部性能指标 THPC≤75mm	—	—
		假人腿部性能指标 FPC≤10kN	—	—
	车体	x 轴 10ms 间隔平均值的最大值 $a_x \leqslant 20g$	35.2g	不合格
		y 轴 10ms 间隔平均值的最大值 $a_y \leqslant 20g$	24.7g	不合格
		z 轴 10ms 间隔平均值的最大值 $a_z \leqslant 20g$	10.0g	合格
驶出角度	小客车	车辆碰撞后驶出角度不大于碰撞角度的 60%	—	—
车辆运行轨迹	小客车	碰撞后在距离实际碰撞点 20m 区域内,试验车辆的任何部位不得越过 2.2m+车宽(m)+0.16 车长(m)	—	—
车辆运行状态	小客车	碰撞后,车辆应保持正常行驶姿态,可以有适当的摇晃、倾斜,但不得发生横转、调头、翻车等现象	不符合要求	不合格
护栏最大动态变形量	小客车	≤1 000mm	—	—

对外展圆头式端头进行了 1 次小客车(KJZC-R-11)实车碰撞试验。经实车碰撞试验验证,外展圆头式端头在 1.5t、80km/h、0°的碰撞条件下对小客车损伤较大,小型车与护栏端头碰撞后有回转掉头的现象,如图 7-26 和图 7-27 所示。

图 7-26 碰撞后的波形梁护栏外展圆式端头

图 7-27 碰撞波形梁护栏外展圆式端头后的车辆

依据我国交通行业标准《高速公路护栏安全性能评价标准》(JTG/T F83-01—2004),经实车碰撞试验验证,外展圆头式端头在 1.5t、80km/h、0°的碰撞条件下,小客车碰撞后,乘员风险和车辆运行状态试验项目均不符合 JTG/T F83-01—2004 标准的要求。

由于外展圆式端头吸能不足,车辆与端头碰撞后损伤较大,对车内乘员产生致命性损伤,建议取消该端头结构形式的应用。

第八节　三角地带护栏及防撞桶布设

一、试验条件

三角端防撞桶(3个桶)是一种应用于护栏三角端的防护设施，高速公路通常在分合流处的三角端放置3个防撞桶，其设置目的为了使失控车辆与三角端碰撞时能够得到缓冲。本次试验三角端防撞桶样品按照《公路交通安全设施设计细则》(JTG/T D81—2006)的要求进行加工和施工。实车碰撞试验以1.5t小客车、碰撞速度80km/h、碰撞角度0°试验条件进行了实车碰撞安全防护验证，其中正碰能量为370kJ。试验护栏结构图如图7-28所示。

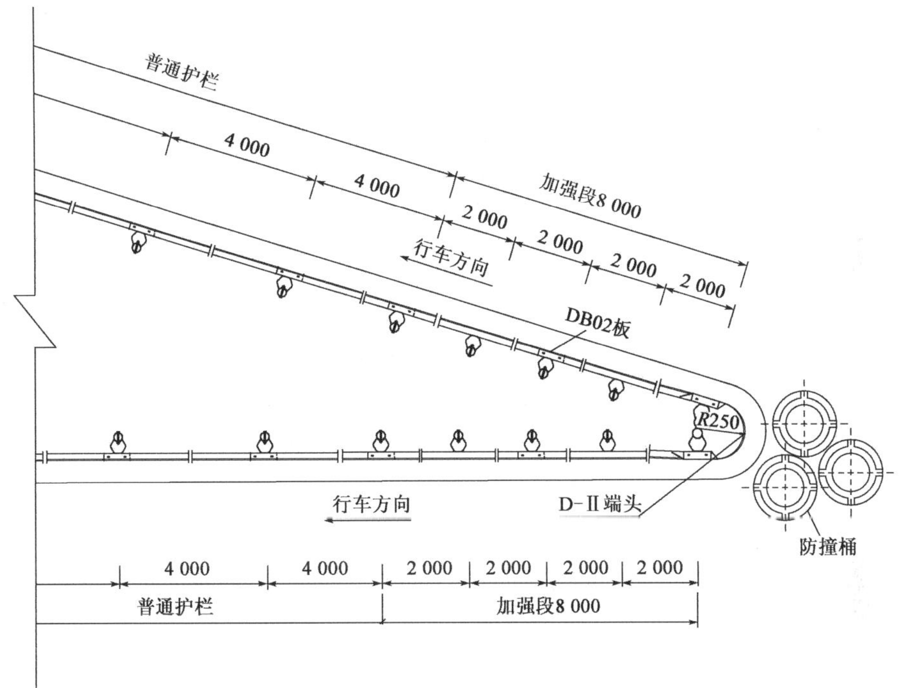

图7-28　三角地带护栏及防撞桶布设构造图(尺寸单位:mm)

各项试验条件如表 7-22 所示。

三角地带护栏及防撞桶布设碰撞试验条件 表 7-22

试验描述:小客车(KJZC-R-14a)				
名称	三角端防撞桶		护栏长度	三角端护栏两侧各 16m
碰撞条件	小客车(1.5t,80km/h,0°)		试验等级	370kJ
试验依据	JTG/T F83-01—2004		试验时间	2011 年 09 月 09 日
试验场地	公路交通试验场:沥青路面			
试验条件	车辆自重	实际碰撞速度	实际碰撞角度	牵引方式
	1.23t	80km/h	0°	坡道式
	车辆总重	温度	湿度	风力
	1.48t	24℃,晴	25%	25.2km/h,不定
试验前车辆情况	车辆名称:奥迪 100 车辆状态:黑色三厢轿车、各系统完备、车身状况良好、门窗齐全		其他:未安装试验假人	
试验前护栏情况	护栏基础形式	混凝土	立柱打入深度	见基本描述
	立柱总长度	见图 7-28	立柱间距	2m×6+4m×6
	护栏基本描述: 1.在三角端前侧放置 3 个防撞桶。 2.防撞桶内填装 2/3 容量的中砂。 3.3 个防撞桶中心线与左侧护栏平行。 4.三角端护栏根据 JTG/T D81—2006 进行护栏加工和施工。 5.护栏表面喷锌			
试验后车辆情况	车辆损坏情况:前保险杠破碎,车辆前端向内变形损毁严重;前风窗玻璃碎裂;右前轮爆胎;右侧两个车门可开启,左侧车门不能打开;护栏进入车辆前端 30cm		车辆状态:防撞桶破碎后,与三角端护栏圆弧端头碰撞,车辆停止于第 1 根立柱处	
试验后护栏情况	碰撞点:第 1 个防撞桶前端 护栏基本描述: 1.3 个防撞桶均碎裂,砂子飞出;防撞桶碎片飞出最远距离 16m(沿行车方向),呈扇形飞出;中砂飞出最远距离 17m(沿行车方向),呈扇形飞出。 2.起始端部护栏立柱倾斜后角度为 $\cos^{-1}(9/75)=93.1°$。 3.三角端防撞桶变形后紧靠于起始端柱。 4.两侧护栏板整体向后平移。 5.三角端护栏两侧各防阻块变形扭曲			

二、试验结果及分析

各项试验结果如表 7-23 所示。

三角地带护栏及防撞桶布设碰撞试验结果 表 7-23

试验报告:检测依据 JTG/T F83-01—2004				
评价要素	评价标准		试验结果	
			试验值	单项结论
防护性能	小客车	护栏应能够有效地阻挡车辆,并对车辆进行正确导向,车辆不得以任何形式穿越、翻越、骑跨、下穿护栏	—	—
	小客车	在碰撞过程中,护栏可以在可预期的情况下变形,但脱离组件、碰撞碎片(护栏碎片)或其他护栏上的碰撞物不能侵入驾驶室内及阻挡驾驶员的视线	符合要求	合格
乘员风险(小客车)	假人	假人头部性能指标 HPC≤1 000	—	—
		假人胸部性能指标 THPC≤75mm	—	—
		假人腿部性能指标 FPC≤10kN	—	—
	车体	x 轴 10ms 间隔平均值的最大值 $a_x \leqslant 20g$	11.7g	合格
		y 轴 10ms 间隔平均值的最大值 $a_y \leqslant 20g$	20.7g	合格
		z 轴 10ms 间隔平均值的最大值 $a_z \leqslant 20g$	12.9g	合格
驶出角度	小客车	车辆碰撞后驶出角度不大于碰撞角度的 60%	—	—
车辆运行轨迹	小客车	碰撞后在距离实际碰撞点 20m 区域内,试验车辆的任何部位不得越过 2.2m+车宽(m)+0.16 车长(m)	—	—
车辆运行状态	小客车	碰撞后,车辆应保持正常行驶姿态,可以有适当的摇晃、倾斜,但不得发生横转、调头、翻车等现象	符合要求	合格
护栏最大动态变形量	小客车	≤1 000mm	—	—

三角端防撞桶(3 个桶)进行了 1 次小客车(KJZC-R-14a)实车碰撞试验。经实车碰撞试验验证,三角端防撞桶(3 个桶)在小客车(1.5t,80km/h,0°)的碰撞条件下,按照我国护栏碰撞试验标准判定结果如下:

依据我国交通行业标准《高速公路护栏安全性能评价标准》(JTG/T F83-01—2004),经实车碰撞试验验证,三角端防撞桶(3 个桶)在 A 级的碰撞条件下,小客车(1.5t,80km/h,0°)碰撞后,护栏防护性能、车辆运行状态试验项目均符合 JTG/T F83-01—2004 标准的要求。其中乘员风险性能指标中的车体加速度不符合上述标准的要求。

三、结构改进和验证

现设计一种三角端防撞桶(9 个桶)的结构(图 7-29),替代护栏三角端 3 个防撞桶的防护设施,其设置目的为了使失控车辆在与三角端碰撞时能够得到更有效的缓冲,9 个防撞桶的防护设施主要作用是增加缓冲空间,提高防护能力。采用实车碰撞试验对改进方案进行了验证。试验三角端防撞桶样品按照《公路交通安全设施设计细则》(JTG/T D81—2006)的要求进行加工。实车碰撞试验以 1.5t 小型车、碰撞速度 80km/h、碰撞角度 0°试验条件进行了实车碰撞安全防护验证,其中正碰能量为 370kJ。

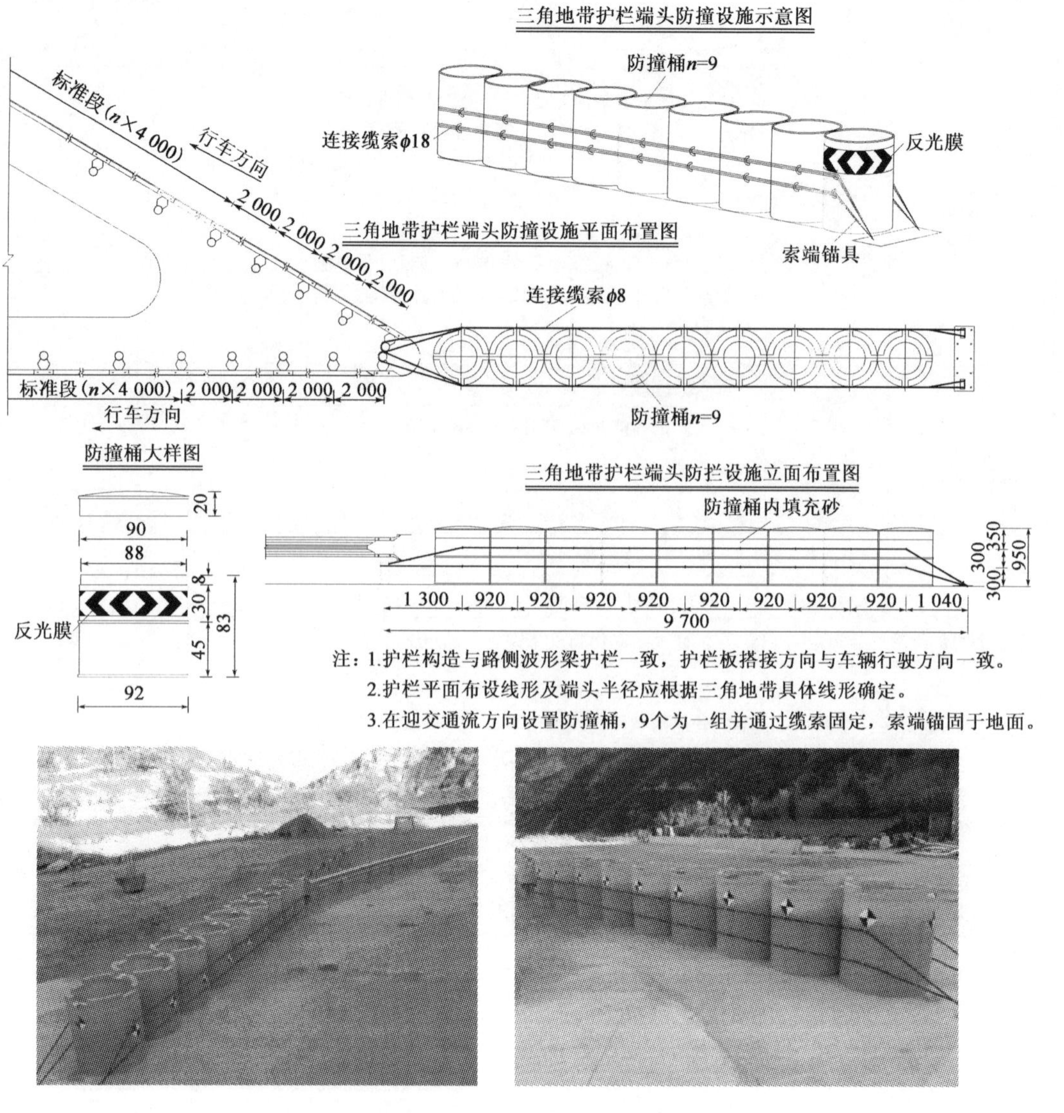
三角地带护栏端头防撞设施示意图
防撞桶n=9
连接缆索φ18
反光膜
索端锚具
标准段(n×4 000)
行车方向
2 000 2 000 2 000 2 000
三角地带护栏端头防撞设施平面布置图
连接缆索φ8
标准段(n×4 000) 2 000 2 000 2 000 2 000
行车方向
防撞桶n=9
防撞桶大样图
20
90
88
8
30
83
45
92
反光膜
三角地带护栏端头防拦设施立面布置图
防撞桶内填充砂
350
300
950
300
1 300 920 920 920 920 920 920 920 920 1 040
9 700
注:1.护栏构造与路侧波形梁护栏一致,护栏板搭接方向与车辆行驶方向一致。
2.护栏平面布设线形及端头半径应根据三角地带具体线形确定。
3.在迎交通流方向设置防撞桶,9个为一组并通过缆索固定,索端锚固于地面。

图 7-29 9 个桶的三角端防撞桶布置方案(尺寸单位:mm)

各项试验条件如表 7-24 所示。

三角地带护栏及 9 个桶的防撞桶布设碰撞试验条件 表 7-24

试验描述:小客车(KJZC-R-14b)			
名称	三角端防撞桶	护栏长度	三角端护栏两侧各 16m
碰撞条件	小型车(1.5t,80km/h,0°)	试验等级	370kJ
试验依据	JTG/T F83-01—2004	试验时间	2011 年 10 月 24 日

续上表

试验描述:小客车(KJZC-R-14b)				
试验场地	公路交通试验场:沥青路面			
试验条件	车辆自重	实际碰撞速度	实际碰撞角度	牵引方式
	1.34t	81.3km/h	0°	坡道式
	车辆总重	温度	湿度	风力
	1.47t	15℃,晴	25%	10.8km/h,东南偏东
试验前车辆情况	车辆名称:NISSAN CEDRIC 车辆状态:黑色三厢轿车、各系统完备、车身状况良好、门窗齐全		其他:未安装试验假人	
试验前护栏情况	护栏基础形式	混凝土	立柱打入深度	见基本描述
	立柱总长度	见图 7-29	立柱间距	2m×6+4m×6
	护栏基本描述: 1.在三角端前侧放置 9 个防撞桶。 2.防撞桶内填装 2/3 容量的中砂。 3.9 个防撞桶中心线与左侧护栏平行。 4.三角端护栏根据 JTG/T D81—2006 进行护栏加工和施工。 5.9 个防撞桶使用钢丝绳串联,桶内预先置入 2 个角铁框,夹角为 70°。 6.护栏表面喷锌			
试验后车辆情况	车辆损坏情况:前保险杠破碎,车辆前机盖掀起;两侧车门均可正常开启		车辆状态:与防撞桶碰撞后,略微横向侧横摆,停止于第 3 个防撞桶处	
试验后护栏情况	碰撞点:第 1 个防撞桶前端 护栏基本描述: 1.迎车方向 1、2、3 号桶碎裂;桶内中砂呈扇形飞出,最远至 14m;桶体碎片呈扇形飞出,最远至 12.9m。 2.迎车方向 4、5、6 号桶开裂变形。 3.迎车方向 7、8、9 号桶变形。 4.9 个桶防护设施向后方移动 22cm。 5.钢丝绳拉紧。 6.护栏端头、立柱、板凳构件均无变形			

各项试验结果如表 7-25 所示。

三角地带护栏及 9 个桶的防撞桶布设碰撞试验结果 表 7-25

试验报告:检测依据 JTG/T F83-01—2004				
评价要素	评价标准		试验结果	
			试验值	单项结论
防护性能	小型车	护栏应能够有效地阻挡车辆,并对车辆进行正确导向,车辆不得以任何形式穿越、翻越、骑跨、下穿护栏	—	—
	小型车	在碰撞过程中,护栏可以在可预期的情况下变形,但脱离组件、碰撞碎片(护栏碎片)或其他护栏上的碰撞物不能侵入驾驶室内及阻挡驾驶员的视线	符合要求	合格
乘员风险(小型车)	假人	假人头部性能指标 HPC≤1 000	—	—
		假人胸部性能指标 THPC≤75mm	—	—
		假人腿部性能指标 FPC≤10kN	—	—
	车体	x 轴 10ms 间隔平均值的最大值 $a_x \leqslant 20g$	$17.9g$	合格
		y 轴 10ms 间隔平均值的最大值 $a_y \leqslant 20g$	$6.7g$	合格
		z 轴 10ms 间隔平均值的最大值 $a_z \leqslant 20g$	$11.5g$	合格

续上表

试验报告:检测依据 JTG/T F83-01—2004				
评价要素	评价标准		试验结果	
			试验值	单项结论
驶出角度	小型车	车辆碰撞后驶出角度不大于碰撞角度的 60%	—	—
车辆运行轨迹	小型车	碰撞后,在距离实际碰撞点 20m 区域内,试验车辆的任何部位不得越过 2.2m+车宽(m)+0.16 车长(m)	—	—
车辆运行状态	小型车	碰撞后,车辆应保持正常行驶姿态,可以有适当的摇晃、倾斜,但不得发生横转、调头、翻车等现象	符合要求	合格
护栏最大动态变形量	小型车	≤1 000mm	—	—

三角端防撞桶(9 个桶)进行了 1 次小型车(KJZC-R-14b)实车碰撞试验。经实车碰撞试验验证,三角端防撞桶(9 个桶)在小型车(1.5t,80km/h,0°)的碰撞条件下,依据我国交通行业标准《高速公路护栏安全性能评价标准》(JTG/T F83-01—2004),经实车碰撞试验验证,三角端防撞桶(9 个桶)在 A 级的碰撞条件下,小型车(1.5t,80km/h,0°)碰撞后,护栏防护性能、乘员风险、车辆运行状态试验项目均符合 JTG/T F83-01—2004 标准的要求。

第九节 B 级桥梁金属护栏

一、试验条件

B 级金属桥梁护栏适用于公路桥梁的路侧和中央分隔带。本次试验所用 B 级金属桥梁护栏样品的结构规格和原材料性能均符合《公路交通安全设施设计规范》(JTG D81—2006)的要求。试验护栏结构图如图 7-30 所示。

各项试验条件如表 7-26 所示。

B 级桥梁金属护栏碰撞试验条件 表 7-26

试验描述:客车(KJZC-R-13)				
护栏名称	B 级金属桥梁护栏		试验段长度	30m
碰撞条件	客车(10t,40km/h,20°)		试验等级	B 级
试验依据	《公路护栏安全性评价标准》(送审稿),MASH 2009,BS EN 1317		试验时间	2011 年 09 月 08 日
试验场地	试验场:混凝土路面			
试验条件	车辆自重	实际碰撞速度	实际碰撞角度	牵引方式
	9.82t	38.32km/h	20°	落体牵引式
	车辆总重	温度	湿度	风力
	9.82t	19℃,晴	14%	10.8km/h,东南风

续上表

<table>
<tr><td colspan="5">试验描述:客车(KJZC-R-13)</td></tr>
<tr><td>试验前车辆情况</td><td colspan="2">车辆名称:太湖
车辆状态:各系统完备、车身状况良好、门窗齐全</td><td colspan="2">其他:无</td></tr>
<tr><td rowspan="3">试验前护栏情况</td><td>护栏基础形式</td><td>桥面板</td><td>立柱连接方式</td><td>预埋地脚及法兰</td></tr>
<tr><td>单件横梁长度</td><td>6m</td><td>立柱间距</td><td>2m</td></tr>
<tr><td colspan="4">护栏基本描述:
使用立柱(□140mm×140mm×6mm×970mm)、横梁(□120mm×120mm×6mm×6000mm)和角钢(∟70mm×110mm×6mm×140mm)。立柱间距 2m、2 根横梁,上横梁距路面高度 90cm,下横梁距路面高度 35cm</td></tr>
<tr><td>试验后车辆情况</td><td colspan="2">车辆驶出角度:0°
车辆损坏情况:前保险杠轻微变形;左后侧有刮蹭痕迹。其余完好</td><td colspan="2">车辆状态:车体左前保险杠与护栏碰撞,顺利导向驶出,左侧与护栏刮蹭,尾部右侧与护栏碰撞</td></tr>
<tr><td>试验后护栏情况</td><td colspan="4">碰撞点:6 号柱后 0.5m。护栏残留静态变形量:上横梁 8cm;下横梁 2.5cm
护栏基本描述:
1.7 号立柱下法兰螺栓松脱、法兰抬高倾斜。
2.6 号立柱柱根与下法兰焊缝处开裂。
3.车辆与护栏刮擦长度为 2.5m</td></tr>
</table>

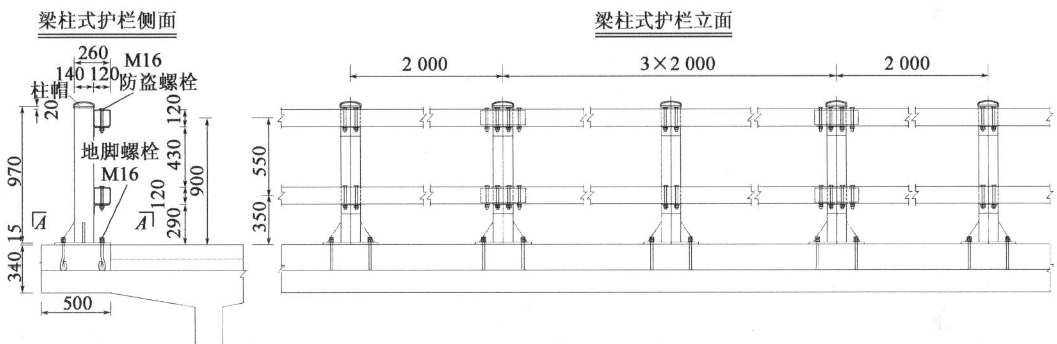

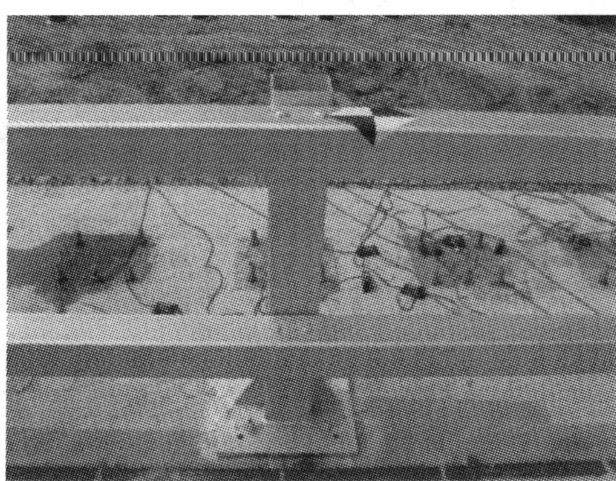

图 7-30 B 级桥梁金属护栏构造图(尺寸单位:mm)

二、试验结果及分析

各项试验结果如表 7-27 所示。

B级桥梁金属护栏碰撞试验结果 表7-27

<table>
<tr><td colspan="5">试验报告:检测依据《公路护栏安全性评价标准》(送审稿)</td></tr>
<tr><td colspan="2" rowspan="2">试验项目</td><td rowspan="2">技术要求</td><td colspan="2">试验结果</td></tr>
<tr><td>试验值</td><td>单项结论</td></tr>
<tr><td rowspan="2">防护性能</td><td>客车</td><td>护栏应能够有效地阻挡车辆,并对车辆进行正确导向,车辆不得以任何形式穿越、翻越、骑跨、下穿护栏</td><td>符合要求</td><td>合格</td></tr>
<tr><td>客车</td><td>在碰撞过程中,护栏可以在可预期的情况下变形,但脱离组件、碰撞碎片(护栏碎片)或其他护栏上的碰撞物不能侵入驾驶室内及阻挡驾驶员的视线</td><td>符合要求</td><td>合格</td></tr>
<tr><td rowspan="2">缓冲功能</td><td>小客车</td><td>乘员碰撞速度应满足:纵向和横向OIV≤12m/s</td><td>—</td><td>—</td></tr>
<tr><td>小客车</td><td>乘员碰撞后加速度应满足:纵向和横向ORA≤20g</td><td>—</td><td>—</td></tr>
<tr><td rowspan="2">导向功能</td><td>小客车</td><td>碰撞后,在距离实际碰撞点10m区域内,试验车辆的任何部位不得越过2.2m+车宽(m)+0.16车长(m)</td><td>符合要求</td><td>合格</td></tr>
<tr><td>客车</td><td>碰撞后,在距离实际碰撞点20m区域内,试验车辆的任何部位不得越过4.4m+车宽(m)+0.16车长(m)</td><td>符合要求</td><td>合格</td></tr>
<tr><td>车辆运行状态</td><td>客车</td><td>碰撞后,车辆应保持正常行驶姿态,可以有适当的摇晃、倾斜,但不得发生横转、调头、翻车等现象</td><td>符合要求</td><td>合格</td></tr>
<tr><td>护栏最大动态变形量</td><td>客车</td><td>—</td><td>15cm</td><td>—</td></tr>
</table>

依据《公路护栏安全性评价标准》(送审稿),经实车碰撞试验验证,B级金属桥梁护栏在B级的碰撞条件下,客车(10t,40km/h,20°)碰撞后,护栏防护性能、乘员风险、驶出角度、车辆运行轨迹、车辆运行状态、护栏最大动态变形量等试验项目均符合《公路护栏安全评价标准》(送审稿)的要求。

依据美国《公路设施安全性评估推荐标准程序》(MASH 2009),经实车碰撞试验验证,B级金属桥梁护栏在B级的碰撞条件下,对客车(10t,40km/h,20°)具有良好的导向作用,试验车辆与护栏发生碰撞后未发生穿越、翻越、骑跨护栏的现象,护栏结构和车辆运行轨均符合迹MASH 2009的相关规定。

依据欧盟标准《道路防护系统》(BS EN 1317),经实车碰撞试验验证,B级金属桥梁护栏在B级的碰撞条件下,对客车(10t,40km/h,20°)具有良好的导向作用,试验车辆与护栏发生碰撞后未发生穿越、翻越、骑跨护栏的现象。护栏及试验车辆的状况以及护栏变形状况等性能指标符合BS EN 1317的要求。

第十节　SB 级桥梁金属护栏

一、试验条件

SB 级金属桥梁护栏适用于公路桥梁的路侧和中央分隔带。本次试验所用 SB 级金属桥梁护栏样品的结构规格和原材料性能均符合《公路交通安全设施设计规范》(JTG D81—2006)。试验护栏结构图如图 7-31 所示。

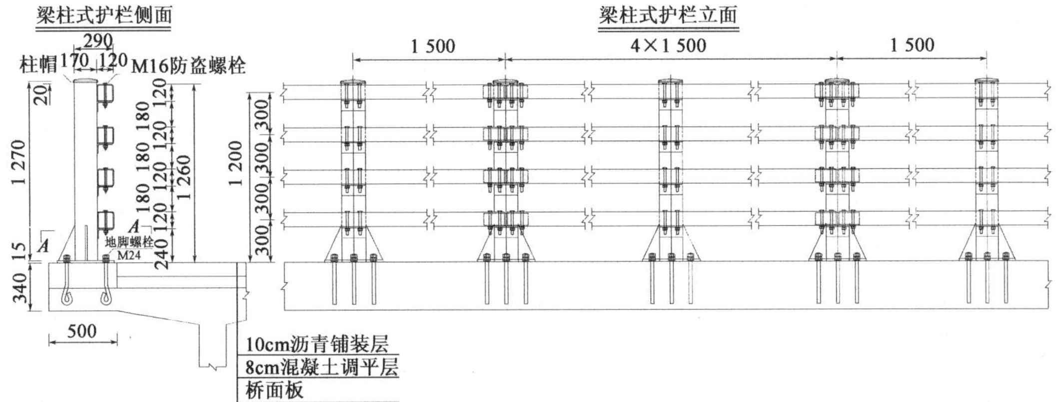

图 7-31　SB 级桥梁金属护栏构造图(尺寸单位:mm)

各项试验条件如表 7-28 所示。

SB 级桥梁金属护栏碰撞试验条件　　表 7-28

试验描述:小客车(KJZC-R-16a)			
护栏名称	SB 级金属桥梁护栏	试验段长度	30m
碰撞条件	小客车(1.5t,100km/h,20°)	试验等级	SB 级
试验依据	《公路护栏安全性评价标准》(送审稿),MASH 2009,BS EN 1317	试验时间	2011 年 09 月 21 日

续上表

<table>
<tr><td colspan="5">试验描述：小客车(KJZC-R-16a)</td></tr>
<tr><td>试验场地</td><td colspan="4">试验场：混凝土路面</td></tr>
<tr><td rowspan="4">试验条件</td><td>车辆自重</td><td>实际碰撞速度</td><td>实际碰撞角度</td><td>牵引方式</td></tr>
<tr><td>1.323t</td><td>101.4km/h</td><td>20°</td><td>落体牵引式</td></tr>
<tr><td>车辆总重</td><td>温度</td><td>湿度</td><td>风力</td></tr>
<tr><td>1.503t</td><td>26℃，晴</td><td>23%</td><td>10.8km/h，南风</td></tr>
<tr><td>试验前车辆情况</td><td colspan="2">车辆名称：标志 505
车辆状态：白色三厢旅行款轿车、手动挡、各系统完备、车身状况良好、门窗齐全</td><td colspan="2">其他：无</td></tr>
<tr><td rowspan="3">试验前护栏情况</td><td>护栏基础形式</td><td>桥面板</td><td>立柱连接方式</td><td>预埋地脚及法兰</td></tr>
<tr><td>单件横梁长度</td><td>6m</td><td>立柱间距</td><td>1.5m</td></tr>
<tr><td colspan="4">护栏基本描述：
1. 使用立柱(□170mm×170mm×8mm×1 270mm)、横梁(□120mm×120mm×6mm×6 000mm)和角钢(∟70mm×110mm×6mm×170mm)。
2. 立柱间距 1.5m，4 根横梁距路面高度分别为 1 200cm、900cm、600cm、300cm</td></tr>
<tr><td>试验后车辆情况</td><td colspan="2">车辆驶出角度：6.6°
车辆损坏情况：车辆前保险杠松脱，左侧车身刮蹭变形，风窗玻璃裂纹。其余无明显变形</td><td colspan="2">车辆状态：车辆碰撞后顺利导向驶出试验区域</td></tr>
<tr><td>试验后护栏情况</td><td colspan="4">碰撞点：10 号柱后 1m(14.5m)处　　护栏残留静态变形量：1cm
护栏基本描述：
1. 10～12 号立柱间护栏与车体刮蹭。
2. 3 根立柱很亮，有明显刮蹭痕迹。
3. 其余构件未见明显变形或破坏</td></tr>
<tr><td colspan="5">试验描述：客车(KJZC-R-16b)</td></tr>
<tr><td>护栏名称</td><td colspan="2">SB 级金属桥梁护栏</td><td>试验段长度</td><td>30m</td></tr>
<tr><td>碰撞条件</td><td colspan="2">客车(10t，80km/h，20°)</td><td>试验等级</td><td>SB 级</td></tr>
<tr><td>试验依据</td><td colspan="2">《公路护栏安全性评价标准》(送审稿)，MASH 2009，BS EN 1317</td><td>试验时间</td><td>2011 年 09 月 23 日</td></tr>
<tr><td>试验场地</td><td colspan="4">公路交通试验场：沥青路面</td></tr>
<tr><td rowspan="4">试验条件</td><td>车辆自重</td><td>实际碰撞速度</td><td>实际碰撞角度</td><td>牵引方式</td></tr>
<tr><td>9.4t</td><td>79km/h</td><td>20°</td><td>落体牵引式</td></tr>
<tr><td>车辆总重</td><td>温度</td><td>湿度</td><td>风力</td></tr>
<tr><td>9.962t</td><td>26℃，晴</td><td>34%</td><td>10.8km/h</td></tr>
<tr><td>试验前车辆情况</td><td colspan="2">车辆名称：太湖
车辆状态：白色客车，各系统完备、车身状况良好、门窗齐全</td><td colspan="2">其他：车内配重，配载物已固定</td></tr>
<tr><td rowspan="3">试验前护栏情况</td><td>护栏基础形式</td><td>桥面板</td><td>立柱连接方式</td><td>预埋地脚及法兰</td></tr>
<tr><td>单件横梁长度</td><td>6m</td><td>立柱间距</td><td>1.5m</td></tr>
<tr><td colspan="4">护栏基本描述：
1. 立柱(□170mm×170mm×8mm×1 270mm)、横梁(□120mm×120mm×6mm×6 000mm)和角钢(∟70mm×110mm×6mm×170mm)。
2. 立柱间距 1.5m，4 根横梁距路面高度分别为 1 200cm、900cm、600cm、300cm。
3. 对 KJZC-R-16a 小客车试验后护栏进行修复后继续进行本次试验</td></tr>
</table>

续上表

试验描述:客车(KJZC-R-16b)		
试验后 车辆情况	车辆驶出角度:3.2° 车辆损坏情况:车辆左前保险杠变形、左侧车身与护栏刮蹭变形,风窗玻璃破碎,左侧驾驶员处车窗破碎。其余完好	车辆状态:车体左前保险杠与护栏碰撞,顺利导向,车体左后车身与护栏再次碰撞,顺利导向,车辆驶离护栏,驶出试验区域
试验后 护栏情况	碰撞点:9号立柱处(12m) 护栏残留静态变形量:— 护栏基本描述: 1.第1根横梁残留静态变形量为32cm;第2根横梁残留静态变形量为26cm;第3根横梁残留静态变形量为20cm;第4根横梁残留静态变形量为13cm。 2.8~14号立柱与法兰焊缝处撕裂。 3.7~15号立柱上的4根横梁变形	

二、试验结果及分析

各项试验结果如表7-29所示。

SB级桥梁金属护栏碰撞试验结果 表7-29

试验报告:检测依据《公路护栏安全性评价标准》(送审稿)				
试验项目		技术要求	试验结果	
			试验值	单项结论
阻挡功能	小客车	护栏应能够有效地阻挡车辆,并对车辆进行正确导向,车辆不得以任何形式穿越、翻越、骑跨、下穿护栏	符合要求	合格
	客车		符合要求	合格
	小客车	在碰撞过程中护栏可以在可预期的情况下变形,但脱离組件、碰撞碎片(护栏碎片)或其他护栏上的碰撞物不能侵入驾驶室内及阻挡驾驶员的视线	符合要求	合格
	客车		符合要求	合格
缓冲功能	小客车	乘员碰撞速度应满足:纵向和横向OIV≤12m/s	横向:4.6m/s 纵向:6.8m/s	合格
	小客车	乘员碰撞后加速度应满足:纵向和横向ORA≤20g	横向:7.0 g 纵向:17.2g	合格
导向功能	小客车	碰撞后,在距离实际碰撞点10m区域内,试验车辆的任何部位不得越过2.2m+车宽(m)+0.16车长(m)	符合要求	合格
	客车	碰撞后,在距离实际碰撞点20m区域内,试验车辆的任何部位不得越过4.4m+车宽(m)+0.16车长(m)	符合要求	合格
车辆运行状态	小客车	碰撞后,车辆应保持正常行驶姿态,可以有适当的摇晃、倾斜,但不得发生横转、调头、翻车等现象	符合要求	合格
	客车		符合要求	合格
护栏最大动态变形量	小客车	—	1cm	—
	客车		95cm	—

续上表

<table>
<tr><td colspan="5">试验报告：检测依据 MASH 2009</td></tr>
<tr><td rowspan="2">评价要素</td><td colspan="2" rowspan="2">评价标准</td><td colspan="2">试验结果</td></tr>
<tr><td>试验值</td><td>单项结论</td></tr>
<tr><td rowspan="6">适宜的护栏结构</td><td>小客车</td><td rowspan="2">被测护栏必须始终阻挡试验车辆并改变其行驶方向或引导车辆在可控范围内停止；试验车辆不得穿透、骑跨或者越过护栏，但允许护栏在规定范围内的横向变形弯曲</td><td>符合要求</td><td>合格</td></tr>
<tr><td>客车</td><td>符合要求</td><td>合格</td></tr>
<tr><td>小客车</td><td rowspan="2">被测护栏必须在一种可预期的方式下脱离、断裂和弯曲变形</td><td>符合要求</td><td>合格</td></tr>
<tr><td>客车</td><td>符合要求</td><td>合格</td></tr>
<tr><td>小客车</td><td rowspan="2">合格护栏的性能要求是：
1. 改变试验车辆行驶方向。
2. 使试验车辆在控制范围内穿透。
3. 使试验车辆在控制范围内停止</td><td>符合要求</td><td>合格</td></tr>
<tr><td>客车</td><td>符合要求</td><td>合格</td></tr>
<tr><td rowspan="8">乘员保护</td><td>小客车</td><td rowspan="2">脱离组件、碰撞碎片或其他护栏上的碰撞残移物都不得穿透乘员车厢或具有穿透乘员车厢的趋势，也不得威胁到过往车辆、行人和在工作区内工作的人员的安全。车厢内向变形、侵入应不超过允许的范围值</td><td>—</td><td>—</td></tr>
<tr><td>客车</td><td>—</td><td>—</td></tr>
<tr><td>小客车</td><td rowspan="2">脱离组件、碰撞碎片、其他护栏上的碰撞残移物都不得阻挡驾驶员的视线或使驾驶员失去对车辆的控制</td><td>符合要求</td><td>合格</td></tr>
<tr><td>客车</td><td>符合要求</td><td>合格</td></tr>
<tr><td>小客车</td><td rowspan="2">试验车辆在碰撞过程中和碰撞之后都必须保持正立状态，最大侧翻或倾斜角度不能超过 75°</td><td>符合要求</td><td>合格</td></tr>
<tr><td>客车</td><td>符合要求</td><td>合格</td></tr>
<tr><td>小客车</td><td>乘员碰撞速度应满足：纵向和横向 OIV≤12.2m/s</td><td>横向：4.9m/s
纵向：7.3m/s</td><td>合格</td></tr>
<tr><td>小客车</td><td>乘员骑乘加速度应满足：纵向和横向 ORA≤20.49g</td><td>横向：7.0g
纵向：17.2g</td><td>合格</td></tr>
<tr><td rowspan="4">试验车辆碰撞轨迹</td><td>小客车</td><td rowspan="2">试验车辆的驶出角度小于碰撞角度的 60%，驶出角度的测量应在试验车辆刚好脱离开被测护栏的时刻</td><td>6.6°</td><td>合格</td></tr>
<tr><td>客车</td><td>3.2°</td><td>合格</td></tr>
<tr><td>小客车</td><td rowspan="2">允许试验车辆的运行轨迹超出护栏长度</td><td>符合要求</td><td>合格</td></tr>
<tr><td>客车</td><td>符合要求</td><td>合格</td></tr>
<tr><td colspan="5">试验报告：检测依据 BS EN 1317</td></tr>
<tr><td rowspan="2">评价要素</td><td colspan="2" rowspan="2">评价标准</td><td colspan="2">试验结果</td></tr>
<tr><td>试验值</td><td>单项结论</td></tr>
<tr><td rowspan="2">护栏状况</td><td>小客车</td><td rowspan="2">1. 护栏能阻挡车辆并导向，而护栏板不能被冲断。
2. 护栏的主要部件不能脱落，护栏的部件不能穿入乘员仓及脱落伤人。
3. 护栏立柱应符合安全护栏的设计准则</td><td>符合要求</td><td>合格</td></tr>
<tr><td>客车</td><td>符合要求</td><td>合格</td></tr>
</table>

续上表

试验报告:检测依据 BS EN 1317				
评 价 要 素	评 价 标 准		试 验 结 果	
			试验值	单项结论
试验车辆状况	小客车	1. 试验车辆的重心不能越过变形护栏的中心线。 2. 试验车辆在碰撞过程中及碰撞后,应保持正常行驶状态。 3. 试验车辆的运行轨迹在碰撞距离 B 内不能越过与护栏距离为(A+车宽+车长×0.16)的平行线。其中,轿车:A=2.2m,B=10m;其他试验车辆:A=4.4m,B=20m	符合要求	合格
	客车		符合要求	合格
碰撞的剧烈程度	小客车	B级:ASI≤1.4;THIV≤33km/h;PHD≤20g	ASI:1.38 THIV:31.7km/h PHD:18.5g	合格
车体乘员仓状况	小客车	车体乘员仓在碰撞前和碰撞后进行记录车体变形指数 VCDI(Vehicle Cockpit Deformation Index)	—	—
	客车		—	—
护栏变形状况	小客车	护栏最大动态变形量 D 及响应宽度 W。 响应宽度 W 是车体或护栏在碰撞过程中最内到最外缘的最大动态距离。W 根据变形大小分为 8 个等级	D=0.01m W1(m)	
	客车		D=0.95m W4(m)	

依据《公路护栏安全性评价标准》(送审稿),经实车碰撞试验验证,SB 级金属桥梁护栏在 SB 级的碰撞条件下,客车(10t,80km/h,20°)和小客车(1.5t,100km/h,20°)碰撞后,护栏阻挡功能、缓冲功能、导向功能、车辆运行状态、护栏最大动态变形量等试验项目均符合《公路护栏安全性评价标准》(送审稿)的要求。

依据美国《公路设施安全性评估推荐标准程序》(MASH 2009),经实车碰撞试验验证,SB 级金属桥梁护栏在 SB 级的碰撞条件下,对小客车(1.5t,100km/h,20°)和客车(10t,80km/h,20°)具有良好的导向作用,试验车辆与护栏发生碰撞后未发生穿越、翻越、骑跨护栏的现象,护栏结构和车辆运行轨均符合迹 MASH 2009 的相关规定。

依据欧盟标准《道路防护系统》(BS EN 1317),经实车碰撞试验验证,SB 级金属桥梁护栏在 SB 级的碰撞条件下,对小客车(1.5t,100km/h,20°)和客车(10t,80km/h,20°)具有良好的导向作用,试验车辆与护栏发生碰撞后未发生穿越、翻越、骑跨护栏的现象。护栏及试验车辆的状况以及护栏变形状况等性能指标均符合 BS EN 1317 的要求。

第十一节　SA 级桥梁金属护栏

一、试验条件

SA 级金属桥梁护栏适用于公路桥梁的路侧和中央分隔带。本次试验所用 SA 级金属桥梁护栏样品的结构规格和原材料性能均符合《公路交通安全设施设计规范》(JTG D81—

2006)。试验护栏结构图如图 7-32 所示。

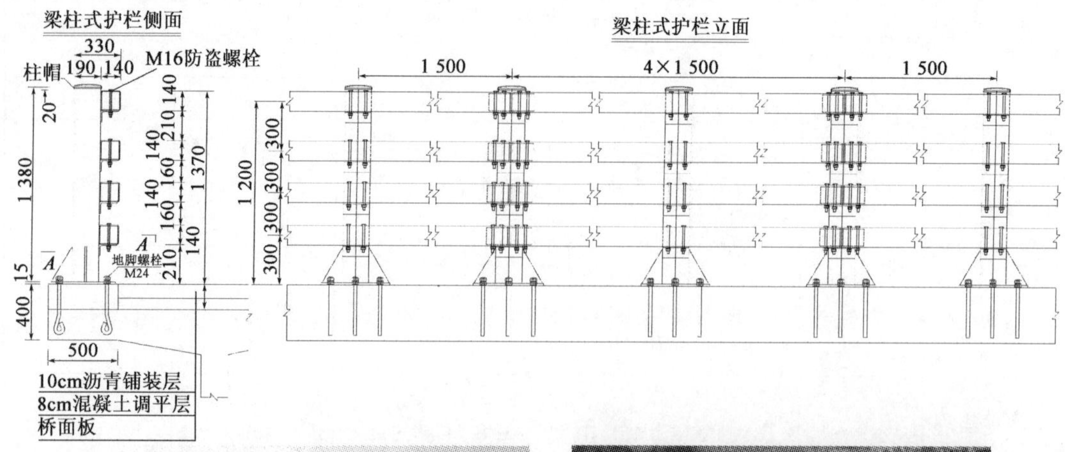

图 7-32　SA 级桥梁金属护栏构造图(尺寸单位:mm)

各项试验条件如表 7-30 所示。

SA 级桥梁金属护栏碰撞试验条件　　表 7-30

试验描述:小客车(KJZC-R-15a)				
护栏名称	SA 级金属桥梁护栏		试验段长度	30m
碰撞条件	小客车(1.5t,100km/h,20°)		试验等级	SA 级
试验依据	《公路护栏安全性评价标准》(送审稿),MASH 2009,BS EN 1317		试验时间	2011 年 09 月 15 日
试验场地	试验场:混凝土路面			
试验条件	车辆自重	实际碰撞速度	实际碰撞角度	牵引方式
	1.326t	97.8km/h	20°	落体牵引式
	车辆总重	温度	湿度	风力
	1.517t	26℃,雾霭	65%	10.8km/h,东南风
试验前车辆情况	车辆名称:标志 505 车辆状态:黑色三厢旅行款轿车、手动挡、各系统完备、车身状况良好、门窗齐全		其他:无	

续上表

<table>
<tr><td colspan="5">试验描述:小客车(KJZC-R-15a)</td></tr>
<tr><td rowspan="3">试验前护栏情况</td><td>护栏基础形式</td><td>桥面板</td><td>立柱连接方式</td><td>预埋地脚及法兰</td></tr>
<tr><td>单件横梁长度</td><td>6m</td><td>立柱间距</td><td>1.5m</td></tr>
<tr><td colspan="4">护栏基本描述:
1.立柱(□190mm×190mm×8mm×1 380mm)、横梁(□140mm×140mm×6mm×6 000mm)和角钢(∟80mm×125mm×8mm×170mm)。
2.立柱间距1.5m,4根横梁距路面高度分别为1 300cm、950cm、650cm、350cm</td></tr>
<tr><td>试验后车辆情况</td><td colspan="2">车辆驶出角度:6.4°
车辆损坏情况:车辆前保险杠松脱,左侧车身刮蹭变形,风窗玻璃裂纹。其余无明显变形</td><td colspan="2">车辆状态:车辆碰撞后顺利导向驶出试验区域</td></tr>
<tr><td>试验后护栏情况</td><td colspan="4">碰撞点:9号柱(18m)处　　护栏残留静态变形量:1cm
护栏基本描述:
下面3根横梁有刮蹭痕迹;最下面两根横梁略变形</td></tr>
<tr><td colspan="5">试验描述:客车(KJZC-R-15b)</td></tr>
<tr><td>护栏名称</td><td colspan="2">SA级金属桥梁护栏</td><td>试验段长度</td><td>30m</td></tr>
<tr><td>碰撞条件</td><td colspan="2">客车(14t,80km/h,20°)</td><td>试验等级</td><td>SA级</td></tr>
<tr><td>试验依据</td><td colspan="2">《公路护栏安全性评价标准》(送审稿),
MASH 2009,BS EN 1317</td><td>试验时间</td><td>2011年09月27日</td></tr>
<tr><td>试验场地</td><td colspan="4">公路交通试验场:沥青路面</td></tr>
<tr><td rowspan="4">试验条件</td><td>车辆自重</td><td>实际碰撞速度</td><td>实际碰撞角度</td><td>牵引方式</td></tr>
<tr><td>11.376t</td><td>80.77km/h</td><td>20°</td><td>落体牵引式</td></tr>
<tr><td>车辆总重</td><td>温度</td><td>湿度</td><td>风力</td></tr>
<tr><td>13.931t</td><td>25℃,晴</td><td>44%</td><td>10.8km/h</td></tr>
<tr><td>试验前车辆情况</td><td colspan="2">车辆名称:丹东黄海(37座)
车辆状态:白色客车,准乘57人;其余各系统完备、车身状况良好、门窗齐全</td><td colspan="2">其他:车内配重,配载物已固定</td></tr>
<tr><td rowspan="3">试验前护栏情况</td><td>护栏基础形式</td><td>桥面板</td><td>立柱连接方式</td><td>预埋地脚及法兰</td></tr>
<tr><td>单件横梁长度</td><td>6m</td><td>立柱间距</td><td>1.5m</td></tr>
<tr><td colspan="4">护栏基本描述:
1.立柱(□190mm×190mm×8mm×1 380mm)、横梁(□140mm×140mm×6mm×6 000mm)和角钢(∟80mm×125mm×8mm×170mm)。
2.立柱间距1.5m,4根横梁距路面高度分别为1 300cm、950cm、650cm、350cm。
3.对KJZC-R-15a小客车试验后护栏进行修复后继续进行本次试验</td></tr>
<tr><td>试验后车辆情况</td><td colspan="2">车辆驶出角度:5.4°
车辆损坏情况:车辆左前保险杠变形、左侧车身与护栏刮蹭变形,左侧驾驶员处车窗破碎。其余完好</td><td colspan="2">车辆状态:车体左前保险杠与护栏碰撞,顺利导向,车体左后车身与护栏再次碰撞,顺利导向,车辆驶离护栏,驶出试验区域</td></tr>
<tr><td>试验后护栏情况</td><td colspan="4">碰撞点:8号立柱处(10.5m)　　护栏残留静态变形量:—
护栏基本描述:
1.第1根横梁残留静态变形量为32cm;第2根横梁残留静态变形量为29cm;第3根横梁残留静态变形量为24cm;第4根横梁残留静态变形量为21cm。
2.4～11号立柱与法兰焊缝处撕裂;2～4号立柱上的上下4根横梁变形。
3.9号立柱法兰后螺栓断裂(加强筋板横向位移切断螺栓)。
4.其余构件完好</td></tr>
</table>

二、试验结果及分析

各项试验结果如表 7-31 所示。

SA 级桥梁金属护栏碰撞试验结果 表 7-31

<table>
<tr><td colspan="5">试验报告:检测依据《公路护栏安全性评价标准》(送审稿)</td></tr>
<tr><td colspan="2" rowspan="2">试验项目</td><td rowspan="2">技术要求</td><td colspan="2">试验结果</td></tr>
<tr><td>试验值</td><td>单项结论</td></tr>
<tr><td rowspan="4">阻挡功能</td><td>小客车</td><td rowspan="2">护栏应能够有效地阻挡车辆,并对车辆进行正确导向,车辆不得以任何形式穿越、翻越、骑跨、下穿护栏</td><td>符合要求</td><td>合格</td></tr>
<tr><td>客车</td><td>符合要求</td><td>合格</td></tr>
<tr><td>小客车</td><td rowspan="2">在碰撞过程中护栏可以在可预期的情况下变形,但脱离组件、碰撞碎片(护栏碎片)、或其他护栏上的碰撞物不能侵入驾驶室内及阻挡驾驶员的视线</td><td>符合要求</td><td>合格</td></tr>
<tr><td>客车</td><td>符合要求</td><td>合格</td></tr>
<tr><td rowspan="2">缓冲功能</td><td>小客车</td><td>乘员碰撞速度应满足:纵向和横向 OIV≤12m/s</td><td>横向:3.7m/s
纵向:5.9m/s</td><td>合格</td></tr>
<tr><td>小客车</td><td>乘员碰撞后加速度应满足:纵向和横向 ORA≤20g</td><td>横向:1.0 g
纵向:18.7g</td><td>合格</td></tr>
<tr><td rowspan="2">导向功能</td><td>小客车</td><td>碰撞后,在距离实际碰撞点 10m 区域内,试验车辆的任何部位不得越过 2.2m+车宽(m)+0.16 车长(m)</td><td>符合要求</td><td>合格</td></tr>
<tr><td>客车</td><td>碰撞后,在距离实际碰撞点 20m 区域内,试验车辆的任何部位不得越过 4.4m+车宽(m)+0.16 车长(m)</td><td>符合要求</td><td>合格</td></tr>
<tr><td rowspan="2">车辆运行状态</td><td>小客车</td><td rowspan="2">碰撞后,车辆应保持正常行驶姿态,可以有适当的摇晃、倾斜,但不得发生横转、调头、翻车等现象</td><td>符合要求</td><td>合格</td></tr>
<tr><td>客车</td><td>符合要求</td><td>合格</td></tr>
<tr><td rowspan="2">护栏最大动态变形量</td><td>小客车</td><td rowspan="2">—</td><td>1cm</td><td>—</td></tr>
<tr><td>客车</td><td>82cm</td><td>—</td></tr>
<tr><td colspan="5">试验报告:检测依据 MASH 2009</td></tr>
<tr><td rowspan="2">评价要素</td><td colspan="2" rowspan="2">评价标准</td><td colspan="2">试验结果</td></tr>
<tr><td>试验值</td><td>单项结论</td></tr>
<tr><td rowspan="4">适宜的护栏结构</td><td>小客车</td><td rowspan="2">被测护栏必须始终阻挡试验车辆并改变其行驶方向或引导车辆在可控范围内停止;试验车辆不得穿透、骑跨或者越过护栏,但允许护栏在规定范围内的横向变形弯曲</td><td>符合要求</td><td>合格</td></tr>
<tr><td>客车</td><td>符合要求</td><td>合格</td></tr>
<tr><td>小客车</td><td rowspan="2">被测护栏必须在一种可预期的方式下脱离、断裂和弯曲变形</td><td>符合要求</td><td>合格</td></tr>
<tr><td>客车</td><td>符合要求</td><td>合格</td></tr>
</table>

 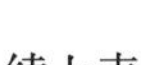

续上表

试验报告:检测依据 MASH 2009				
评价要素	评价标准		试验结果	
			试验值	单项结论
适宜的护栏结构	小客车	合格护栏的性能的要求是: 1.改变试验车辆行驶方向。 2.使试验车辆在控制范围内穿透。 3.使试验车辆在控制范围内停止	符合要求	合格
	客车		符合要求	合格
乘员保护	小客车	脱离组件、碰撞碎片或其他护栏上的碰撞残移物都不得穿透乘员车厢或具有穿透乘员车厢的趋势,也不得威胁到过往车辆、行人和在工作区内工作的人员的安全。车厢内向变形、侵入应不超过允许的范围值	—	—
	客车		—	—
	小客车	脱离组件、碰撞碎片、其他护栏上的碰撞残移物都不得阻挡驾驶员的视线或使驾驶员失去对车辆的控制	符合要求	合格
	客车		符合要求	合格
	小客车	试验车辆在碰撞过程中和碰撞之后都必须保持正立状态,最大侧翻或倾斜角度不能超过 75°	符合要求	合格
	客车		符合要求	合格
	小客车	乘员碰撞速度应满足:纵向和横向 OIV≤12.2m/s	横向:3.7m/s 纵向:5.9m/s	合格
	小客车	乘员骑乘加速度应满足:纵向和横向 ORA≤20.49g	横向:1.0g 纵向:18.7g	合格
试验车辆碰撞轨迹	小客车	试验车辆的驶出角度小于碰撞角度的 60%,驶出角度的测量应在试验车辆刚好脱离开被测护栏的时刻	6.4°	合格
	客车		5.4°	合格
	小客车	允许试验车辆的运行轨迹超出护栏长度	符合要求	合格
	客车		符合要求	合格
试验报告:检测依据 BS EN 1317				
评价要素	评价标准		试验结果	
			试验值	单项结论
护栏状况	小客车	1.护栏能阻挡车辆并导向,而护栏板不能被冲断。 2.护栏的主要部件不能脱落,护栏的部件不能穿入乘员仓及脱落伤人。 3.护栏立柱应符合安全护栏的设计准则	符合要求	合格
	客车		符合要求	合格

续上表

试验报告:检测依据 BS EN 1317				
评价要素		评价标准	试验结果	
			试验值	单项结论
试验车辆状况	小客车	1. 试验车辆的重心不能越过变形护栏的中心线。 2. 试验车辆在碰撞过程中及碰撞后,应保持正常行驶状态。 3. 试验车辆的运行轨迹在碰撞距离 B 内不能越过与护栏距离为(A+车宽+车长×0.16)的平行线。其中,轿车:A=2.2m,B=10m;其他试验车辆:A=4.4m,B=20m	符合要求	合格
	客车		符合要求	合格
碰撞的剧烈程度	小客车	B级:ASI≤1.4;THIV≤33km/h;PHD≤20g	ASI:1.40 THIV:25.2km/h PHD:18.7g	合格
车体乘员仓状况	小客车	车体乘员仓在碰撞前和碰撞后进行记录车体变形指数 VCDI(Vehicle Cockpit Deformation Index)	—	—
	客车		—	—
护栏变形状况	小客车	护栏最大动态变形量 D 及响应宽度 W。 响应宽度 W 是车体或护栏在碰撞过程中最内到最外缘的最大动态距离。W 根据变形大小分为 8 个等级	D=0.01m W1(m)	
	客车		D=0.82m W4(m)	

依据《公路护栏安全性评价标准》(送审稿),经实车碰撞试验验证,SA 级金属桥梁护栏在 SA 级的碰撞条件下,客车(14t,80km/h,20°)和小客车(1.5t,100km/h,20°)碰撞后,护栏阻挡功能、缓冲功能、导向功能、车辆运行状态、护栏最大动态变形量等试验项目均符合《公路护栏安全性评价标准》(送审稿)的要求。

依据美国《公路设施安全性评估推荐标准程序》(MASH 2009),经实车碰撞试验验证,SA 级金属桥梁护栏在 SA 级的碰撞条件下,对小客车(1.5t,100km/h,20°)和客车(14t,80km/h,20°)具有良好的导向作用,试验车辆与护栏发生碰撞后未发生穿越、翻越、骑跨护栏的现象,护栏结构和车辆运行轨均符合迹 MASH 2009 的相关规定。

依据欧盟标准《道路防护系统》(BS EN 1317),经实车碰撞试验验证,SA 级金属桥梁护栏在 SA 级的碰撞条件下,对小客车(1.5t,100km/h,20°)和客车(14t,80km/h,20°)具有良好的导向作用,试验车辆与护栏发生碰撞后未发生穿越、翻越、骑跨护栏的现象。护栏及试验车辆的状况以及护栏变形状况等性能指标均符合 BS EN 1317 的要求。

第十二节　SB 级 F 型桥梁混凝土护栏

一、试验条件

SB 级 F 型混凝土桥梁护栏适用于公路桥梁的路侧和中央分隔带。本次试验所用 SB 级 F 型混凝土桥梁护栏样品的结构规格和原材料性能均符合《公路交通安全设施设计规范》(JTG

D81—2006)。试验护栏结构图如图 7-33 所示。

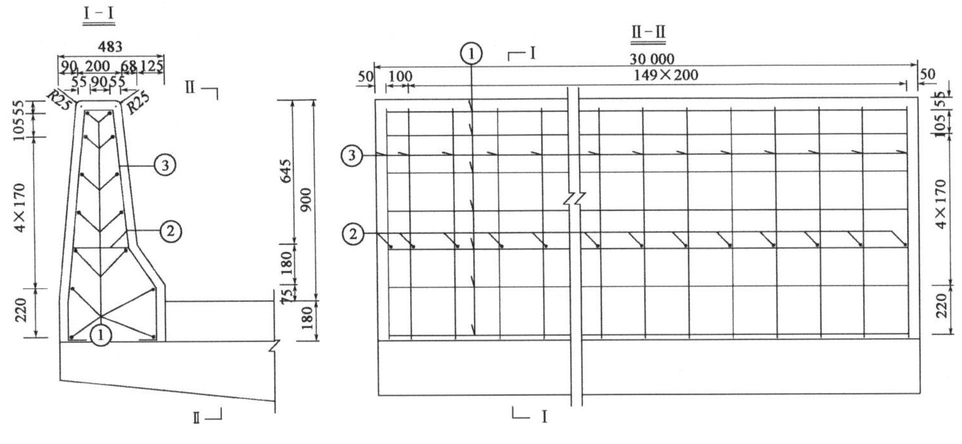

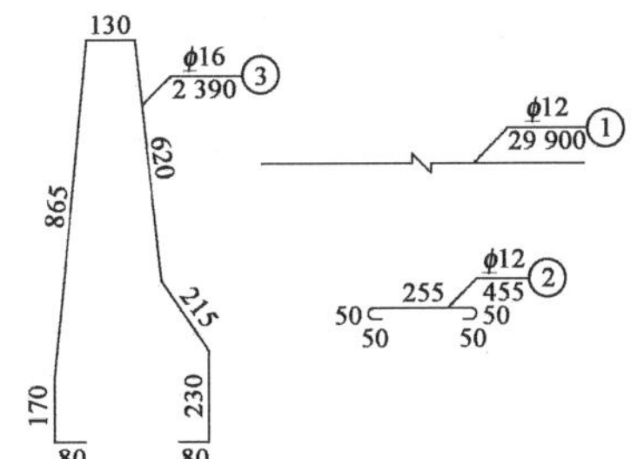

ϕ12 ① 29 900

ϕ12 ② 455
50 255 50
50 50

材料数量表(以30m段计算)

名称	编号	直径(mm)	长度(mm)	数量(根)	总长(m)	总重(kg)	合计(kg)
钢筋	1	ϕ12	29 900	14	418.60	371.45	1 001.73
	2	ϕ12	455	151	68.71	60.97	
	3	ϕ16	2 390	151	360.89	569.32	
C30混凝土						11.02m^3	

图 7-33 SB 级 F 型桥梁混凝土护栏构造图(尺寸单位:mm)

各项试验条件如表 7-32 所示。

SB 级 F 型桥梁混凝土护栏碰撞试验条件 表 7-32

试验描述:小客车(KJZC-R-19a)			
护栏名称	SB 级 F 型混凝土桥梁护栏	试验段长度	30m
碰撞条件	小客车(1.5t,100km/h,20°)	试验等级	SB 级
试验依据	《公路护栏安全性评价标准》(送审稿),MASH 2009,BS EN 1317	试验时间	2011 年 12 月 07 日

续上表

<table>
<tr><td colspan="5">试验描述：小客车(KJZC-R-19a)</td></tr>
<tr><td>试验场地</td><td colspan="4">试验场：混凝土路面</td></tr>
<tr><td rowspan="4">试验条件</td><td>车辆自重</td><td>实际碰撞速度</td><td>实际碰撞角度</td><td>牵引方式</td></tr>
<tr><td>1.25t</td><td>97.94km/h</td><td>20°</td><td>落体牵引式</td></tr>
<tr><td>车辆总重</td><td>温度</td><td>湿度</td><td>风力</td></tr>
<tr><td>1.48t</td><td>4℃，晴</td><td>39%</td><td>32.4km/h，西北风</td></tr>
<tr><td>试验前车辆情况</td><td colspan="2">车辆名称：奥迪 100　2.2E　MT
车辆状态：黑色三厢轿车、手动挡、各系统完备、车身状况良好、门窗齐全</td><td colspan="2">其他：无</td></tr>
<tr><td rowspan="3">试验前护栏情况</td><td>护栏基础形式</td><td>桥面板</td><td>与基础连接方式</td><td>预埋钢筋</td></tr>
<tr><td>护栏高度</td><td>90cm</td><td>配筋形式</td><td>见第四章</td></tr>
<tr><td colspan="4">护栏基本描述：
结构及配筋参见图 7-33 使用 HRB335 钢筋及 C30 混凝土，混凝土设置假缝</td></tr>
<tr><td>试验后车辆情况</td><td colspan="2">车辆驶出角度：3.4°
车辆损坏情况：车辆左前侧刮蹭变形，左侧车身刮蹭痕迹，左前轮爆胎。其余无明显变形</td><td colspan="2">车辆状态：车辆碰撞后顺利导向驶出试验区域</td></tr>
<tr><td>试验后护栏情况</td><td colspan="4">碰撞点：护栏起始端 16.5m 处　　　　护栏残留静态变形量：0cm
护栏基本描述：
1.迎车面有刮蹭痕迹。
2.护栏整体无变形</td></tr>
<tr><td colspan="5">试验描述：客车(KJZC-R-19b)</td></tr>
<tr><td>护栏名称</td><td colspan="2">SB 级 F 型混凝土桥梁护栏</td><td>试验段长度</td><td>30m</td></tr>
<tr><td>碰撞条件</td><td colspan="2">客车(10t，80km/h，20°)</td><td>试验等级</td><td>SB 级</td></tr>
<tr><td>试验依据</td><td colspan="2">《公路护栏安全性评价标准》(送审稿)，
MASH 2009，BS EN 1317</td><td>试验时间</td><td>2011 年 12 月 08 日</td></tr>
<tr><td>试验场地</td><td colspan="4">公路交通试验场：沥青路面</td></tr>
<tr><td rowspan="4">试验条件</td><td>车辆自重</td><td>实际碰撞速度</td><td>实际碰撞角度</td><td>牵引方式</td></tr>
<tr><td>8.10t</td><td>77.75km/h</td><td>20°</td><td>落体牵引式</td></tr>
<tr><td>车辆总重</td><td>温度</td><td>湿度</td><td>风力</td></tr>
<tr><td>10.00t</td><td>−6℃，晴</td><td>36%</td><td>28.8km/h，西北偏北风</td></tr>
<tr><td>试验前车辆情况</td><td colspan="2">车辆名称：郑州宇通(6862D-1)34 座
车辆状态：上部白色/下部绿色客车，单车门，各系统完备、车身状况良好、门窗齐全</td><td colspan="2">其他：车内配重，配载物已固定</td></tr>
<tr><td rowspan="3">试验前护栏情况</td><td>护栏基础形式</td><td>桥面板</td><td>与基础连接方式</td><td>预埋钢筋</td></tr>
<tr><td>护栏高度</td><td>90cm</td><td>配筋形式</td><td>见第四章</td></tr>
<tr><td colspan="4">护栏基本描述：对 KJZC-R-19a 小客车碰撞后的混凝土护栏进行修复后，进行本次试验</td></tr>
<tr><td>试验后车辆情况</td><td colspan="2">车辆驶出角度：0°
车辆损坏情况：车辆左前保险杠刮蹭变形、左后车身刮蹭变形、前风窗玻璃破碎脱离、左侧车身与护栏刮蹭痕迹。其余完好</td><td colspan="2">车辆状态：车体左前保险杠与护栏碰撞，顺利导向，车体左后车身与护栏再次碰撞顺利导向，车辆驶离护栏，驶出试验区域</td></tr>
</table>

续上表

<table>
<tr><td colspan="2">试验描述:客车(KJZC-R-19b)</td></tr>
<tr><td>试验后护栏情况</td><td>碰撞点:护栏起始端 15m 处　　护栏残留静态变形量:0cm
护栏基本描述:
1. 车体刮蹭混凝土体痕迹长度 3m(绿色)。
2. 车轮与混凝土体共 2 处刮蹭痕迹:痕迹 1 在 15.5～18.5m 处;痕迹 2 在 24.5～30.5m 处。
3. 混凝土体有 4 处脱落缺口,均位于混凝土体顶部与迎车面的斜角:缺口 1 在 15.3m 处,长 14cm、宽 7cm、深 2cm;缺口 2 在 15.7m 处,长 7cm、宽 4cm、深 1cm;缺口 3 在 16.4m 处,长 3cm、宽 4cm、深 2cm;缺口 4 在 17.2m 处,长 7cm、宽 4cm、深 2cm</td></tr>
</table>

二、试验结果及分析

各项试验结果如表 7-33 所示。

SB 级 F 型桥梁混凝土护栏碰撞试验结果 表 7-33

<table>
<tr><td colspan="5">试验报告:检测依据《公路护栏安全性评价标准》(送审稿)</td></tr>
<tr><td colspan="2" rowspan="2">试 验 项 目</td><td rowspan="2">技 术 要 求</td><td colspan="2">试 验 结 果</td></tr>
<tr><td>试验值</td><td>单项结论</td></tr>
<tr><td rowspan="4">阻挡功能</td><td>小客车</td><td rowspan="2">护栏应能够有效地阻挡车辆,并对车辆进行正确导向,车辆不得以任何形式穿越、翻越、骑跨、下穿护栏</td><td>符合要求</td><td>合格</td></tr>
<tr><td>客车</td><td>符合要求</td><td>合格</td></tr>
<tr><td>小客车</td><td rowspan="2">在碰撞过程中护栏可以在可预期的情况下变形,但脱离组件、碰撞碎片(护栏碎片)、或其他护栏上的碰撞物不能侵入驾驶室内及阻挡驾驶员的视线</td><td>符合要求</td><td>合格</td></tr>
<tr><td>客车</td><td>符合要求</td><td>合格</td></tr>
<tr><td rowspan="2">缓冲功能</td><td>小客车</td><td>乘员碰撞速度应满足:纵向和横向 OIV≤12m/s</td><td>横向:2.9m/s
纵向:5.1m/s</td><td>合格</td></tr>
<tr><td>小客车</td><td>乘员碰撞后加速度应满足:纵向和横向 ORA≤20g</td><td>横向:4.9 g
纵向:18.8g</td><td>合格</td></tr>
<tr><td rowspan="2">导向功能</td><td>小客车</td><td>碰撞后,在距离实际碰撞点 10m 区域内,试验车辆的任何部位不得越过 2.2m+车宽(m)+0.16 车长(m)</td><td>符合要求</td><td>合格</td></tr>
<tr><td>客车</td><td>碰撞后,在距离实际碰撞点 20m 区域内,试验车辆的任何部位不得越过 4.4m+车宽(m)+0.16 车长(m)</td><td>符合要求</td><td>合格</td></tr>
<tr><td rowspan="2">车辆运行状态</td><td>小客车</td><td rowspan="2">碰撞后,车辆应保持正常行驶姿态,可以有适当的摇晃、倾斜,但不得发生横转、调头、翻车等现象</td><td>符合要求</td><td>合格</td></tr>
<tr><td>客车</td><td>符合要求</td><td>合格</td></tr>
<tr><td rowspan="2">护栏最大动态变形量</td><td>小客车</td><td rowspan="2">—</td><td>0cm</td><td>—</td></tr>
<tr><td>客车</td><td>0cm</td><td>—</td></tr>
</table>

续上表

试验报告:检测依据 MASH 2009				
评价要素	评价标准		试验结果	
			试验值	单项结论
适宜的护栏结构	小客车	被测护栏必须始终阻挡试验车辆并改变其行驶方向或引导车辆在可控范围内停止;试验车辆不得穿透、骑跨或者越过护栏,但允许护栏在规定范围内的横向变形弯曲	符合要求	合格
	客车		符合要求	合格
	小客车	被测护栏必须在一种可预期的方式下脱离、断裂和弯曲变形	符合要求	合格
	客车		符合要求	合格
	小客车	合格护栏的性能的要求是: 1.改变试验车辆行驶方向。 2.使试验车辆在控制范围内穿透。 3.使试验车辆在控制范围内停止	符合要求	合格
	客车		符合要求	合格
乘员保护	小客车	脱离组件、碰撞碎片或其他护栏上的碰撞残移物都不得穿透乘员车厢或具有穿透乘员车厢的趋势,也不得威胁到过往车辆、行人和在工作区内工作的人员的安全。车厢内向变形、侵入应不超过允许的范围值	—	—
	客车		—	—
	小客车	脱离组件、碰撞碎片、其他护栏上的碰撞残移物都不得阻挡驾驶员的视线或使驾驶员失去对车辆的控制	符合要求	合格
	客车		符合要求	合格
	小客车	试验车辆在碰撞过程中和碰撞之后都必须保持正立状态,最大侧翻或倾斜角度不能超过75°	符合要求	合格
	客车		符合要求	合格
	小客车	乘员碰撞速度应满足:纵向和横向 OIV≤12.2m/s	横向:4.1m/s 纵向:8.2m/s	合格
	小客车	乘员骑乘加速度应满足:纵向和横向 ORA≤20.49g	横向:4.9g 纵向:18.8g	合格
试验车辆碰撞轨迹	小客车	试验车辆的驶出角度小于碰撞角度的60%,驶出角度的测量应在试验车辆刚好脱离开被测护栏的时刻	3.4°	合格
	客车		0°	合格
	小客车	允许试验车辆的运行轨迹超出护栏长度	符合要求	合格
	客车		符合要求	合格
试验报告:检测依据 BS EN 1317				
评价要素	评价标准		试验结果	
			试验值	单项结论
护栏状况	小型车	1.护栏能阻挡车辆并导向,而护栏板不能被冲断。 2.护栏的主要部件不能脱落,护栏的部件不能穿入乘员仓及脱落伤人。 3.护栏立柱应符合安全护栏的设计准则	符合要求	合格
	客车		符合要求	合格

续上表

试验报告:检测依据 BS EN 1317				
评价要素	评 价 标 准		试 验 结 果	
			试验值	单项结论
试验车辆状况	小客车	1. 试验车辆的重心不能越过变形护栏的中心线。 2. 试验车辆在碰撞过程中及碰撞后,应保持正常行驶状态。 3. 试验车辆的运行轨迹在碰撞距离 B 内不能越过与护栏距离为(A+车宽+0.16×车长)的平行线。其中,轿车:A=2.2m,B=10m;其他试验车辆:A=4.4m,B=20m	符合要求	合格
	客车		符合要求	合格
碰撞的剧烈程度	小客车	C 级:ASI≤1.9;THIV≤33km/h;PHD≤20g	ASI:1.62 THIV:33.0km/h PHD:19.3g	合格
车体乘员仓状况	小客车	车体乘员仓在碰撞前和碰撞后进行记录车体变形指数 VCDI(Vehicle Cockpit Deformation Index)	—	—
	客车		—	—
护栏变形状况	小客车	护栏最大动态变形量 D 及响应宽度 W。 响应宽度 W 是车体或护栏在碰撞过程中最内到最外缘的最大动态距离。W 根据变形大小分为 8 个等级**	D=0.01m W1(m)	
	客车		D=0.95m W4(m)	

注:** 表示的响应宽度说明如下:

等级	W1	W2	W3	W4	W5	W6	W7	W8
W(m)	≤0.6	≤0.8	≤1.0	≤1.3	≤1.7	≤2.1	≤2.5	≤3.5

依据《公路护栏安全性评价标准》(送审稿),经实车碰撞试验验证,SB 级 F 型混凝土桥梁护栏在 SB 级的碰撞条件下,客车(10t,80km/h,20°)和小型车(1.5t,100km/h,20°)碰撞后,护栏阻挡功能、导向功能、车辆运行状态、护栏最大动态变形量等试验项目均符合《公路护栏安全性评价标准》(送审稿)标准的要求。

依据美国《公路设施安全性评估推荐标准程序》(MASH 2009),经实车碰撞试验验证,SB 级 F 型混凝土桥梁护栏在 SB 级的碰撞条件下,对小客车(1.5t,100km/h,20°)和客车(10t,80km/h,20°)具有良好的导向作用,试验车辆与护栏发生碰撞后未发生穿越、翻越、骑跨护栏的现象,护栏结构和车辆运行轨均符合迹 MASH 2009 的相关规定。

依据欧盟标准《道路防护系统》(BS EN 1317),经实车碰撞试验验证,SB 级 F 型混凝土桥梁护栏在 SB 级的碰撞条件下,对小客车(1.5t,100km/h,20°)和客车(10t,80km/h,20°)具有良好的导向作用,试验车辆与护栏发生碰撞后未发生穿越、翻越、骑跨护栏的现象。护栏及试验车辆的状况以及护栏变形状况等性能指标均符合 BS EN 1317 的要求。

第十三节　SB级单坡型桥梁混凝土护栏

一、试验条件

SB级单坡型混凝土桥梁护栏适用于公路桥梁的路侧和中央分隔带。本次试验所用SB级单坡型混凝土桥梁护栏样品的结构规格和原材料性能均符合《公路交通安全设施设计规范》(JTG D81—2006)的要求。试验护栏结构图如图7-34所示。

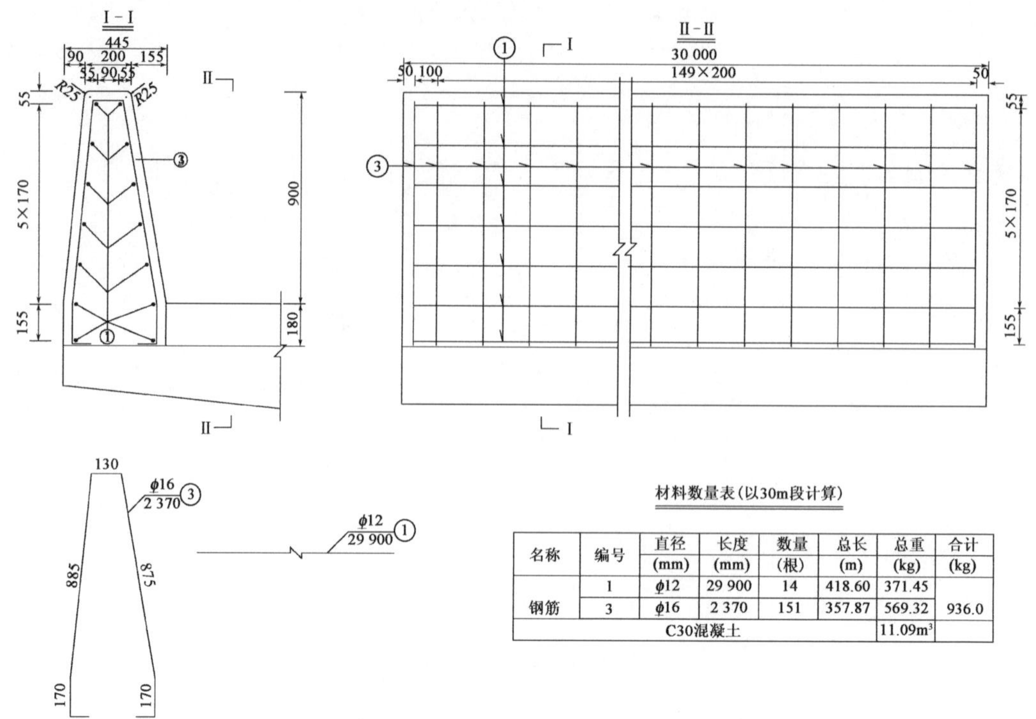

名称	编号	直径(mm)	长度(mm)	数量(根)	总长(m)	总重(kg)	合计(kg)
钢筋	1	φ12	29 900	14	418.60	371.45	936.0
	3	φ16	2 370	151	357.87	569.32	
C30混凝土						11.09m³	

图7-34　SB级单坡型桥梁混凝土护栏构造图(尺寸单位:mm)

各项试验条件如表7-34所示。

SB 级单坡型桥梁混凝土护栏碰撞试验条件　　表 7-34

<table>
<tr><td colspan="5">试验描述：小客车(KJZC-R-17a)</td></tr>
<tr><td>护栏名称</td><td colspan="2">SB 级单坡型混凝土桥梁护栏</td><td>试验段长度</td><td>30m</td></tr>
<tr><td>碰撞条件</td><td colspan="2">小客车(1.5t,100km/h,20°)</td><td>试验等级</td><td>SB 级</td></tr>
<tr><td>试验依据</td><td colspan="2">《公路护栏安全性评价标准》(送审稿)，
MASH 2009,BS EN 1317</td><td>试验时间</td><td>2011 年 11 月 15 日</td></tr>
<tr><td>试验场地</td><td colspan="4">试验场：混凝土路面</td></tr>
<tr><td rowspan="4">试验条件</td><td>车辆自重</td><td>实际碰撞速度</td><td>实际碰撞角度</td><td>牵引方式</td></tr>
<tr><td>1.404t</td><td>97.8km/h</td><td>20°</td><td>落体牵引式</td></tr>
<tr><td>车辆总重</td><td>温度</td><td>湿度</td><td>风力</td></tr>
<tr><td>1.49t</td><td>9℃，晴</td><td>58%</td><td>7.2km/h，西北偏北风</td></tr>
<tr><td>试验前车辆情况</td><td colspan="2">车辆名称：NISSAN 公爵 V-30(SGLV6)
车辆状态：白色三厢轿车、手动挡、各系统完备、车身状况良好、门窗齐全</td><td colspan="2">其他：无</td></tr>
<tr><td rowspan="3">试验前护栏情况</td><td>护栏基础形式</td><td>桥面板</td><td>与基础连接方式</td><td>预埋钢筋</td></tr>
<tr><td>护栏高度</td><td>90cm</td><td>配筋形式</td><td>见第四章</td></tr>
<tr><td colspan="4">护栏基本描述：
结构及配筋参见图 7-34，使用 HRB335 钢筋及 C30 混凝土，混凝土设置假缝</td></tr>
<tr><td>试验后车辆情况</td><td colspan="2">车辆驶出角度：5.0°
车辆损坏情况：车辆前保险杠松脱，左侧车身刮蹭变形。其余无明显变形</td><td colspan="2">车辆状态：车辆碰撞后顺利导向驶出试验区域</td></tr>
<tr><td>试验后护栏情况</td><td colspan="4">碰撞点：护栏起始端 18m 处　　　护栏残留静态变形量：0cm
护栏基本描述：
1. 迎车面有刮蹭痕迹。
2. 护栏整体无变形</td></tr>
<tr><td colspan="5">试验描述：客车(KJZC-R-17b)</td></tr>
<tr><td>护栏名称</td><td colspan="2">SB 级单坡型混凝土桥梁护栏</td><td>试验段长度</td><td>30m</td></tr>
<tr><td>碰撞条件</td><td colspan="2">客车(10t,80km/h,20°)</td><td>试验等级</td><td>SB 级</td></tr>
<tr><td>试验依据</td><td colspan="2">《公路护栏安全性评价标准》(送审稿)，
MASH 2009,BS EN 1317</td><td>试验时间</td><td>2011 年 11 月 16 日</td></tr>
<tr><td>试验场地</td><td colspan="4">公路交通试验场：沥青路面</td></tr>
<tr><td rowspan="4">试验条件</td><td>车辆自重</td><td>实际碰撞速度</td><td>实际碰撞角度</td><td>牵引方式</td></tr>
<tr><td>6.203t</td><td>79.8km/h</td><td>20°</td><td>落体牵引式</td></tr>
<tr><td>车辆总重</td><td>温度</td><td>湿度</td><td>风力</td></tr>
<tr><td>9.972t</td><td>9℃，晴</td><td>60%</td><td>7.2km/h，东北风</td></tr>
<tr><td>试验前车辆情况</td><td colspan="2">车辆名称：西安骊山(LS6911)35 座
车辆状态：白色客车，单车门，各系统完备、车身状况良好、门窗齐全</td><td colspan="2">其他：车内配重，配载物已固定</td></tr>
<tr><td rowspan="3">试验前护栏情况</td><td>护栏基础形式</td><td>桥面板</td><td>与基础连接方式</td><td>预埋钢筋</td></tr>
<tr><td>护栏高度</td><td>90cm</td><td>配筋形式</td><td>见第四章</td></tr>
<tr><td colspan="4">护栏基本描述：
对 KJZC-R-17a 小客车碰撞后的混凝土护栏进行修复后，进行本次试验</td></tr>
</table>

续上表

试验描述：客车(KJZC-R-17b)		
试验后车辆情况	车辆驶出角度：2.2° 车辆损坏情况：车辆左前保险杠脱落、驾驶员车门松开、前后风窗玻璃破碎脱离、左侧车身与护栏刮蹭变形。其余完好	车辆状态：车体左前保险杠与护栏碰撞，顺利导向，车体左后车身与护栏再次碰撞，顺利导向，车辆驶离护栏，驶出试验区域
试验后护栏情况	碰撞点：护栏起始端16.5m处　　护栏残留静态变形量：0 护栏基本描述： 1.车体在护栏侧面刮蹭痕迹长度为583cm。 2.车轮在护栏侧面刮蹭痕迹长317cm，高60cm(上边缘至路面)。 3.起始段开始17m处，护栏侧面有明显划痕2处：(上)1号划痕长29cm，宽10.5cm，深1.8cm，高度55cm(中间至路面)；(下)2号划痕长34cm，宽14.0cm，深2.0cm，高度40cm(中间至路面)。 4.起始端开始18m处，护栏侧面有明显划痕两处：(上)3号划痕长55cm，宽7cm，深1.3cm，高度55cm(中间至路面)；(下)4号划痕长90cm，宽4cm，深0.5cm，高度62cm(中间至路面)	

二、试验结果及分析

各项试验结果如表7-35所示。

SB级单坡型桥梁混凝土护栏碰撞试验结果　　表7-35

试验报告：检测依据《公路护栏安全性评价标准》(送审稿)				
试验项目		技术要求	试验结果	
			试验值	单项结论
阻挡功能	小客车	护栏应能够有效地阻挡车辆，并对车辆进行正确导向，车辆不得以任何形式穿越、翻越、骑跨、下穿护栏	符合要求	合格
	客车		符合要求	合格
	小客车	在碰撞过程中，护栏可以在可预期的情况下变形，但脱离组件、碰撞碎片(护栏碎片)、或其他护栏上的碰撞物不能侵入驾驶室内及阻挡驾驶员的视线	符合要求	合格
	客车		符合要求	合格
缓冲功能	小客车	乘员碰撞速度应满足：纵向和横向OIV≤12m/s	横向：3.7m/s 纵向：5.9m/s	合格
	小客车	乘员碰撞后加速度应满足：纵向和横向ORA≤20g	横向：1.0g 纵向：18.7g	合格
导向功能	小客车	碰撞后，在距离实际碰撞点10m区域内，试验车辆的任何部位不得越过2.2m+车宽(m)+0.16车长(m)	符合要求	合格
	客车	碰撞后，在距离实际碰撞点20m区域内，试验车辆的任何部位不得越过4.4m+车宽(m)+0.16车长(m)	符合要求	合格
车辆运行状态	小客车	碰撞后，车辆应保持正常行驶姿态，可以有适当的摇晃、倾斜，但不得发生横转、调头、翻车等现象	符合要求	合格
	客车		符合要求	合格
护栏最大动态变形量	小客车	—	0cm	—
	客车		0.2cm	—

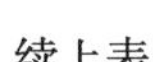

续上表

试验报告:检测依据 MASH 2009				
评价要素	评价标准		试验结果	
			试验值	单项结论
适宜的护栏结构	小客车	被测护栏必须始终阻挡试验车辆并改变其行驶方向或引导车辆在可控范围内停止;试验车辆不得穿透、骑跨或者越过护栏,但允许护栏在规定范围内的横向变形弯曲	符合要求	合格
	客车		符合要求	合格
	小客车	被测护栏必须在一种可预期的方式下脱离、断裂和弯曲变形	符合要求	合格
	客车		符合要求	合格
	小客车	合格护栏的性能要求是: 1. 改变试验车辆行驶方向。 2. 使试验车辆在控制范围内穿透。 3. 使试验车辆在控制范围内停止	符合要求	合格
	客车		符合要求	合格
乘员保护	小客车	脱离组件、碰撞碎片或其他护栏上的碰撞残移物都不得穿透乘员车厢或具有穿透乘员车厢的趋势,也不得威胁到过往车辆、行人和在工作区内工作的人员的安全。车厢内向变形、侵入应不超过允许的范围值	—	—
	客车		—	—
	小客车	脱离组件、碰撞碎片、其他护栏上的碰撞残移物都不得阻挡驾驶员的视线或使驾驶员失去对车辆的控制	符合要求	合格
	客车		符合要求	合格
	小客车	试验车辆在碰撞过程中和碰撞之后,都必须保持正立状态,最大侧翻或倾斜角度不能超过 75°	符合要求	合格
	客车		符合要求	合格
	小客车	乘员碰撞速度应满足:纵向和横向 OIV≤12.2m/s	横向:3.7m/s 纵向:5.9m/s	合格
	小客车	乘员骑乘加速度应满足:纵向和横向 ORA≤20.49g	横向:1.0g 纵向:18.7g	合格
试验车辆碰撞轨迹	小客车	试验车辆的驶出角度小于碰撞角度的 60%,驶出角度的测量应在试验车辆刚好脱离开被测护栏的时刻	5.0°	合格
	客车		2.2°	合格
	小客车	允许试验车辆的运行轨迹超出护栏长度	符合要求	合格
	客车		符合要求	合格
试验报告:检测依据 BS EN 1317				
评价要素	评价标准		试验结果	
			试验值	单项结论
护栏状况	小客车	1. 护栏能阻挡车辆并导向,而护栏板不能被冲断。 2. 护栏的主要部件不能脱落,护栏的部件不能穿入乘员仓及脱落伤人。 3. 护栏立柱应符合安全护栏的设计准则	符合要求	合格
	客车		符合要求	合格

续上表

试验报告:检测依据 BS EN 1317				
评价要素	评价标准		试验结果	
			试验值	单项结论
试验车辆状况	小客车	1. 试验车辆的重心不能越过变形护栏的中心线。 2. 试验车辆在碰撞过程中及碰撞后,应保持正常行驶状态。 3. 试验车辆的运行轨迹在碰撞距离 B 内不能越过与护栏距离为(A+车宽+车长×0.16)的平行线。其中,轿车:A=2.2m,B=10m;其他试验车辆:A=4.4m,B=20m	符合要求	合格
	客车		符合要求	合格
碰撞的剧烈程度	小客车	B级:ASI≤1.4;THIV≤33km/h;PHD≤20g	ASI:1.40 THIV:25.2km/h PHD:18.7g	合格
车体乘员仓状况	小客车	车体乘员仓在碰撞前和碰撞后进行记录车体变形指数 VCDI(Vehicle Cockpit Deformation Index)	—	—
	客车		—	—
护栏变形状况	小客车	护栏最大动态变形量 D 及响应宽度 W。 响应宽度 W 是车体或护栏在碰撞过程中最内到最外缘的最大动态距离。W 根据变形大小分为 8 个等级	D=0.01m W1(m)	
	客车		D=0.95m W4(m)	

依据《公路护栏安全性评价标准》(送审稿),经实车碰撞试验验证,SB级单坡型混凝土桥梁护栏在SB级的碰撞条件下,客车(10t,80km/h,20°)和小客车(1.5t,100km/h,20°)碰撞后,护栏阻挡功能、缓冲功能、导向功能、车辆运行状态、护栏最大动态变形量等试验项目均符合《公路护栏安全性评价标准》(送审稿)的要求。

依据美国《公路设施安全性评估推荐标准程序》(MASH 2009),经实车碰撞试验验证,SB级单坡型混凝土桥梁护栏在SB级的碰撞条件下,对小客车(1.5t,100km/h,20°)和客车(10t,80km/h,20°)具有良好的导向作用,试验车辆与护栏发生碰撞后未发生穿越、翻越、骑跨护栏的现象,护栏结构和车辆运行轨均符合迹 MASH 2009 的相关规定。

依据欧盟标准《道路防护系统》(BS EN 1317),经实车碰撞试验验证,SB级单坡型混凝土桥梁护栏在SB级的碰撞条件下,对小客车(1.5t,100km/h,20°)和客车(10t,80km/h,20°)具有良好的导向作用,试验车辆与护栏发生碰撞后未发生穿越、翻越、骑跨护栏的现象。护栏及试验车辆的状况以及护栏变形状况等性能指标均符合 BS EN 1317 的要求。

第十四节　BT-1 型护栏过渡段

一、试验条件

SB级单坡型混凝土桥梁护栏与路基波形梁护栏过渡段(BT-1型)适用于公路桥梁两端的桥梁护栏与路基护栏的过渡。本次试验所用SB级单坡型混凝土桥梁护栏与路基波形梁护栏过渡段(BT-1 型)样品的结构规格和原材料性能均符合《公路交通安全设施设计规范》(JTG D81—2006)的要求。试验护栏结构图如图 7-35 所示。

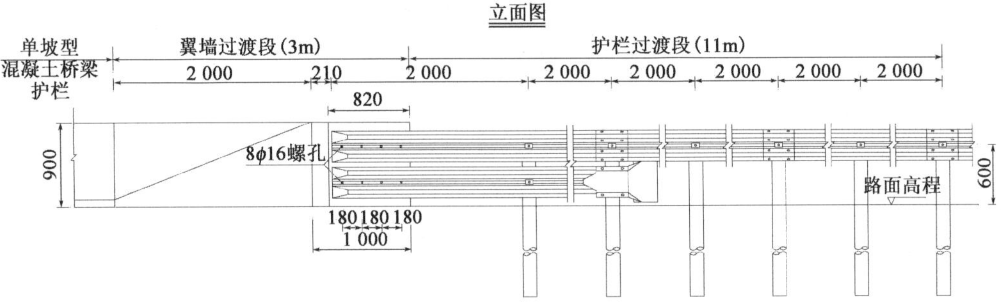

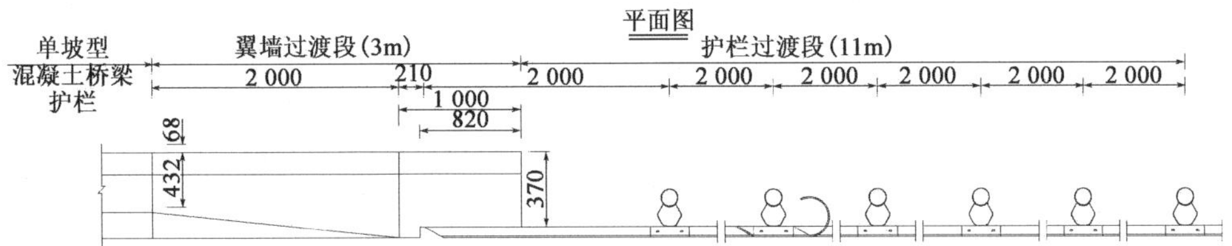

图 7-35　BT-1 型护栏过渡段构造图(尺寸单位:mm)

各项试验条件如表 7-36 所示。

BT-1 型护栏过渡段碰撞试验条件　　表 7-36

试验描述:小客车(KJZC-R-20a)			
护栏名称	SB 级单坡型混凝土桥梁护栏与路基波形梁护栏过渡段(BT-1 型)	试验段长度	波形梁 8m＋3m 波形梁过渡段＋3m 翼墙过渡段＋7.5m 单坡型混凝土桥梁护栏
碰撞条件	小客车(1.5t,100km/h,20°)	试验等级	A 级
试验依据	《公路护栏安全性评价标准》(送审稿),MASH 2009,BS EN 1317	试验时间	2011 年 12 月 20 日

续上表

<table>
<tr><td colspan="5">试验描述：小客车(KJZC-R-20a)</td></tr>
<tr><td>试验场地</td><td colspan="4">试验场：混凝土路面</td></tr>
<tr><td rowspan="4">试验条件</td><td>车辆自重</td><td>实际碰撞速度</td><td>实际碰撞角度</td><td>牵引方式</td></tr>
<tr><td>1.18t</td><td>98.7km/h</td><td>20°</td><td>落体牵引式</td></tr>
<tr><td>车辆总重</td><td>温度</td><td>湿度</td><td>风力</td></tr>
<tr><td>1.46t</td><td>1℃，晴</td><td>25%</td><td>10.8km/h，西北偏北风</td></tr>
<tr><td>试验前车辆情况</td><td colspan="2">车辆名称：奥迪 100　2.2E　MT
车辆状态：黑色三厢轿车、手动挡、各系统完备、车身状况良好、门窗齐全</td><td colspan="2">其他：无</td></tr>
<tr><td rowspan="3">试验前护栏情况</td><td>过渡段基础形式</td><td>桥面板＋土基</td><td>立柱埋入深度</td><td>1.4m(其中 43cm 桥面板，其余土基)</td></tr>
<tr><td>立柱总长度</td><td>2 150mm</td><td>立柱间距</td><td>2m</td></tr>
<tr><td colspan="4">护栏基本描述：
1. 混凝土桥梁护栏结构及配筋与 KJZC-R-17 试验护栏相同。
2. 过渡段的波形梁钢护栏由波形梁钢板(310mm×85mm×4mm×4 320mm)、立柱(ϕ140mm×4.5mm×2 150mm)和防阻块(196mm×178mm×200mm×4.5mm)等组成。
3. 混凝土护栏端部横向钻孔(贯穿孔)，背面使用钢板加强，使用 4 颗 M16 高强拼接螺栓锚固护栏板</td></tr>
<tr><td>试验后车辆情况</td><td colspan="2">车辆驶出角度：3.7°
车辆损坏情况：车辆左前轮爆胎；左前车身损伤严重；风窗玻璃裂纹；左前车门损坏无法打开；前保险杠脱落；左侧叶子板脱落夹塞在混凝土护栏端部，驾驶仓向内挤压变形，驾驶员位置 x 方向缩减量大于 10%</td><td colspan="2">车辆状态：车辆碰撞后顺利导向驶出试验区域</td></tr>
<tr><td>试验后护栏情况</td><td colspan="4">碰撞点：1 号柱(混凝土护栏端部向前)前 40cm　　护栏残留静态变形量：15cm
护栏基本描述：
1. 1 号立柱上、下防阻块变形，基础开裂。
2. 1 号立柱上、下板均变形。
3. 其余构件完好</td></tr>
<tr><td colspan="5">试验描述：客车(KJZC-R-20b)</td></tr>
<tr><td>护栏名称</td><td colspan="2">SB 级单坡型混凝土桥梁护栏与路基波形梁护栏过渡段(BT-1 型)</td><td>试验段长度</td><td>波形梁 8m＋3m 波形梁过渡段＋3m 翼墙过渡段＋7.5m 单波型混凝土桥梁护栏</td></tr>
<tr><td>碰撞条件</td><td colspan="2">客车(10t，60km/h，20°)</td><td>试验等级</td><td>A 级</td></tr>
<tr><td>试验依据</td><td colspan="2">《公路护栏安全性评价标准》(送审稿)，MASH 2009，BS EN 1317</td><td>试验时间</td><td>2011 年 12 月 22 日</td></tr>
<tr><td>试验场地</td><td colspan="4">公路交通试验场：沥青路面</td></tr>
<tr><td rowspan="4">试验条件</td><td>车辆自重</td><td>实际碰撞速度</td><td>实际碰撞角度</td><td>牵引方式</td></tr>
<tr><td>6.2t</td><td>60.76km/h</td><td>20°</td><td>落体牵引式</td></tr>
<tr><td>车辆总重</td><td>温度</td><td>湿度</td><td>风力</td></tr>
<tr><td>9.5t</td><td>1℃，晴</td><td>22%</td><td>32.4km/h，西北风</td></tr>
<tr><td>试验前车辆情况</td><td colspan="2">车辆名称：西安骊山(LS6900S)36 座
车辆状态：绿色客车，单车门，各系统完备、车身状况良好、门窗齐全</td><td colspan="2">其他：车内配重，配载物已固定</td></tr>
</table>

续上表

<table>
<tr><td colspan="5">试验描述：客车(KJZC-R-20b)</td></tr>
<tr><td rowspan="3">试验前护栏情况</td><td>过渡段基础形式</td><td>桥面板＋土基</td><td>立柱埋入深度</td><td>1.4m(其中,43cm桥面板,其余土基)</td></tr>
<tr><td>立柱总长度</td><td>2 150mm</td><td>立柱间距</td><td>2m</td></tr>
<tr><td colspan="4">护栏基本描述：
1.混凝土桥梁护栏结构及配筋与 KJZC-R-17 试验护栏相同。
2.过渡段的波形梁钢护栏由波形梁钢板(310mm×85mm×4mm×4 320mm)、立柱(ϕ140mm×4.5mm×2 150mm)和防阻块(196mm×178mm×200mm×4.5mm)等组成。
3.混凝土护栏端部横向钻孔(贯穿孔),背面使用钢板加强,使用4颗 M16 高强拼接螺栓锚固护栏板</td></tr>
<tr><td>试验后车辆情况</td><td colspan="2">车辆驶出角度：7.7°
车辆损坏情况：车辆左前保险杠变形；左前侧叶子板脱落；左侧车体前半部分刮蹭严重，部分侧板脱落</td><td colspan="2">车辆状态：车体左前保险杠与护栏碰撞，顺利导向，车体左后车身与护栏再次碰撞，顺利导向，车辆驶离护栏，驶出试验区域</td></tr>
<tr><td>试验后护栏情况</td><td colspan="4">碰撞点：1号立柱前1m(混凝土护栏端部向前2.2m)　　护栏残留静态变形量：25cm
护栏基本描述：
1. 1号立柱上防阻块变形撕裂、下防阻块变形；2号柱上防阻块变形。
2. 1号柱上板变形撕裂、下板变形。
3.护栏板端处翼墙拐角部分破损宽(x)15cm,长(y)40cm,下(z)40cm。
4.上梁残留最大变形量25cm,下梁残留最大变形量12cm</td></tr>
</table>

二、试验结果及分析

各项试验结果如表7-37所示。

BT-1型护栏过渡段碰撞试验结果　　表7-37

<table>
<tr><td colspan="5">试验报告：检测依据《公路护栏安全性评价标准》(送审稿)</td></tr>
<tr><td colspan="2" rowspan="2">试 验 项 目</td><td rowspan="2">技 术 要 求</td><td colspan="2">试 验 结 果</td></tr>
<tr><td>试验值</td><td>单项结论</td></tr>
<tr><td rowspan="4">阻挡功能</td><td>小客车</td><td rowspan="2">护栏应能够有效地阻挡车辆，并对车辆进行正确导向，车辆不得以任何形式穿越、翻越、骑跨、下穿护栏</td><td>符合要求</td><td>合格</td></tr>
<tr><td>客车</td><td>符合要求</td><td>合格</td></tr>
<tr><td>小客车</td><td rowspan="2">在碰撞过程中，护栏可以在可预期的情况下变形，但脱离组件、碰撞碎片(护栏碎片)、或其他护栏上的碰撞物不能侵入驾驶室内及阻挡驾驶员的视线</td><td>符合要求</td><td>合格</td></tr>
<tr><td>客车</td><td>符合要求</td><td>合格</td></tr>
<tr><td rowspan="2">缓冲功能</td><td>小客车</td><td>乘员碰撞速度应满足：纵向和横向 OIV≤12m/s</td><td>横向：4.5m/s
纵向：9.2m/s</td><td>合格</td></tr>
<tr><td>小客车</td><td>乘员碰撞后加速度应满足：纵向和横向ORA≤20g</td><td>横向：15.8g
纵向：19.5g</td><td>合格</td></tr>
<tr><td rowspan="2">导向功能</td><td>小客车</td><td>碰撞后，在距离实际碰撞点10m区域内，试验车辆的任何部位不得越过2.2m＋车宽(m)＋0.16车长(m)</td><td>符合要求</td><td>合格</td></tr>
<tr><td>客车</td><td>碰撞后，在距离实际碰撞点20m区域内，试验车辆的任何部位不得越过4.4m＋车宽(m)＋0.16车长(m)</td><td>符合要求</td><td>合格</td></tr>
</table>

续上表

试验报告:检测依据《公路护栏安全性评价标准》(送审稿)				
试验项目		技术要求	试验结果	
			试验值	单项结论
车辆运行状态	小客车	碰撞后,车辆应保持正常行驶姿态,可以有适当的摇晃、倾斜,但不得发生横转、调头、翻车等现象	符合要求	合格
	客车		符合要求	合格
护栏最大动态变形量	小客车	—	20cm	—
	客车		30cm	—
试验报告:检测依据 MASH 2009				
评价要素	评价标准		试验结果	
			试验值	单项结论
适宜的护栏结构	小客车	被测护栏必须始终阻挡试验车辆并改变其行驶方向或引导车辆在可控范围内停止;试验车辆不得穿透、骑跨或者越过护栏,但允许护栏在规定范围内的横向变形弯曲	符合要求	合格
	客车		符合要求	合格
	小客车	被测护栏必须在一种可预期的方式下脱离、断裂和弯曲变形	符合要求	合格
	客车		符合要求	合格
	小客车	合格护栏的性能要求是: 1.改变试验车辆行驶方向。 2.使试验车辆在控制范围内穿透。 3.使试验车辆在控制范围内停止	符合要求	合格
	客车		符合要求	合格
乘员保护	小客车	脱离组件、碰撞碎片或其他护栏上的碰撞残移物都不得穿透乘员车厢或具有穿透乘员车厢的趋势,也不得威胁到过往车辆、行人和在工作区内工作的人员的安全。车厢内向变形、侵入应不超过允许的范围值	—	—
	客车		—	—
	小客车	脱离组件、碰撞碎片、其他护栏上的碰撞残移物都不得阻挡驾驶员的视线或使驾驶员失去对车辆的控制	符合要求	合格
	客车		符合要求	合格
	小客车	试验车辆在碰撞过程中和碰撞之后都必须保持正立状态,最大侧翻或倾斜角度不能超过75°	符合要求	合格
	客车		符合要求	合格
	小客车	乘员碰撞速度应满足:纵向和横向 OIV≤12.2m/s	横向:4.5m/s 纵向:9.2m/s	合格
	小客车	乘员骑乘加速度应满足:纵向和横向 ORA≤20.49g	横向:15.8g 纵向:19.5g	合格
试验车辆碰撞轨迹	小客车	试验车辆的驶出角度小于碰撞角度的60%,驶出角度的测量应在试验车辆刚好脱离开被测护栏的时刻	2.6°	合格
	客车		7.7°	合格
	小客车	允许试验车辆的运行轨迹超出护栏长度	符合要求	合格
	客车		符合要求	合格

续上表

试验报告:检测依据 BS EN 1317				
评价要素	评价标准		试验结果	
			试验值	单项结论
护栏状况	小客车	1. 护栏能阻挡车辆并导向,而护栏板不能被冲断。 2. 护栏的主要部件不能脱落,护栏的部件不能穿入乘员仓及脱落伤人。 3. 护栏立柱应符合安全护栏的设计准则	符合要求	合格
	客车		符合要求	合格
试验车辆状况	小客车	1. 试验车辆的重心不能越过变形护栏的中心线。 2. 试验车辆在碰撞过程中及碰撞后,应保持正常行驶状态。 3. 试验车辆的运行轨迹在碰撞距离 B 内不能越过与护栏距离为(A+车宽+车长×0.16)的平行线。其中,轿车:A=2.2m,B=10m;其他试验车辆:A=4.4m,B=20m	符合要求	合格
	客车		符合要求	合格
碰撞的剧烈程度	小客车	C 级:ASI≤1.9;THIV≤33km/h;PHD≤20g	ASI:1.61 THIV:36.8km/h PHD:24.0g	合格
车体乘员仓状况	小客车	车体乘员仓在碰撞前和碰撞后进行记录车体变形指数 VCDI(Vehicle Cockpit Deformation Index)	—	—
	客车		—	—
护栏变形状况	小客车	护栏最大动态变形量 D 及响应宽度 W。 响应宽度 W 是车体或护栏在碰撞过程中最内到最外缘的最大动态距离。W 根据变形大小分为 8 个等级	D=0.20m W1(m)	
	客车		D=0.30m W2(m)	

依据《公路护栏安全性评价标准》(送审稿),经实车碰撞试验验证,SB 级单坡型混凝土桥梁护栏与路基波形梁护栏过渡段(BT-1 型)在 A 级的碰撞条件下,客车(10t,60km/h,20°)和小客车(1.5t,100km/h,20°)碰撞后,护栏阻挡功能、缓冲功能、导向功能、缓冲功能、车辆运行状态、护栏最大动态变形量等试验项目均符合《公路护栏安全性评价标准》(送审稿)标准的要求。

依据美国《公路设施安全性评估推荐标准程序》(MASH 2009),经实车碰撞试验验证,SB 级单坡型混凝土桥梁护栏与路基波形梁护栏过渡段(BT-1 型)在 A 级的碰撞条件下,对小客车(1.5t,100 km/h,20°)和客车(10t,60km/h,20°)具有良好的导向作用,试验车辆与护栏发生碰撞后未发生穿越、翻越、骑跨护栏的现象,护栏结构、乘员保护和车辆运行轨均符合迹 MASH 2009 的相关规定。

依据欧盟标准《道路防护系统》(BS EN 1317),经实车碰撞试验验证,SB 级单坡型混凝土桥梁护栏与路基波形梁护栏过渡段(BT-1 型)在 A 级的碰撞条件下,对小客车(1.5t,100km/h,20°)和客车(10t,60km/h,20°)具有良好的导向作用,试验车辆与护栏发生碰撞后未发生穿越、翻越、骑跨护栏的现象。护栏及试验车辆的状况以及护栏变形状况等性能指标均符合 BS EN 1317 的要求。其中,碰撞的剧烈程度一项性能指标不符合上述标准的要求。

第十五节　BT-2 型护栏过渡段

一、试验条件

SB 级单坡型混凝土桥梁护栏与路基波形梁护栏过渡段（BT-2 型）适用于公路桥梁两端的桥梁护栏与路基护栏的过渡。本次试验所用 SB 级单坡型混凝土桥梁护栏与路基波形梁护栏过渡段（BT-2 型）样品的结构规格和原材料性能均符合《公路交通安全设施设计规范》（JTG D81—2006）的要求。试验护栏结构图如图 7-36 所示。

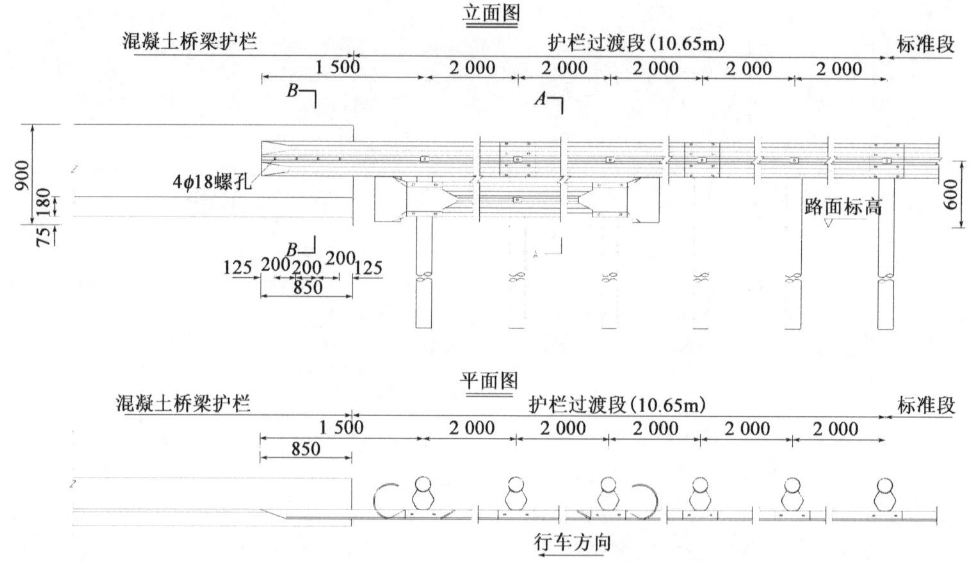

图 7-36　BT-2 型护栏过渡段构造图（尺寸单位：mm）

各项试验条件如表 7-38 所示。

BT-2 型护栏过渡段碰撞试验条件　　表 7-38

<table>
<tr><td colspan="5">试验描述：小客车(KJZC-R-18a)</td></tr>
<tr><td>护栏名称</td><td colspan="2">SB 级单坡型混凝土桥梁护栏与路基波形梁护栏过渡段(BT-2 型)</td><td>试验段长度</td><td>波形梁护栏过渡段 10.65m＋10m 混凝土桥梁护栏</td></tr>
<tr><td>碰撞条件</td><td colspan="2">小客车(1.5t,100km/h,20°)</td><td>试验等级</td><td>A 级</td></tr>
<tr><td>试验依据</td><td colspan="2">《公路护栏安全性评价标准》(送审稿)，MASH 2009,BS EN 1317</td><td>试验时间</td><td>2011 年 11 月 29 日</td></tr>
<tr><td>试验场地</td><td colspan="4">试验场：混凝土路面</td></tr>
<tr><td rowspan="4">试验条件</td><td>车辆自重</td><td>实际碰撞速度</td><td>实际碰撞角度</td><td>牵引方式</td></tr>
<tr><td>1.404t</td><td>97.8km/h</td><td>20°</td><td>落体牵引式</td></tr>
<tr><td>车辆总重</td><td>温度</td><td>湿度</td><td>风力</td></tr>
<tr><td>1.49t</td><td>9℃，晴</td><td>58%</td><td>7.2km/h，西北偏北风</td></tr>
<tr><td>试验前车辆情况</td><td colspan="2">车辆名称：奥迪 100　2.2E　MT
车辆状态：黑色三厢轿车、手动挡、各系统完备、车身状况良好、门窗齐全</td><td colspan="2">其他：无</td></tr>
<tr><td rowspan="3">试验前护栏情况</td><td>过渡段基础形式</td><td>桥面板＋土基</td><td>立柱埋入深度</td><td>1.4m(其中，43cm 桥面板，其余土基)</td></tr>
<tr><td>立柱总长度</td><td>2 150mm</td><td>立柱间距</td><td>2m</td></tr>
<tr><td colspan="4">护栏基本描述：
1. 混凝土桥梁护栏结构及配筋与 KJZC-R-17 试验护栏相同。
2. 过渡段的波形梁钢护栏由波形梁钢板(310mm×85mm×4mm×4 320mm)、立柱(ϕ140mm×4.5mm×2 150mm)和防阻块(196mm×178mm×200mm×4.5mm)等组成。
3. 混凝土护栏端部横向钻孔(贯穿孔)，背面使用钢板加强，使用 4 颗 M16 高强拼接螺栓锚固护栏板</td></tr>
<tr><td>试验后车辆情况</td><td colspan="2">车辆驶出角度：3.3°
车辆损坏情况：车辆左前轮爆胎；左前车身损伤明显；风窗玻璃裂纹；左前车门损坏无法打开；前保险杠脱落；左侧门防蹭条及叶子板脱落夹塞在混凝土护栏端部</td><td colspan="2">车辆状态：车辆碰撞后顺利导向驶出试验区域</td></tr>
<tr><td>试验后护栏情况</td><td colspan="4">碰撞点：1 号柱(混凝土护栏端部向前)前 95cm　　　护栏残留静态变形量：15cm
护栏基本描述：
1. 1 号立柱上、下防阻块变形；2、3 号立柱下防阻块变形。
2. 1、2 号立柱基础开裂。
3. 混凝土护栏端部开裂</td></tr>
</table>

续上表

<table>
<tr><td colspan="5">试验描述:客车(KJZC-R-18b)</td></tr>
<tr><td>护栏名称</td><td colspan="2">SB级单坡型混凝土桥梁护栏与路基波形梁护栏过渡段(BT-2型)</td><td>试验段长度</td><td>波形梁护栏过渡段10.65m+10m混凝土桥梁护栏</td></tr>
<tr><td>碰撞条件</td><td colspan="2">客车(10t,60km/h,20°)</td><td>试验等级</td><td>A级</td></tr>
<tr><td>试验依据</td><td colspan="2">《公路护栏安全性评价标准》(送审稿),MASH 2009,BS EN 1317</td><td>试验时间</td><td>2011年12月01日</td></tr>
<tr><td>试验场地</td><td colspan="4">公路交通试验场:沥青路面</td></tr>
<tr><td rowspan="4">试验条件</td><td>车辆自重</td><td>实际碰撞速度</td><td>实际碰撞角度</td><td>牵引方式</td></tr>
<tr><td>7.92t</td><td>57.17km/h</td><td>20°</td><td>落体牵引式</td></tr>
<tr><td>车辆总重</td><td>温度</td><td>湿度</td><td>风力</td></tr>
<tr><td>10.04t</td><td>2℃,晴</td><td>48%</td><td>3.6km/h,东北风</td></tr>
<tr><td>试验前车辆情况</td><td colspan="2">车辆名称:衡山(HSZ6102)42座
车辆状态:白色客车,单车门,各系统完备、车身状况良好、门窗齐全</td><td colspan="2">其他:车内配重,配载物已固定</td></tr>
<tr><td rowspan="3">试验前护栏情况</td><td>过渡段基础形式</td><td>桥面板+土基</td><td>立柱埋入深度</td><td>1.4m(其中43cm桥面板,其余土基)</td></tr>
<tr><td>立柱总长度</td><td>2 150mm</td><td>立柱间距</td><td>2m</td></tr>
<tr><td colspan="4">护栏基本描述:
1.对KJZC-R-18a小客车碰撞后的混凝土桥梁护栏端部进行修复。
2.过渡段的波形梁钢护栏由波形梁钢板(310mm×85mm×4mm×4 320mm)、立柱(φ140mm×4.5mm×2 150mm)和防阻块(196mm×178mm×200mm×4.5mm)等组成。
3.混凝土护栏端部横向钻孔(贯穿孔),背面使用钢板加强,使用4颗M16高强拼接螺栓锚固护栏板</td></tr>
<tr><td>试验后车辆情况</td><td colspan="2">车辆驶出角度:6.4°
车辆损坏情况:车辆左前侧叶子板脱落;左前车轮毂有刮蹭痕迹;左后侧车体刮蹭划痕</td><td colspan="2">车辆状态:车体左前保险杠与护栏碰撞,顺利导向,车体左后车身与护栏再次碰撞,顺利导向,车辆驶离护栏,驶出试验区域</td></tr>
<tr><td>试验后护栏情况</td><td colspan="4">碰撞点:2号立柱处(混凝土护栏端部向前)　　护栏残留静态变形量:45cm
护栏基本描述:
1. 1、2、3号立柱倾斜。
2.基础(3个)均开裂,上下防阻块(6个)变形。
3.护栏板与混凝土连接的长螺栓螺母切断、螺栓拔出。
4.残留横向变形45cm。
5.混凝土护栏端部碎裂</td></tr>
</table>

二、试验结果及分析

各项试验结果如表7-39所示。

BT-2 型护栏过渡段碰撞试验结果 表 7-39

<table>
<tr><td colspan="5">试验报告：检测依据《公路护栏安全性评价标准》(送审稿)</td></tr>
<tr><td colspan="2" rowspan="2">试 验 项 目</td><td rowspan="2">技 术 要 求</td><td colspan="2">试 验 结 果</td></tr>
<tr><td>试验值</td><td>单项结论</td></tr>
<tr><td rowspan="4">阻挡功能</td><td>小客车</td><td rowspan="2">护栏应能够有效地阻挡车辆，并对车辆进行正确导向，车辆不得以任何形式穿越、翻越、骑跨、下穿护栏</td><td>符合要求</td><td>合格</td></tr>
<tr><td>客车</td><td>符合要求</td><td>合格</td></tr>
<tr><td>小客车</td><td rowspan="2">在碰撞过程中护栏可以在可预期的情况下变形，但脱离组件、碰撞碎片(护栏碎片)或其他护栏上的碰撞物不能侵入驾驶室内及阻挡驾驶员的视线</td><td>符合要求</td><td>合格</td></tr>
<tr><td>客车</td><td>符合要求</td><td>合格</td></tr>
<tr><td rowspan="2">缓冲功能</td><td>小客车</td><td>乘员碰撞速度应满足：纵向和横向OIV≤12m/s</td><td>横向：4.4m/s
纵向：9.8m/s</td><td>合格</td></tr>
<tr><td>小客车</td><td>乘员碰撞后加速度应满足：纵向和横向 ORA≤20g</td><td>横向：11.3g
纵向：22.7g</td><td>合格</td></tr>
<tr><td rowspan="2">导向功能</td><td>小客车</td><td>碰撞后，在距离实际碰撞点 10m 区域内，试验车辆的任何部位不得越过 2.2m+车宽(m)+0.16 车长(m)</td><td>符合要求</td><td>合格</td></tr>
<tr><td>客车</td><td>碰撞后，在距离实际碰撞点 20m 区域内，试验车辆的任何部位不得越过 4.4m+车宽(m)+0.16 车长(m)</td><td>符合要求</td><td>合格</td></tr>
<tr><td rowspan="2">车辆运行状态</td><td>小客车</td><td rowspan="2">碰撞后，车辆应保持正常行驶姿态，可以有适当的摇晃、倾斜，但不得发生横转、调头、翻车等现象</td><td>符合要求</td><td>合格</td></tr>
<tr><td>客车</td><td>符合要求</td><td>合格</td></tr>
<tr><td rowspan="2">护栏最大动态变形量</td><td>小客车</td><td rowspan="2">—</td><td>20cm</td><td>—</td></tr>
<tr><td>客车</td><td>60cm</td><td>—</td></tr>
<tr><td colspan="5">试验报告：检测依据 MASH 2009</td></tr>
<tr><td colspan="2" rowspan="2">评 价 要 素</td><td rowspan="2">评 价 标 准</td><td colspan="2">试 验 结 果</td></tr>
<tr><td>试验值</td><td>单项结论</td></tr>
<tr><td rowspan="6">适宜的护栏结构</td><td>小客车</td><td rowspan="2">被测护栏必须始终阻挡试验车辆并改变其行驶方向或引导车辆在可控范围内停止；试验车辆不得穿透、骑跨或者越过护栏，但允许护栏在规定范围内的横向变形弯曲</td><td>符合要求</td><td>合格</td></tr>
<tr><td>客车</td><td>符合要求</td><td>合格</td></tr>
<tr><td>小客车</td><td rowspan="2">被测护栏必须在一种可预期的方式下脱离、断裂和弯曲变形</td><td>符合要求</td><td>合格</td></tr>
<tr><td>客车</td><td>符合要求</td><td>合格</td></tr>
<tr><td>小客车</td><td rowspan="2">合格护栏的性能要求是：
1. 改变试验车辆行驶方向。
2. 使试验车辆在控制范围内穿透。
3. 使试验车辆在控制范围内停止</td><td>符合要求</td><td>合格</td></tr>
<tr><td>客车</td><td>符合要求</td><td>合格</td></tr>
</table>

续上表

<table>
<tr><td colspan="5">试验报告:检测依据 MASH 2009</td></tr>
<tr><td rowspan="2">评 价 要 素</td><td rowspan="2" colspan="2">评 价 标 准</td><td colspan="2">试 验 结 果</td></tr>
<tr><td>试验值</td><td>单项结论</td></tr>
<tr><td rowspan="10">乘员保护</td><td>小客车</td><td rowspan="2">脱离组件、碰撞碎片或其他护栏上的碰撞残移物都不得穿透乘员车厢或具有穿透乘员车厢的趋势,也不得威胁到过往车辆、行人和在工作区内工作的人员的安全。车厢内向变形、侵入应不超过允许的范围值</td><td>—</td><td>—</td></tr>
<tr><td>客车</td><td>—</td><td>—</td></tr>
<tr><td>小客车</td><td rowspan="2">脱离组件、碰撞碎片、其他护栏上的碰撞残移物都不得阻挡驾驶员的视线或使驾驶员失去对车辆的控制</td><td>符合要求</td><td>合格</td></tr>
<tr><td>客车</td><td>符合要求</td><td>合格</td></tr>
<tr><td>小客车</td><td rowspan="2">试验车辆在碰撞过程中和碰撞之后都必须保持正立状态,最大侧翻或倾斜角度不能超过 75°</td><td>符合要求</td><td>合格</td></tr>
<tr><td>客车</td><td>符合要求</td><td>合格</td></tr>
<tr><td>小客车</td><td>乘员碰撞速度应满足:纵向和横向 OIV≤12.2m/s</td><td>横向:4.4m/s
纵向:9.8m/s</td><td>合格</td></tr>
<tr><td>小客车</td><td>乘员骑乘加速度应满足:纵向和横向 ORA≤20.49g</td><td>横向:11.3g
纵向:22.7g</td><td>不合格</td></tr>
<tr><td rowspan="4">试验车辆碰撞轨迹</td><td>小客车</td><td rowspan="2">试验车辆的驶出角度小于碰撞角度的 60%,驶出角度的测量应在试验车辆刚好脱离开被测护栏的时刻</td><td>3.3°</td><td>合格</td></tr>
<tr><td>客车</td><td>6.4°</td><td>合格</td></tr>
<tr><td>小客车</td><td rowspan="2">允许试验车辆的运行轨迹超出护栏长度</td><td>符合要求</td><td>合格</td></tr>
<tr><td>客车</td><td>符合要求</td><td>合格</td></tr>
<tr><td colspan="5">试验报告:检测依据 BS EN 1317</td></tr>
<tr><td rowspan="2">评 价 要 素</td><td rowspan="2" colspan="2">评 价 标 准</td><td colspan="2">试 验 结 果</td></tr>
<tr><td>试验值</td><td>单项结论</td></tr>
<tr><td rowspan="2">护栏状况</td><td>小客车</td><td rowspan="2">1. 护栏能阻挡车辆并导向,而护栏板不能被冲断。
2. 护栏的主要部件不能脱落,护栏的部件不能穿入乘员仓及脱落伤人。
3. 护栏立柱应符合安全护栏的设计准则</td><td>符合要求</td><td>合格</td></tr>
<tr><td>客车</td><td>符合要求</td><td>合格</td></tr>
<tr><td rowspan="2">试验车辆状况</td><td>小客车</td><td rowspan="2">1. 试验车辆的重心不能越过变形护栏的中心线。
2. 试验车辆在碰撞过程中及碰撞后,应保持正常行驶状态。
3. 试验车辆的运行轨迹在碰撞距离 B 内不能越过与护栏距离为(A+车宽+车长×0.16)的平行线。其中,轿车:A=2.2m,B=10m;其他试验车辆:A=4.4m,B=20m</td><td>符合要求</td><td>合格</td></tr>
<tr><td>客车</td><td>符合要求</td><td>合格</td></tr>
</table>

续上表

试验报告:检测依据 BS EN 1317				
评价要素	评价标准		试验结果	
			试验值	单项结论
碰撞的剧烈程度	小客车	C级:ASI≤1.9;THIV≤33km/h;PHD≤20g	ASI:1.99 THIV:38.7km/h PHD:24.9g	不合格
车体乘员仓状况	小客车	车体乘员仓在碰撞前和碰撞后进行记录车体变形指数 VCDI(Vehicle Cockpit Deformation Index)	—	—
	客车		—	—
护栏变形状况	小客车	护栏最大动态变形量 D 及响应宽度 W。 响应宽度 W 是车体或护栏在碰撞过程中最内到最外缘的最大动态距离。W 根据变形大小分为 8 个等级	D=0.01m W1(m)	
	客车		D=0.95m W4(m)	

依据《公路护栏安全性评价标准》(送审稿),经实车碰撞试验验证,SB 级单坡型混凝土桥梁护栏与路基波形梁护栏过渡段(BT-2 型)在 A 级的碰撞条件下,客车(10t,60km/h,20°)和小客车(1.5t,100km/h,20°)碰撞后,护栏阻挡功能、缓冲功能(部分)、导向功能、车辆运行状态、护栏最大动态变形量等试验项目均符合《公路护栏安全性评价标准》(送审稿)标准的要求。其中,缓冲功能一项性能指标不符合上述标准的要求。

依据美国《公路设施安全性评估推荐标准程序》(MASH 2009),经实车碰撞试验验证,SB 级单坡型混凝土桥梁护栏与路基波形梁护栏过渡段(BT-2 型)在 A 级的碰撞条件下,对小客车(1.5t,100km/h,20°)和客车(10t,60km/h,20°)具有良好的导向作用,试验车辆与护栏发生碰撞后未发生穿越、翻越、骑跨护栏的现象,护栏结构和车辆运行轨均符合迹 MASH 2009 的相关规定。其中,乘员保护一项性能指标不符合上述标准的要求。

依据欧盟标准《道路防护系统》(BS EN 1317),经实车碰撞试验验证,SB 级单坡型混凝土桥梁护栏与路基波形梁护栏过渡段(BT-2 型)在 A 级的碰撞条件下,对小客车(1.5t,100km/h,20°)和客车(10t,60km/h,20°)具有良好的导向作用,试验车辆与护栏发生碰撞后未发生穿越、翻越、骑跨护栏的现象。护栏及试验车辆的状况以及护栏变形状况等性能指标均符合 BS EN 1317 的要求。其中,碰撞的剧烈程度一项性能指标不符合上述标准的要求。

三、结构改进和验证

由上述试验结果可见,BT-2 型护栏过渡段缓冲功能性能指标不符合标准的要求,主要原因是波形梁护栏与水泥混凝土护栏连接处强度过渡不均匀,为弥补此不足,对 BT-2 型护栏过渡段进行了改进,将下层波形梁板直接搭接于水泥混凝土护栏上,同时增加一个立柱,改进结构如图 7-37 所示。

对此改进结构进行实车碰撞试验验证,试验条件如表 7-40 所示。

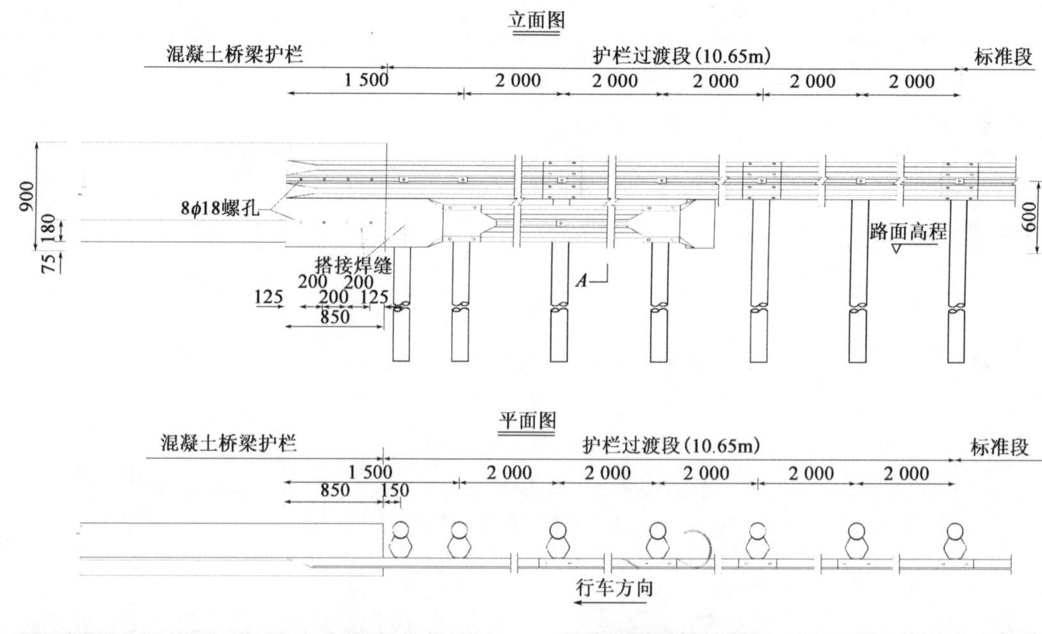

图 7-37 改进型 BT-2 护栏过渡段结构(尺寸单位:mm)

改进型 BT-2 护栏过渡段碰撞试验条件 表 7-40

试验描述:小型车(KJZC-R-18a)				
护栏名称	SB 级单坡型混凝土桥梁护栏与路基波形梁护栏过渡段(BT-2 改进型)		试验段长度	波形梁护栏过渡段 10.65m+10m 混凝土桥梁护栏
碰撞条件	小型车(1.5t,100km/h,20°)		试验等级	A 级
试验依据	《公路护栏安全性评价标准》(送审稿),MASH 2009,BS EN 1317		试验时间	2012 年 03 月 07 日
试验场地	试验场:混凝土路面			
试验条件	车辆自重	实际碰撞速度	实际碰撞角度	牵引方式
	1.24t	101km/h	20°	落体牵引式
	车辆总重	温度	湿度	风力
	1.44t	8℃,晴	23%	21.6km/h,西北偏西风

续上表

<table>
<tr><td colspan="5">试验描述:小型车(KJZC-R-18a)</td></tr>
<tr><td>试验前车辆情况</td><td colspan="2">车辆名称:奥迪 100　2.2E　MT
车辆状态:黑色三厢轿车、手动挡、各系统完备、车身状况良好、门窗齐全</td><td colspan="2">其他:无</td></tr>
<tr><td rowspan="3">试验前护栏情况</td><td>过渡段基础形式</td><td>桥面板+土基</td><td>立柱埋入深度</td><td>1.4m(其中 43cm 桥面板,其余土基)</td></tr>
<tr><td>立柱总长度</td><td>2 150mm</td><td>立柱间距</td><td>2m</td></tr>
<tr><td colspan="4">护栏基本描述:
1. 混凝土桥梁护栏结构及配筋与 KJZC-R-17 试验护栏相同。
2. 过渡段的波形梁钢护栏由波形梁钢板(310mm×85mm×4mm×4 320mm)2 块、立柱(ϕ140mm×4.5mm×2 150mm)2 根、防阻块(196mm×178mm×200mm×4.5mm)4 颗及圆形端头 1 件等组成。
3. 混凝土护栏端部横向钻孔(贯穿孔),每板使用 4 颗 M16 高强拼接螺栓锚固护栏板</td></tr>
<tr><td>试验后车辆情况</td><td colspan="2">车辆驶出角度:0°
车辆损坏情况:左前叶子板脱落于翼墙过渡段处;风窗玻璃裂纹;左前车门损坏无法打开,车窗破碎脱落;前保险杠脱落;左侧车身刮蹭变形</td><td colspan="2">车辆状态:车辆碰撞后顺利导向,驶出试验区域</td></tr>
<tr><td>试验后护栏情况</td><td colspan="4">碰撞点:混凝土护栏端部向前 1.3m 处　　护栏残留静态变形量:10cm
护栏基本描述:
1. 2 号立柱下防阻块变形。
2. 下层板翼墙端部处变形,上层板刮蹭,微变形</td></tr>
<tr><td colspan="5">试验描述:货车(KJZC-R-18b)</td></tr>
<tr><td>护栏名称</td><td colspan="2">SB 级单坡型混凝土桥梁护栏与路基波形梁护栏过渡段(BT-2 改进型)</td><td>试验段长度</td><td>波形梁护栏过渡段 10.65m+10m 混凝土桥梁护栏</td></tr>
<tr><td>碰撞条件</td><td colspan="2">货车(10t,60km/h,20°)</td><td>试验等级</td><td>A 级</td></tr>
<tr><td>试验依据</td><td colspan="2">《公路护栏安全性评价标准》(送审稿),MASH 2009,BS EN 1317</td><td>试验时间</td><td>2012 年 03 月 12 日</td></tr>
<tr><td>试验场地</td><td colspan="4">公路交通试验场:沥青路面</td></tr>
<tr><td rowspan="4">试验条件</td><td>车辆自重</td><td>实际碰撞速度</td><td>实际碰撞角度</td><td>牵引方式</td></tr>
<tr><td>7.92t</td><td>57.17km/h</td><td>20°</td><td>落体牵引式</td></tr>
<tr><td>车辆总重</td><td>温度</td><td>湿度</td><td>风力</td></tr>
<tr><td>10.04t</td><td>2℃,晴</td><td>48%</td><td>3.6km/h,东北风</td></tr>
<tr><td>试验前车辆情况</td><td colspan="2">车辆名称:解放
车辆状态:军绿色货车,各系统完备、车身状况良好、门窗齐全</td><td colspan="2">其他:车厢配重,配载物已固定</td></tr>
</table>

续上表

试验描述:货车(KJZC-R-18b)				
试验前护栏情况	过渡段基础形式	桥面板+土基	立柱埋入深度	1.4m(其中43cm桥面板,其余土基)
	立柱总长度	2 150mm	立柱间距	2m
	护栏基本描述: 1.对KJZC-R-18a小型车碰撞后的混凝土桥梁护栏端部进行修复 2.过渡段的波形梁钢护栏由波形梁钢板(310mm×85mm×4mm×4 320mm)2块、立柱(ϕ140mm×4.5mm×2 150mm)2节、防阻块(196mm×178mm×200mm×4.5mm)4件和圆形端头1件等组成。 3.混凝土护栏端部横向钻孔(贯穿孔),每板使用4颗M16高强拼接螺栓锚固护栏板			
试验后车辆情况	车辆驶出角度:0° 车辆损坏情况:车辆左前保险杠碰撞变形;左后侧车厢刮蹭划痕		车辆状态:车体左前保险杠与护栏碰撞,顺利导向,车体左后车厢与护栏再次碰撞,顺利导向,车辆驶离护栏,驶出试验区域	
试验后护栏情况	碰撞点:混凝土护栏端部向前1.6m处　　护栏残留静态变形量:15cm 护栏基本描述: 1.1号立柱上防阻块、2号立柱上下防阻块、3号立柱上下防阻块受压变形。 2.上下护栏板均变形。 3.2号立柱倾斜,翼墙过渡段混凝土护栏上角处损坏缺失			

试验结果如表7-41所示。

改进型BT-2护栏过渡段碰撞试验结果　　表7-41

试验报告:检测依据《公路护栏安全性评价标准》(送审稿)				
试验项目		技术要求	试验结果	
			试验值	单项结论
阻挡功能	小型车	护栏应能够有效地阻挡车辆,并对车辆进行正确导向,车辆不得以任何形式穿越、翻越、骑跨、下穿护栏	符合要求	合格
	货车		符合要求	合格
	小型车	在碰撞过程中,护栏可以在可预期的情况下变形,但脱离组件、碰撞碎片(护栏碎片)或其他护栏上的碰撞物不能侵入驾驶室内及阻挡驾驶员的视线	符合要求	合格
	货车		符合要求	合格
缓冲功能	小型车	乘员碰撞速度应满足:纵向和横向OIV≤12m/s	横向:5.7m/s 纵向:7.2m/s	合格
	小型车	乘员碰撞后加速度应满足:纵向和横向ORA≤20g	横向:3.6g 纵向:5.7g	合格
导向功能	小型车	碰撞后,在距离实际碰撞点10m区域内,试验车辆的任何部位不得越过2.2m+车宽(m)+0.16车长(m)	符合要求	合格
	货车	碰撞后,在距离实际碰撞点20m区域内,试验车辆的任何部位不得越过4.4m+车宽(m)+0.16车长(m)	符合要求	合格

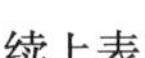

续上表

试验报告:检测依据《公路护栏安全性评价标准》(送审稿)				
试验项目		技术要求	试验结果	
			试验值	单项结论
车辆运行状态	小型车	碰撞后,车辆应保持正常行驶姿态,可以有适当的摇晃、倾斜,但不得发生横转、调头、翻车等现象	符合要求	合格
	货车		符合要求	合格
护栏最大动态变形量	小型车	—	15cm	—
	货车		20cm	—
试验报告:检测依据 MASH 2009				
评价要素		评价标准	试验结果	
			试验值	单项结论
适宜的护栏结构	小型车	被测护栏必须始终阻挡试验车辆并改变其行驶方向或引导车辆在可控范围内停止;试验车辆不得穿透、骑跨或者越过护栏,但允许护栏在规定范围内的横向变形弯曲	符合要求	合格
	货车		符合要求	合格
	小型车	被测护栏必须在一种可预期的方式下脱离、断裂和弯曲变形	符合要求	合格
	货车		符合要求	合格
	小型车	合格护栏的性能要求是: 1. 改变试验车辆行驶方向。 2. 使试验车辆在控制范围内穿透。 3. 使试验车辆在控制范围内停止	符合要求	合格
	货车		符合要求	合格
乘员保护	小型车	脱离组件、碰撞碎片或其他护栏上的碰撞残移物都不得穿透乘员车厢或具有穿透乘员车厢的趋势,也不得威胁到过往车辆、行人和在工作区内工作的人员的安全。车厢内向变形、侵入应不超过允许的范围值	—	—
	货车		—	—
	小型车	脱离组件、碰撞碎片、其他护栏上的碰撞残移物都不得阻挡驾驶员的视线或使驾驶员失去对车辆的控制	符合要求	合格
	货车		符合要求	合格
	小型车	试验车辆在碰撞过程中和碰撞之后,都必须保持正立状态,最大侧翻或倾斜角度不能超过 75°	符合要求	合格
	货车		符合要求	合格
	小型车	乘员碰撞速度应满足:纵向和横向 OIV≤12.2m/s	横向:5.7m/s 纵向:7.2m/s	合格
	小型车	乘员骑乘加速度应满足:纵向和横向 ORA≤20.49g	横向:3.6g 纵向:5.7g	合格
试验车辆碰撞轨迹	小型车	试验车辆的驶出角度小于碰撞角度的 60%,驶出角度的测量应在试验车辆刚好脱离开被测护栏的时刻	3.3°	合格
	货车		6.4°	合格
	小型车	允许试验车辆的运行轨迹超出护栏长度	符合要求	合格
	货车		符合要求	合格

续上表

<table>
<tr><td colspan="5">试验报告:检测依据 BS EN 1317</td></tr>
<tr><td colspan="2" rowspan="2">评 价 要 素</td><td rowspan="2">评 价 标 准</td><td colspan="2">试 验 结 果</td></tr>
<tr><td>试验值</td><td>单项结论</td></tr>
<tr><td rowspan="2">护栏状况</td><td>小型车</td><td rowspan="2">1. 护栏能阻挡车辆并导向,而护栏板不能被冲断。
2. 护栏的主要部件不能脱落,护栏的部件不能穿入乘员仓及脱落伤人。
3. 护栏立柱应符合安全护栏的设计准则</td><td>符合要求</td><td>合格</td></tr>
<tr><td>货车</td><td>符合要求</td><td>合格</td></tr>
<tr><td rowspan="2">试验车辆状况</td><td>小型车</td><td rowspan="2">1. 试验车辆的重心不能越过变形护栏的中心线。
2. 试验车辆在碰撞过程中及碰撞后,应保持正常行驶状态。
3. 试验车辆的运行轨迹在碰撞距离 B 内不能越过与护栏距离为(A+车宽+车长×0.16)的平行线。其中,轿车:A=2.2m,B=10m;其他试验车辆:A=4.4m,B=20m</td><td>符合要求</td><td>合格</td></tr>
<tr><td>货车</td><td>符合要求</td><td>合格</td></tr>
<tr><td>碰撞的剧烈程度</td><td>小型车</td><td>C 级:ASI≤1.9;THIV≤33km/h;PHD≤20g</td><td>ASI:1.41
THIV:33km/h
PHD:5.7g</td><td>合格</td></tr>
<tr><td rowspan="2">车体乘员仓状况</td><td>小型车</td><td rowspan="2">车体乘员仓在碰撞前和碰撞后进行记录车体变形指数 VCDI(Vehicle Cockpit Deformation Index)</td><td>—</td><td>—</td></tr>
<tr><td>货车</td><td>—</td><td>—</td></tr>
<tr><td rowspan="2">护栏变形状况</td><td>小型车</td><td rowspan="2">护栏最大动态变形量 D 及响应宽度 W。
响应宽度 W 是车体或护栏在碰撞过程中最内到最外缘的最大动态距离。W 根据变形大小分为 8 个等级</td><td colspan="2">D=0.015m
W1(m)</td></tr>
<tr><td>货车</td><td colspan="2">D=0.02m
W6(m)</td></tr>
</table>

依据《公路护栏安全性评价标准》(送审稿),经实车碰撞试验验证,SB 级单坡型混凝土桥梁护栏与路基波形梁护栏过渡段(BT-2 改进型)在 A 级的碰撞条件下,货车(10t,60km/h,20°)和小型车(1.5t,100km/h,20°)碰撞后,护栏阻挡功能、缓冲功能、导向功能、车辆运行状态、护栏最大动态变形量等试验项目均符合《公路护栏安全性评价标准》(送审稿)标准的要求。

依据美国《公路设施安全性评估推荐标准程序》(MASH 2009),经实车碰撞试验验证,SB 级单坡型混凝土桥梁护栏与路基波形梁护栏过渡段(BT-2 改进型)在 A 级的碰撞条件下,对小型车(1.5t,100km/h,20°)和货车(10t,60km/h,20°)具有良好的导向作用,试验车辆与护栏发生碰撞后未发生穿越、翻越、骑跨护栏的现象,护栏结构和车辆运行轨均符合迹 MASH 2009 的相关规定。

依据欧盟标准《道路防护系统》(BS EN 1317),经实车碰撞试验验证,SB 级单坡型混凝土桥梁护栏与路基波形梁护栏过渡段(BT-2 改进型)在 A 级的碰撞条件下,对小型车(1.5t,100km/h,20°)和货车(10t,60km/h,20°)具有良好的导向作用,试验车辆与护栏发生碰撞后未发生穿越、翻越、骑跨护栏的现象。护栏及试验车辆的状况以及护栏变形状况等性能指标均符合 BS EN 1317 的要求。

第十六节　小　　结

对 14 种在用安全设施的安全性能进行了实车碰撞试验验证，对同一个试验结果，分别应用本研究制订的新评价标准、美国标准和欧盟标准进行评价，对不通过的设施，重复进行多次试验，提出改进措施。

通过试验验证发现：Am 级组合型中央分隔带钢护栏、SB 级三波形梁护栏、B 级桥梁金属护栏、SA 级桥梁金属护栏、SB 级桥梁金属护栏、SB 级单坡型桥梁混凝土护栏、SB 级 F 型桥梁混凝土护栏、SB 单坡型桥梁护栏与 A 级路基波形梁护栏过渡段（BT-1 型）、波形梁护栏外展地锚式端头这 9 种在用设施，无论是用我国标准（JTG/T F83-1—2004）、本研究建立的新评价标准、美国标准（MASH 2009），还是用欧盟标准（BS EN 1317）进行评价，安全防护性能都能达到标准的要求。

旧规范 JTJ 074—94 版 S 级波形梁护栏、波形梁护栏外展圆式端头、3 个桶的三角地带护栏及防撞桶布设结构、BT-2 型护栏过渡段结构这 4 种设施的安全性能存在以下问题。

（1）旧规范 JTJ 074—94 版 S 级波形梁护栏，在新的检验标准和碰撞车型条件下，系统结构强度不足，不能很好的引导碰撞车辆，小客车碰撞时，形成绊阻，对乘员伤害较大；大型车辆碰撞时，会穿越护栏（10t，60km/h，20°）。旧规范 JTJ 074—94 规定的 S 级波形梁路侧护栏在 JTG/T D81—2006 标准中已经不再使用，研究中未对其进行结构改进研究和验证，实际应用中的 S 级护栏，如需改进，可拆除旧护栏，直接设置新的达到 A 级标准的波形梁钢护栏。

（2）波形梁护栏外展圆头式护栏端头：由于端头处没有吸能结构，碰撞车辆减速度指标偏大，对车内乘员伤害严重，建议取消该端头形式的应用。

（3）三角地带护栏及防撞桶结构同样存在吸能结构不足的问题，碰撞车辆减速度指标偏大，对车内乘员伤害严重，研究中开发了新的 9 桶结构，替代现有的 3 桶结构。

（4）SB 单坡型桥梁护栏与 A 级路基波形梁护栏过渡段（BT-2 型），由于刚度过渡结构设计不良，碰撞车辆减速度指标偏大，对车内乘员伤害严重，研究中，设计优化了刚度过渡结构，给出新的过渡段结构。

第八章　避险车道设置技术研究

本章研究以文献调研总结为主，整理美国联邦公路局“道路设计几何方针”、美国公路运输协会“避险车道工程经验汇集”等权威文献，及全国范围内开展的以河北、福建、广东、北京、河南、广西等省、自治区为重点的公路避险车道调研工作，监测广东京珠北高速公路避险车道运营中使用状况，如车辆驶入轨迹、速度变化等方面内容并加一分析，消化吸收国外避险车道设置技术，总结归纳西部课题《连续下坡综合处置技术子题四——避险车道研究》、云南省厅课题《云南省高速公路避险车道技术指标研究》《福建漳州高速公路避险车道研究》研究成果，开展避险车道引导标线研究，开展公路避险车道设置条件、照明及监控设施、安全性评价、下坡式和平坡式避险车道的填料厚度及养护要求的研究，并给出《道路交通标志和标线》(GB 5768—2009)和《公路交通安全设施设计规范》(JTG D81—2006)等标准规范补充修订建议。

第一节　避险车道设置条件

一、美国

美国土木工程协会利用图 8-1 作为判断是否需要设置避险车道的依据之一。

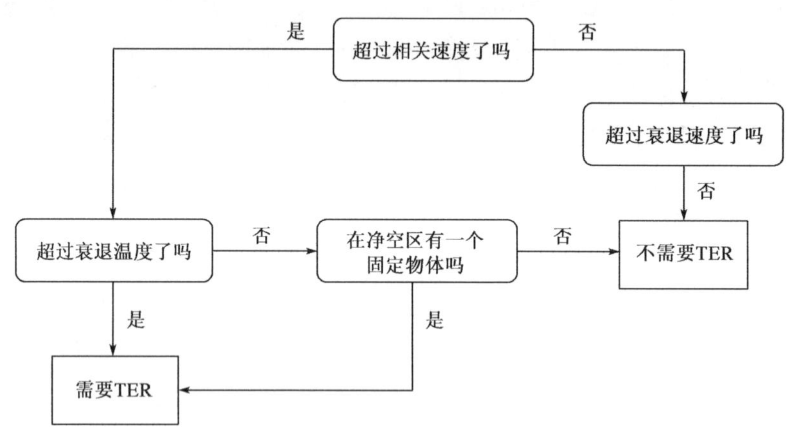

图 8-1　美国避险车道设置条件

在美国，对于在什么位置设置避险车道，各州的做法不一，并没有统一的标准来确定避险车道的设置位置。避险车道一般用于两种情形：农村地区的长下坡山路和可能处于密集交通和发展地区的短、陡小山坡。后者经常是产生或可能出现致命交通事故和严重财产损失的地方。避险车道也设置在位于需要在坡底停车或减速转弯的地方。在美国，避险车道的地点选择通常是一个能使土方工程和建筑成本最小的便利位置，在美国各州避险车道位置的调查问卷中,被应用最多的是失控事故经历,它的引用次数是其他因素的两倍。具体来说,即设置避险车道的潜在位置可以通过调查来确定。比如:警察报告了速度违章,护栏或其他的硬件修理的维护记录,消防部门对于热制动问题的反映,以及一些公民抱怨风驰电掣的货车,这些因素都和潜在的严重失控情况有关联,也预示着需要建立货车避险车道。坡长、坡度、水平线形和坡底条件的结合等地点条件,几乎同等重要。平均日交通量、货车所占比例和地点条件一样重要。可利用的路权和地形在选择地点时很重要,但在决定是否需要避险车道的时候并不是一个重要的因素,图8-2是设置避险车道时考虑的因素。

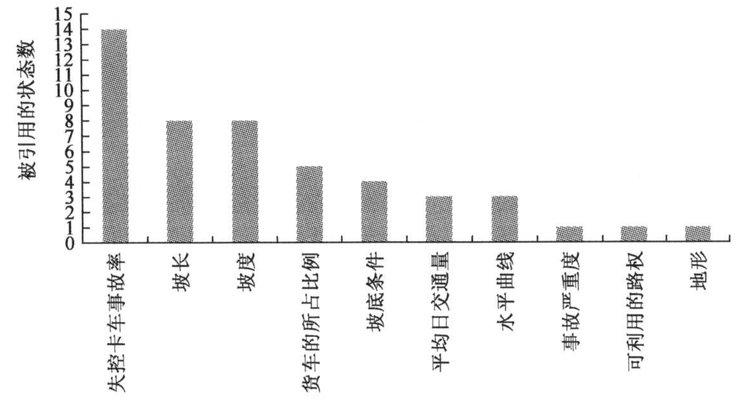

图8-2　美国设置避险车道考虑因素

调查表明:事故经历、坡度严重性分级系统(GSRS)、工程判断、其他[避险车道的位置(如学校入口附近)、冒烟的制动、实施、货车速度、信号灯、检查/衡量设施、可能影响建造一个避险车道的公众压力、路权等]是建设避险车道需要考虑的因素。图8-3是美国部分州设置避险车道的条件。

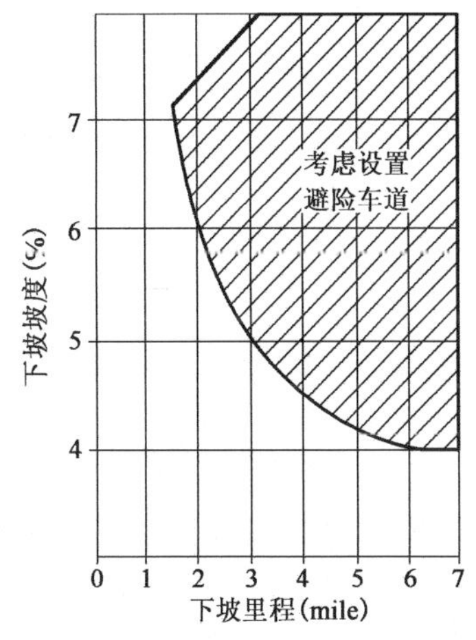

图8-3　美国部分州避险车道设置条件

注:1mile=1 609.344m。

研究表明,坡度严重性分级系统在确定避险车道位置方面是一个有用的工具,它的目标是要估计不同车重的车辆限速值,这个值可以告诉驾驶员在坡上不同车重车辆的最大安全速度。最大安全速度是在估计制动器温度的基础上估算的,定义为:在这个车速下,在坡底紧急制动产生的温度不会超过预先选定的温度界限。除了估计坡度大小和决定下坡货车限制速度之外,它还可以用于确定是否需要设置货车避险车道及其设置位置,因为它的电脑程序有一个选项,沿着下坡每隔0.5mile(1mile=1 609.344m)计算一次制动器温度。计算最大安全下坡速度的方法也提供了一种非事故的方法。没有发生交通事故表明不需要停车,但并不意味着货车能够进行紧急安全停车。以高于建议速度的速度在坡上行驶的货车会使制度的温度过高,从而无法停车。GSRS因此可以用来在事故发生前确定危险,并帮助找到适当的对策。

美国州公路和交通官员协会(AASHTO)的《公路和城市道路几何设计的方针》最新版本,被称为绿皮书,它提供了下列信息:

在存在长下坡的路段，或考虑地形和位置因素即将设置长下坡的地方，可以在适当位置设计和建造避险车道，以帮助失控车辆离开主要交通流并减速停车。目前还缺乏避险车道的特别设计指南。设置避险车道的主要决定因素应该是道路上其他车辆的安全、失控车辆的驾驶员及沿坡或坡底的居民。

二、新西兰

在发生过失控货车事故的陡峭下坡路段，可以考虑设置避险车道使其能安全、有控制地停车。

三、南非

如果下坡坡度(%)的平方×距坡顶的距离(km)≥60，且坡度≥5%的下坡坡道，就应该设置避险车道，如图8-4所示。

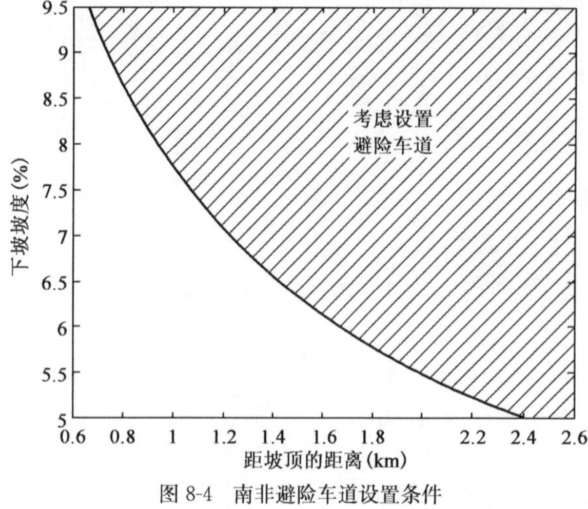

图8-4　南非避险车道设置条件

避险车道不应该建造在失控车辆可能与即将到来的交通流有交叉的地方。对于分离式车行道，如果有足够的空间可以利用，避险车道也可设置于中间。这可能与驾驶员的期望相冲突，并且在避险车道出口之前，必须提供显著的预先警告标志。由于与驾驶员期望相冲突，不推荐在中间设置制动床，但是对于在陡峭的下坡底端存在向左的急弯曲线的情况，必须在中间设置制动床。

避险车道的位置对于其有效性至关重要。它们应该设置在小半径曲线之前或者小半径曲线的起点。例如，如果货车不能转过急弯驶入避险车道，那么急弯曲线之后的避险车道将不会起作用。因为车辆制动器温度是坡长的函数，避险车道一般设置在陡坡路段下半段上。

制动床不应设置在右转曲线的外侧边缘，或者在黑暗情况下车辆有误闯可能性的地点。在那些设置制动床的地方，应告知当地的学校，此处是危险地点，以便劝阻儿童不要在制动床里玩耍。

地形条件不满足设置上坡型避险车道时，可考虑设置平坡型或下坡型避险车道。平坡型或下坡型避险车道的合适地点也可能受到限制，特别是下坡方向位于填方路段外侧的情况。制动床入口处应明显易识别，高速公路上应设置禁止停车标志。入口处应保证良好的通视效果，便于驾驶员驱车驶入制动床，视距应不小于与失控车辆最大期望车速相适应的期望停车视距。

四、澳大利亚昆士兰州《公路规划和设计手册》

避险车道不应该建造在失控车辆可能需要与即将到来的交通流有交叉的地方。对于分离式车行道，如果有足够的空间可以利用，避险车道也可设置于中间，只要在避险车道出口前设置了足够的预警标志，避险车道可以设置在车行道的任何一侧。为安全起见，找到一个最合适的位置，使失控车辆能顺利地驶入制动床是至关重要的。避险车道应该设置在小半径曲线之前或小半径曲线开始处，沿切线方向设置。例如，一个设置在小半径曲线之后的避险车道可能不会起到应有的作用，因为失控货车很难转过这个急弯路段。

因为车辆制动器温度是坡长的函数，避险车道一般设置在陡坡路段下半段上。地形条件不满足设置上坡型避险车道时，可考虑设置平坡型或下坡型避险车道。平坡型或下坡型避险车道的合适地点也可能受到限制，特别是下坡方向位于填方路段外侧的情况。

五、英国

(1)工程判定是决定新建和改建道路避险车道位置的关键。其他考虑因素包括：之前事故位置、下坡坡长、坡底条件、重车比例、街道照明、平曲线和地形(如土方工程费用的影响)。

(2)制动床应尽量不设置在右转曲线的外侧，或者任何在夜间车辆可能误闯的地方。在那些设置制动床的楼宇密集区，应告知当地的学校，此处是危险地点，以便劝阻儿童不要在制动床里玩耍。

(3)当事故位置是决定设置制动床的主要因素时，必须将制动床设置在事故频发点的上游。实际的距离由当地条件决定(如地势、线形、可视性、土地是否可用)，但是它应该可以使从制动床位置到事故频发点制动失灵机率达到最小。

(4)应设置标志指明制动床入口，应保持入口可自由通行。入口处应保证良好的通视效果，便于驾驶员驱车驶入制动床，视距应不小于与失控车辆最大期望车速相适应的期望停车视距。应考虑在行车道上设置带有分支箭头的“避险车道”标志。

六、中国《避险车道设计指南》

避险车道是专为下坡路段制动失灵车辆设置的避险设施。下坡路段被损坏的护栏、被掘起的道路表面以及溢出的燃油都预示着货车通过此下坡路段有困难，意味着有设置避险车道的需要。根据下坡路段的制动失灵事故情况(对于新建道路可参考相似道路的事故情况)、货车在下坡路段的运行情况、工程判断等是避险车道设置时要考虑的因素。货车制动失灵事故对邻近地区或人口聚集区的潜在危害，通常能为避险车道的设置提供充分的理由。

对于已开通运营道路，车辆制动失灵事故情况应是考虑设置避险车道的主要因素。同时，还应兼顾的因素有：下坡路段坡长和坡度、下坡方向日交通量以及货车所占比例、坡底的情况、下坡路段的平面线形、货车失控事故的严重性、可利用的路权、地形等。

对于新建道路而言，在长陡下坡不可避免、且由制动失灵车辆引起事故伤害的可能性比正常情况下大得多的地方，在道路设计阶段，就应考虑设置避险车道，并作为道路建设方案的一项重要内容。

不必要的避险车道应避免设置。在紧接上陡坡或长上坡的长下坡路段不宜设置避险车道，因为制动失灵车辆的驾驶员不太可能会使用。

实际工程经验证明，避险车道宜设置在以下几处。

(1)连续下坡或陡坡路段小半径曲线前方。连续下坡路段或陡坡路段与小半径曲线相接往往是事故多发点。长时间下坡制动的车辆往往不能安全通过小半径曲线,因此宜沿小半径曲线前方沿切线方向设置避险车道。

(2)连续长下坡路段的下半部分。从驾驶员行车心理角度出发,驾驶员更易接受在连续长下坡路段下坡部分使用避险车道。但如果下坡路段很长,可不受此限制。

避险车道应尽可能设置在道路下坡方向的右侧,并避免设置在那些夜间车辆可能误闯的地点。在建有避险车道的地区,当地居民和中小学生应被告知,在避险车道内逗留非常危险。同时,必须保证避险车道入口清晰可见,便于制动失灵车辆驶入避险车道。

对于新建道路,制动片温度是决定避险车道设置位置的主要因素。可以选择代表车型计算制动片温度,并确定制动片温度超过警戒线路段,作为避险车道的设置路段。

对于已开通运营道路,在各影响因素中,事故发生地点分布、制动片温度、失控货车的速度和下坡平曲线形是决定避险车道位置的主要因素。

综上所述,影响避险车道位置的因素很多,在国内外研究中,有相似之处。美国在这方面研究的最为全面,新西兰则最为简单,我国在这方面参考了美国的部分内容,同时也结合了国内的实际情况。在定性分析方面,美国在避险车道位置设置时考虑因素较为全面,考虑了人性化和经济成本方面的需求,如公众压力和土方工程,这两点在国内都没有列入考虑范围。在各种影响因素重要程度方面,美国也做出了定量的分析,而其他国家则都没有做这方面的研究。国内在判断是否需要设置避险车道时,尚无定量的标准,而国外,除南非之外,也没有一个统一的标准。在确定避险车道具体位置时,国内有一套较为复杂的步骤,在实际设置时,可以参考,但不建议直接放到标准中去,因为步骤过于复杂,还有待简化和完善,并且,这一步骤只适用于已建道路。值得一提的是,在确定避险车道的位置时,美国坡度严重性分级系统GSRS是有用的工具,但这项研究成果并没有直接列入标准中,形成定量的评测体系。作者认为,这是因为避险车道设置位置需考虑的因素实在太多,而只用一套评测体系是无法综合所有的因素的。因此,作者也不建议国内单纯运用定量的方法来确定避险车道的位置。

第二节　下坡式和平坡式避险车道的填料厚度

一、美国

AASHTO绿皮书中指出:“制动床应以12mile(1mile=1 609.344m)的最小集料深度建设。成功的避险车道使用的深度在12～36mile之间。”这是1979年FHWA指南推荐的。

自1979年以后,关于制动床材料深度的研究和实践已经使得推荐的深度增加了。在20世纪70年代后期,开放使用的Siskiyou Summit避险车道,18mile的深度看起来作用很好。正如Ballard在1983年报告的那样,几个州的制动床的深度为18mile,但是,也有一些州是24mile。Whitfield以比例模型和全面测试为基础,推荐制动床深度应设定的最大深度为24mile,并指出小于18mile的深度会减小滚动阻力。

然而,直到1986年,加利福尼亚州指出,需要的深度没有在有任何把握的情况下建立(也就是说,以前关于深度的规定都是没有把握的)。实践显示,当货车下沉12mile进入表面时,细粒的污染几乎陷进12mile的底端水泥处理过的基础。因此,他们得出结论,最小深度应为

30mile，36mile 是理想的深度。

宾夕法尼亚州的研究结论是，需要更深的深度。

对于河砂砾来说，42mile 是推荐的最小深度。这个最小值包括砂砾中包含许多细粒时所需的 6mile 深度，特别是在重型车频繁使用避险车道制动床时。频繁的使用将会使细粒的成分明显增加，这将降低制动床的有效性。

制动床集料的深度不需要自始至终都是统一的。为了避免在制动床入口处过度的减速度，已出版的研究大多数倡导制动床深度在 100mile 范围内，从入口处的几英寸渐变到整个深度。

22 个州提供了车道深度的信息，总结于表 8-1。9 个州自入口处采用锥形深度，两个州最初的深度是 3mile，3 个州是 6mile，4 个州是 12mile。锥形的长度，有 3 个州是 100mile、1 个州是 200mile，但其他州没有提及。

美国公路部门反馈的制动床使用深度　　表 8-1

深度(mile)	公路部门数量	深度(mile)	公路部门数量
18	5	36	10
18～30	1	42	1
24	5		

二、南非

制动床深度应该在 300～450mm 之间，通过初始长度后，逐渐增加，以便于车辆平稳地进入。对于入口速度<75km/h 的车辆，制动床深度越深，提供的减速度也就越大，然而，当速度>75km/h 时，加速度往往与制动床深度无关。最深的制动床(450mm)比最浅的制动床(350mm)多提供 50%的阻滞能力，并且当制动床长度受到限制时，应重点考虑制动床深度设置。

三、新西兰

避险车道的制动床填料由规定尺寸的松散砾石组成，有一个控制深度。填料的典型深度是 450mm，宽 6m。

四、澳大利亚昆士兰州公路规划和设计手册

制动床填料厚度应从最小 50mm 至最大 450mm 渐变式设置。填料厚度的标准深度为 350～450mm，如图 8-5 所示。

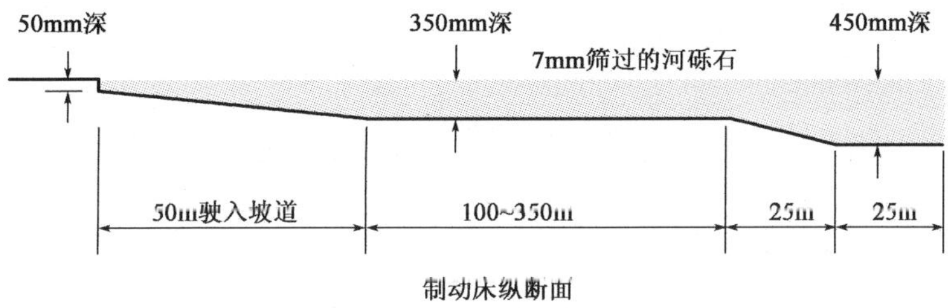

图 8-5　澳大利亚避险车道纵断面图

砂床和砾石床的平均减速度是：砂床 350mm 深，2.8m/s；砂床 450mm 深，3.4m/s；砾石床 350mm 深，3.0m/s；砾石床 450mm 深，3.7m/s。

五、英国

制动床深度应该在 300～450mm 之间，通过初始长度后，逐渐增加，以便于车辆平稳地进入。对于入口速度＜75km/h 的车辆，制动床深度越深提供的减速度也就越大，然而，当速度＞75km/h 时，加速度往往与制动床深度无关。最深的制动床（450mm）比最浅的制动床（350mm）多提供 50%的阻滞能力，并且当制动床长度受到限制时，应重点考虑制动床深度设置。

六、中国《避险车道设计指南》

一定深度的集料是保证制动床充分发挥作用的必要条件。避险车道制动床集料的最小铺设深度应为 1m。若避险车道使用频繁，材料被压碎导致细料增加，制动床的底部可能会产生最大 30cm 的坚硬的表层，这样可导致制动床材料的污染并削减了制动床的有效性。因此，推荐制动床集料深度为 1.1m。

当制动失灵车辆驶入避险车道制动床时，车轮通过与制动床集料的相互置换，车轮陷入集料，进而增大车辆向前运动的阻力。为了使制动失灵车辆平稳地减速停车，制动床集料的铺设深度应由浅入深逐渐过渡到完成深度。制动床入口处集料的最小厚度为 75mm，集料铺设深度应沿着制动床方向在最初 30～60m 范围内逐渐过渡，直到完成深度。

我国货车超载情况严重，车辆越重，则惯性越大，车辆驶入制动床后，较国外车辆更难于制动。考虑到这方面的差异，我国避险车道的制动床厚度应比国外大一些。国内《避险车道设计指南》是在具体项目研究基础之上制订的，能够代表我国避险车道设置的特殊性，是具有应用价值的。

第三节　避险车道照明

美国 NCHRP：给避险车道提供照明是罕见的，只在 5 个州中出现过，并且在这些州中，并不是所有的避险车道都提供照明。1 个州使用泛光灯照明，另外 1 个州为一个繁忙的州际公路的平行坡道提供照明，还有两个州在避险车道入口处提供照明，第 5 个州提供了他们的标准区域照明设备，当地电能是否充足是考虑的一个因素。

澳大利亚昆士兰州《公路规划和设计手册》和南非《几何设计指南》：避险车道所处位置需要良好的可见度。

英国《道路和桥梁设计手册》：街道照明是考虑避险车道设置位置的一个因素。

中国《避险车道设计指南》：为了便于夜间驾驶员能够准确判断避险车道的位置，操纵制动失灵车辆驶入避险车道，若条件允许，可在避险车道处设置照明设施。

避险车道照明设施在各国规范都提及较少，值得我国参考和借鉴得也有限，但也并不是完全无据可依的，首先，在选择避险车道所在位置时，应考虑设置在白天的可见范围内，不能选择在那些不被人注意、常年不见阳光、通视效果不良的地方；其次，考虑夜间行车安全，在当地电能充足，并且空间允许的情况下，应在避险车道处设置照明设施。

第四节　避险车道监控

美国的一项智能交通基础设施研究成果中提及了一种避险车道监控设施(图 8-6)：智能避险车道是一种装有监控系统的避险车道，可以自动检测和识别闯入车辆、人或其他物体。系统还在避险车道的上游路肩处装有可变信息板，提供闯入警告和其他信息。迄今为止，该系统只在美国少数地区被使用。

图 8-6　美国避险车道监控设施

NCHRP 中写到：为保护避险车道上进行车辆转移或维护任务的人员，至少有 1 个州把“被占用”标志板粘贴到预告标志上。为此目的，至少有一家制造商提供了由车辆进入避险车道而触发的检测器和警告系统。

中国《避险车道设计指南》：在有条件的地方，可以在避险车道入口处，设置检测线圈，检测并记录制动失灵车辆驶入避险车道时的速度。还可以设置自动报警设施，当有制动失灵车辆驶入避险车道后，自动报警设施自动通知监控中心，便于及时采取措施救助制动失灵车辆和车上人员，并及时拖出陷入避险车道制动床的制动失灵车辆，减少救援时间。

各国标准都罕有提出关于避险车道的监控设施设置的相关规定，只在美国的少数地区使用了监控设施，并且没有找到相关的使用效果资料，由此可见，避险车道监控设施这块研究较少，目前将此部分内容纳入标准尚不成熟。

第五节　避险车道养护

(1)美国 AASHTO 绿皮书做出叙述：每次使用后，应该对制动床的集料进行抚平和翻松。此外，还必须清除砂床的材料中的杂质，定期翻松以保证砂床的减速性能，并保持良好的排水。

(2)英国：当制动床关闭时，施工单位应提供预警标志，在施工过程中，应临时将永久性标志覆盖。养护工作包括以下两方面。

①清除碎片，垃圾和杂草。

②将引道和服务车道上的松散集料复位到制动床上，并校平制动床上的集料。

当存在多个制动床时，应该一次清理一个制动床。

制动床养护通常分为两类：使用后养护和日常养护。

使用后养护包括以下三方面。

①当车辆使用避险车道，制动床上的集料可能散落到行车道上，这给路上的交通带来麻烦，有可能会带来危险和损失，有必要将这些集料迅速清除，使用重量轻的制动床材料可以降低这方面的损失。

②每次使用后，应给集料重新调整级配，使集料再成形，并使其表面平滑，变得松散。

③在暴露的、风大的地方，有必要用网盖住轻集料，防止材料被风吹到其他地区，为了让轮子能够陷入制动床中，网不应过硬。

日常养护包括以下两方面。

①日常积累的细集料改变了制动床材料的级配，因此，必须定期更换制动床材料。在级配比较稳定的制动床中，应该使用除草剂，防止植物扎根而破坏制动床的制动效果。

②在寒冷结冰地区，可以在制动床上使用除冰盐。

(3)中国《避险车道设计指南》。

常规养护：应保证制动床集料干净、平整、松散。在避险车道每次被使用、制动失灵车辆被拖出后，应尽快铺平避险车道制动床集料。即使没有车辆驶入避险车道，也应定期及时翻松集料，以便被压实。每次翻松至少 60cm 深。

应及时清除污染物，保证制动床集料有足够的滚动阻力。如果集料不能提供足够的滚动阻力，应及时更换集料。

冬季养护：冬季应防止制动床集料冻结。如果冻结，应及时化解。下雪期间，应至少保证避险车道引道没有积雪，保证避险车道的轮廓清晰可见，使驾驶员能够准确判断避险车道的方位。

总结国外的标准发现，英国标准规定得更加细致，具有实际指导作用，国内指南中将避险车道的养护分成常规养护和冬季养护两种，项目组认为，冬季是一个季节，每年都会有，每年冬季都要进行养护，应属于常规养护的一种，建议将冬季养护列入常规养护中去，参考英国的标准，把每次使用后的养护单列为一种养护类型，这样更具逻辑性。

第六节 避险车道安全性评价

(1)中国《公路项目安全性评价指南》(JTG/T B05—2004)规定，在长大下坡路段，当连续4km以上路段未设置停车区、加水冷却区等服务设施时，应根据沿线地形条件和交通组成特点，评价在下坡路段设置紧急避险车道的必要性。

对于已设置紧急避险车道的路段，应评价设置间距能否满足行车安全要求，并对紧急避险车道的平纵面线形、长度、横断面宽度、路面材料、排水系统以及防撞护栏、标志、标线等进行评价。

(2)美国。

《美国纽约州公路设计手册》对现有设施的评价主要包括两方面的行为，首先，收集相关的事故资料；其次，应对现场做详细调研，以发现事故原因、识别事故黑点及提出改善措施。

《美国联邦州际公路项目发展与设计手册》可以实施的交通安全研究给安全评价提供了很好的参考。

根据项目组收集的国内外标准资料发现：国内只有一本指南中涉及公路避险车道的安全性评价，国外标准中没有单独针对避险车道安全性评价的条文，只有对于交通安全设施安全性评价的较为笼统的说明。

《公路项目安全性评价指南》(JTG/T B05—2004)中将公路项目的安全性评价分为工程可行性研究阶段、设计阶段和运营阶段三部分。

在工程可行性研究阶段，主要从技术标准、技术方案和环境影响三个方面着手，对避险车道进行安全性评价。

在设计阶段，主要根据沿线地形条件和交通组成特点，评价避险车道设置的必要性和合理性、避险车道的几何参数和避险车道相关的辅助设施。根据项目组对于已投入使用的公路避险车道的研究和安全评价经验，可以总结并归纳为如下几个方面。

①布设位置。

②设置间距。

③避险车道与行车道夹角。

④平纵面线形。

⑤横断面宽度。

⑥长度和端部处理。

⑦路面材料。

⑧防撞护栏。

⑨标志、标线。

⑩排水系统。

⑪照明设施。

⑫监控设施。

⑬通信设施。

在运营阶段，避险车道的安全性评价一方面应收集大量的事故案例，并对其进行分析；另一方面应进行实地详细调研，结合上述设计阶段涉及的13个方面，找出事故黑点，并提出改善措施。

参 考 文 献

[1] 交通运输部公路科学研究院. 2011年中国道路交通安全蓝皮书[M]. 北京:人民交通出版社,2011.

[2] AASHTO. Roadside Design Guide. American Association of State Highway and Tansportation Official,Washington,2010.

[3] 吴德华,方守恩. 路侧安全对策分析[J]. 武汉:交通科技,2004(05).

[4] 秦丽辉. 路侧净区计算方法及路侧安全保障技术研究[J]. 长春:长春工程学院学报(自然科学版),2005,6(3).

[5] 李长城,汤筠筠,阚伟生. 公路路侧安全设计理念与案例[J]. 武汉:交通科技,2007(02).

[6] 白玉凤,宋扬. 山区公路路侧安全性研究及对策[J]. 哈尔滨:黑龙江交通科技,2008(01).

[7] 王淑芬,魏中华,任福田. 公路路侧结构物空间尺度对人的影响机理[J]. 北京:北京工业大学学报,2008(04).

[8] 交通部公路科学研究院. 公路路侧安全研究报告[R]. 2008.

[9] 交通部公路科学研究院. 交通部西部交通建设科技项目研究报告[R]. 2008.

[10] 074规范修编课题组. 高速公路交通安全设施调查报告[R]. 2001.

[11] 074规范修编课题组. 交通部公路科学研究院研究报告[R]. 2001.

[12] 074规范修编课题组. 高速公路护栏碰撞调查报告[R]. 2001.

[13] 074规范修编课题组. 交通部公路科学研究院研究报告[R]. 2001.

[14] 钟云华,黄小清,汤立群. 高速公路半刚性护栏静态缩比试验研究[J]. 广州:华南理工大学学报(自然科学版),2000,28(6).

[15] 刘少源. 高速公路汽车与护栏碰撞的简化计算方法—柔性梁法[J]. 武汉:公路交通科技,1995,12(2).

[16] 葛书芳. 防撞垫及其在高速公路中的应用[J]. 武汉:公路交通科,2003,20(1).

[17] 雷正保. 大力开展半刚性护栏碰撞新机理的研究[J]. 上海:振动与冲击,2002,21(1).

[18] 交通部公路科学研究院. 高速公路护栏实车碰撞试验方法研究[R]. 2002.

[19] 赵锡宏,张启辉. 土的剪切带试验与数值分析[M]. 北京:机械工业出版社,2003.

[20] 沈伟明,卢文胜. 型钢立柱波形梁护栏撞击试验研究[J]. 上海:结构工程师,2000(4):33-37.

[21] 陈红霞,王继辉. 第十六届玻璃钢/复合材料学术年会论文集[C]//拉挤成型复合材料高速公路护栏的研究进展. 2005.

[22] 唐波,杜荣光,林骥. 高速公路半刚性护栏端头研究[J]. 长沙:中南公路工程,2005,30(3).

[23] 张秀丽. 三跨缩比护栏系统的冲击试验研究[D]. 广州:华南理工大学交通学院,2004.

[24] 交通部公路司. 新理念公路设计指南[M]. 北京:人民交通出版社,2005.

[25] 雷正保,余进修,颜海棋,周志刚,周屏艳. 基于正交试验设计的间断式混凝土护栏研究[J]. 上海:振动与冲击,2007,26(07).

[26] 雷正保,侯石静,周志刚,佘进修,彭作.定墩长间断式直道混凝土护栏的最优结构参数[J].西安:交通运输工程学报,2008,8(04).

[27] 雷正保,杨兆.汽车撞击护栏时乘员的安全性研究[J].上海:振动与冲击,2006,25(02).

[28] 唐波,雷正保,林骥.高速公路半刚性护栏端头研究[J].北京:公路,2004(10).

[29] 雷正保,杨兆.三波护栏的耐撞性研究[J].武汉:公路交通科技,2006,23(07).

[30] 雷正保,钟志华,李岳林.汽车碰撞过程中乘员冲击响应的分析方法及应用[J].西安:中国公路学报,2001,14(02).

[31] 雷正保,杨兆.汽车—护栏碰撞系统的安全性研究[J].北京:汽车工程,2006,28(02).

[32] 雷正保,周屏艳,颜海棋,钱小敏.汽车—护栏系统耐撞性研究的有限元模型[J].北京:中国安全科学学报,2006,16(8).

[33] 周志刚,王奕屏,龙科军.基于运行车速的公路交通安全性评价方法[J].长沙:交通科学与工程,2009,25(01).

[34] AASHTO. Traffic Highway Design and Operational Practices Related to Highway Safety. 1967.

[35] Glennon, J. C., NCHRP Report No. 148: Roadside Safety Improvement Programs on Freeways—A Cost-Effective Priority Approach, Transportation Research Board of the National Academies, Washington, D. C., 1974.

[36] Wright, P. H., and Robertson, L., "Priorities for Roadside Hazard Modification: A Study of 300 Fatal Roadside Object Crashes," Traffic Engineering, Vol. 46, No. 8, 1976-3.

[37] AASHTO. Guide for Selecting, Locating and Designing Traffic Barriers. 1977.

[38] Ross, H. E., Jr., and Kohutek, T. L., "Safety Treatment of Roadside Culverts on Low Volume Roads," Research Report 225－1, Texas A&M Research Foundation, Texas Transportation Institute, Texas A&M University, 1978-3.

[39] Sicking, D. L., and Ross, H. E., Jr., "Roadside Concrete Barriers—Warrants and End Treatment," Research Report 346-IF, Texas Transportation Institute, Texas A&M University, College Station, Texas, 1985-11.

[40] Guide Specifications for Bridge Railings, American Association of State Highway and Transportation Officials, Washington, D. C., 1989.

[41] Ross, H. E., Sicking, Jr., D. L., Zimmer, R. A., and Michie, J. D., NCHRP Report 350: Recommended Procedures for the Safety Performance Evaluation of Highway Features, Transportation Research Board of the National Academies Washington, D. C., 1993.

[42] H. E. Ross, Jr. Evolution of Approaches to Address the Roadside Safety Problems. Paper presented at Roadside Safety Workshop TRB A2A 04 Committee Meeting, Woods Hole, Massachusetts, 1994-8.

[43] Transportation Research Board. Strategies for Improving Roadside Safety. NCHRP Research Results Digest 220, Transportation Research Board, Washington, D.

C. , 1997.

[44] Timothy R. Neuman, Ronald Pfefer, Kevin L. Slack, etc. , Volume 6: a guide for addressing run-off-road collisions, NCHRP500 report, Transportation Research Board of the National Academies, Washington, D. C. , 2003.

[45] Andrew Vogt and Joe G. Bared. Accident Models for Two-lane Rural Roads: Segments and Intersections, FHWA-RD-98-133, 1998.

[46] Kenneth S. Opiela, Richard M. Strategies for Improving Roadside Safety, Transportation Conference Proceedings. 1998.

[47] Humphreys, Jack B. and Parham, J. Alan. The Elimination or Mitigation of Hazards Associated with Pavement Edge Drop-offs During Roadway Resurfacing. University of Tennessee, Transportation Center, 1994-2.

[48] Ydenius A. , Kullgren A. & Tingvall C. Development of a crashworthy system: interaction between car structural integrity, restraint systems and guardrails. Proc. 17th ESV, Paper number:171, Amsterdam, Netherlands, 2001.

[49] Carey A and Grzebieta R. New generation waterfilled barriers promote safety, Roads, Hallmark Editions, April/May 2004.

[50] Recommended procedures for the safety performance of highway features, National Cooperative Highway Research Program Report 350.

[51] Road restraint systems BS EN 1317.

[52] Dr. H. Clay, Gabler Douglas J. Gabauer, David Bowen Evaluation Of Cross Median Crashes Final Report.

[53] Evaluation of roadside features to accommodate Nans, Minivans, Pickup rucks and 4-wheel drive vehicles, Nchrp Report 471.

[54] Chuck Plaxico, Greg Patzner, Malcolm Ray Finite Element Modeling Of A Guardrail Post Mounted In Soil.

[55] Jagadish Guria, Joanne Leung An Evaluation Of A Supplementary Road Safety Package.

[56] L. C. Bank, T. R. Gentry Development Of A Pultruded Composite Material Highway Guardrail.

[57] Liqun Tang, Xiaoqing Huang, Yiping Liu, Jiajian Zhao, Jinmei Tiana, Experimental Study Of Highway Guardrailsunder Static And Impact Loads.

[58] Dean C. Alberson, Wanda L. Menges, And Rebecca R. Haug Guardrail Testing-Modified Eccentric Loader Terminal (Melt) At Nchrp 350 Tl-2.

[59] Khaled Sennah, Magdy Samaan, Ahmed Elmarabi, Impact Performance Of Flexible Guardrail Systems Using Ls-Dyna, 4th European Ls-Dyna Users Conference Crash/Automotive Applications Iii.

[60] Malcolm H. Ray, Klas Engstrand, Chuck A. Plaxico, Richard G. Mcginnis, Improvements To The Weak-Post W-Beam Guardrail.

[61] Denal. Sicking, King K. Mak, Improving Roadside Safety By Computer Simulation, A2a04: Committee On Roadside Safety Features.

[62] Lavrence C. Bank, Jiansheng Yin, T. Russell Gentry, Pendulum Impact Tests On Steel W-Beam Guardrails, 320/Journal Of Transportation Engineering, 1998-8.

[63] Pendulum Testing Of An Frp Composite Guardrail: Foil Test Number 96p019 Through 96p023, 97p001, And 97p002.

[64] Malcolm H. Ray Repeatability Of Full-Scale Crash Tests And A Criteria For Validating Simulation Results.

[65] Resolution Of The European Parliament Priorities In Eu Road Safety 2002-2010.

[66] C Plaxico, G S Patzner And M H Ray, Response Of Guardrail Posts Under Parametric Variation Of Wood And Soil Strength.

[67] M H Ray And G S Patzner, A Finite Element Model Of The Modified Eccentric Loader Breakaway Cable Terminal (Melt), Transportation Research Paper No. 970367, Transportation Research Board, Washington D. C. , 1997.

[68] J R Rohde, B T Rosson, And R Smith, Instrumentation For Determination Of Guard-rail-Soil Interaction, Transportation Research Report No. 1528, Transportation Research Board, Washington D. C..

[69] D Stout, J Hinch And T L Yang, Force Deflection Characteristics Of Guardrail Posts, Fhwa Report No. Fhwa-88-193, Federal Highway Administration, Washington D. C. , 1988-9.

[70] J F Dewey, J K Jeyapalan, T J Hirsch And H E Ross, A Study Of The Soil-Structure-Interaction Behavior Of Highway Guardrail Posts, Fhwa/Tx-84/12+343-1, Texas Transportation Institute, 1983-5.

[71] G S Patzner, C A Plaxico, And M H Ray, Effects Of Wood Post And Soil Strength On Theperformance Of The Modified Eccentric Loader Breakaway Cable Terminal (Melt) In An Nchrp Report 350, Test 3-35 Impact Scenario, Unpublished Draft, 1997.

[72] Wood Handbook , Wood As An Engineering Material, United States Department Of Agriculture, U. S. Government Printing Office, Washington, D. C. , 1987.

[73] Cm Brown, Pendulum Testing Of Bct Wood Posts, Foil Tests: 91p039 Through 91p045,Federal Outdoor Impact Laboratory (Foil), Mclean, Virginia, 1991-8.

[74] J O Hallquist, Ls-Dyna 3d Theoretical Manual, Lstc Report 1018 Revision 3, Livermoresoftware Technology Corporation, 1994-4.

[75] J O Hallquist, D W Stillman And T L Lin, Ls-Dyna3d Users Manual-Version 930, A Nonlinear, Explicit, Three-Dimensional Finite Element Code For Solid And Structural

[76] Mechanic, Livermore Software Technology Corporation, 1994 4.

[77] R D Cook, Finite Element Modeling For Stress Analysis, John Wiley & Sons, Inc. , 1995.

[78] K Habibagahi And J A Langer, Horizontal Subgrade Modulus Of Granular Soils, In

Laterally Loaded Deep Foundations, Langer, Mosely And Thompson, Eds. , Astm Publication Code No. 04-835000-38, American Society For Testing Materials, 1984, Pp. 21-34.

[79] J D Michie, M H Ray, W W Hunter And J Stutts, Evaluation Of Design Analysis Proceduresand Acceptance Criteria For Roadside Hardware, Contract No. Dtfh61-82-C-00086, Southwest Research Institute, 1985-10.

[80] J C Holloway, M G Bierman, B G Pfeifer, B T Rossen And D L Sicking, Performance Evaluation Of Kdot W-Beam Systems Volume Ii: Component Testing And Computer Simulation, Report No. Trp-03-39-96, Midwest States Regional Pooled Fund, 1996-5.

[81] J E Bowles, Foundation Analysis And Design, Fourth Edition, Mcgraw-Hill Publishing Company, 1988.

[82] I S Dunn, L R Anderson And F W Kiefer, Fundamentals Of Geotechnical Analysis, John Wiley & Sons, New York, 1980.

[83] R D Holtz, An Introduction To Geotechnical Engineering, Prentice-Hall, Englewood Cliffs, New Jersey, 1981.

[84] A. Tabiei, A. Svenson, M. Hargarve, L. Bank. Impact performance of pultruded beams for highway safety applications. Composite Structure 42(1998).

[85] L. C. Bank, T. R. Gentry. Development of a pultruded composite material highway guardrail. Composite Part A 32(2001).

[86] David Short, Leon S. Robertson. Motor Vehicle Death Reductions from Guardrail Installation. Journal of Transportation Engineering, Sep/Oct, 1998.

[87] Rune Elvik. The safety value of guardrails and crash cushions: a meta analysis of evidence from evaluation studies. Accident analysis and prevention Vol 27, No. 4, (1995).

[88] John D. Reid, Dean L. Sicking. Design and simulation of a sequential kinking guardrail terminal. Int. J. Impact Engng Vol 21, No. 9(1998).

[89] Lawrence C. Bank, Jianshen Yin, T Russell Gentry. Pendulum impact tests on steel W beam guardrails. Journal of Transportation Engineering, Jul/Aug, 1998.

[90] James H. Lambert, Jeffrey A. Baker, Kenneth D. Peterson. Decision aid for allocation of transportation funds to guardrails. Accident analysis and prevention 35(2003).

[91] Rune Elvik. How would setting policy priorities according to cost benefit analyses affect the provision of road safety. Accident analysis and prevention 35(2003).